Illustrated Guide of Rare and Endangered Plants in East China

华东珍稀濒危植物图鉴

主　编　葛斌杰　黄卫昌

河南科学技术出版社
·郑州·

图书在版编目（CIP）数据

华东珍稀濒危植物图鉴 / 葛斌杰，黄卫昌主编 .

郑州：河南科学技术出版社，2025.1. -- ISBN 978-7
-5725-1696-2

Ⅰ . Q948.525-64

中国国家版本馆 CIP 数据核字第 2024LV9343 号

出版发行：河南科学技术出版社

地址：郑州市郑东新区祥盛街 27 号　邮编：450016

电话：（0371）65737028　65788642

网址：www.hnstp.cn

策划编辑：陈淑芹　陈　艳

责任编辑：马艳茹　陈　艳

责任校对：耿宝文　臧明慧

整体设计：张德琛

责任印制：徐海东

印　　刷：河南省邮电科技有限公司

经　　销：全国新华书店

开　　本：889 mm×1 194 mm　1/16　　**印张**：40.5　　**字数**：1 036 千字

版　　次：2025 年 1 月第 1 版　　2025 年 1 月第 1 次印刷

定　　价：580.00 元

《华东珍稀濒危植物图鉴》

编委会

主 编

葛斌杰　黄卫昌

副主编

金冬梅　倪子轶　钟 鑫

编 委（按姓氏音序排列）

曹海峰	陈 彬	邓 敏	杜 诚	樊守金	高连明	葛斌杰	黄卫昌	金冬梅	李 波	李 攀
李晓晨	马其侠	倪子轶	邵剑文	寿海洋	田代科	王正伟	温 放	吴宝成	许 瑾	严岳鸿
		叶 康	张庆费	张文根	张学杰	张志勇	钟 鑫	周开叙		

摄 影（按姓氏音序排列）

安 昌	曹海峰	岑华飞	陈 彬	陈炳华	陈世品	陈贤兴	陈新艳	陈又生	邓 敏	杜 峰
杜 巍	杜习武	高连明	高贤明	葛斌杰	顾钰峰	顾子霞	何 理	黄 健	黄文荣	蒋 虹
蒋 洪	蒋 蕾	金冬梅	李 波	李策宏	李 敏	李 攀	李晓晨	廖浩斌	林建勇	林秦文
刘 昂	刘 冰	刘 军	刘璐妹	刘培亮	刘兴剑	柳明珠	骆 适	马清温	南程慧	潘成椿
邵剑文	寿海洋	苏享修	汤 睿	田代科	王刚涛	王江波	王军峰	王亚玲	王玉兵	王正伟
王 孜	韦宏金	温 放	吴宝成	吴棣飞	吴林芳	辛晓伟	徐晔春	徐永福	寻路路	严岳鸿
阳 亿	杨成梓	杨晓洋	杨永川	叶 康	叶喜阳	张 程	张庆费	张文根	张学杰	张 振
张志勇	赵 宏	赵云鹏	甄爱国	郑海磊	钟 鑫	周重建	周建军	周 伟	周喜乐	周欣欣
				朱仁斌	朱鑫鑫	朱宗威				

前　言

地球进入全新世特别是工业革命以来，伴随着农耕、放牧、伐木、采矿、捕捞等生产经营活动，自然生境不断破碎化甚至丧失，进而导致大量的生物物种受到威胁，甚至灭绝。2019 年，英国学者通过研究发现，1753—2018 年，在全球范围内已有 571 种种子植物灭绝或野外灭绝，比地球历史背景速度快 500 倍。这些灭绝事件多数发生于人口密集的岛屿和经济增长快速的沿海地区。尽管如此，包括作者在内的诸多学者依然认为实际的灭绝速度远高于数据呈现的结果，地区性本底资源考察薄弱，粗放的农牧经营方式及人们生物多样性保护意识淡薄等都会影响数据的准确性和及时性。

根据 2013 年由环境保护部（现生态环境部）和中国科学院联合发布的《中国生物多样性红色名录——高等植物卷》，被评估为灭绝或野外灭绝的高等植物共计 37 种，其中种子植物有 30 种，如果加上地区性灭绝和极度濒危物种，则数字上升至 635 种（苔藓植物 13 种，蕨类植物 39 种，种子植物 583 种），占到所有被评估物种（34 450 种）的 1.8%。同时根据该红色名录，中国高等植物整体受威胁物种〔易危（VU）及以上等级〕达 3 767 种，占所有被评估物种的 10.9%，形势不容乐观。2023 年国际生物多样性日，生态环境部和中国科学院再次联合发布《中国生物多样性红色名录——高等植物卷（2020）》。本次评估覆盖了全国野生高等植物 39 330 种，较上一轮增加 4 880 种，极大丰富物种基础资料的同时，有595 种高等植物的相关数据得到补充，其濒危等级重新评定。其中在前一轮被评定为灭绝或野外灭绝的小溪洞杜鹃、保亭秋海棠等 15 种植物，得益于近 10 年来生物多样性调查和监测力度加大、科研不断深入，重新回归人们视线，并有了不同程度的恢复。在新一轮红色名录中，中国高等植物受威胁物种为 4 088 种，占比为 10.39%，较 10 年前有所好转。

华东地区位于中国东南部，地质历史古老，拥有浙闽赣交界山地、沿海滩涂湿地、长江下游湖区和舟山—南麂岛海区等 4 个具有全球保护意义的生物多样性关键地区，维管植物约 8 000 种。华东六省一市占中国国土面积的 8.7%，承载着全国 30% 的人口，贡献了 38% 的 GDP，是中国经济发展最快的地区之一。然而，经济的发达也意味着人类对自然的强大干预，华东地区随着城市化进程的发展和人口的增长，野生植物资源的生存空间面临着严峻考验。根据 2021 年新颁布的《国家重点保护野生植物名录》和 2023年公布的《中国生物多样性红色名录——高等植物卷（2020）》等资料统计，华东共有国家保护植物和受威胁植物 763 种，其中有 17 种为国家一级重点保护野生植物，198 种为国家二级重点保护野生植物，57 种为极度濒危植物。共有 18 种被纳入《"十四五"全国极小种群野生植物拯救保护建设方案》（2022—2025 年），如普陀鹅耳枥（*Carpinus putoensis*）、百山祖冷杉（*Abies beshanzuensis*）等均是华东特有的极小种群植物。普陀鹅耳枥因仅余 1 棵野生大树，有"地球独子"之称。百山祖冷杉则于 1987 年被国际自然保护联盟（International Union for Conservation of Nature and Natural Resources，IUCN）物种存续委员会（IUCN Species Survival Commission, SSC）列为世界最濒危的 12 种植物之一。此外，华东还有很多中国—日本植物区系特有珍稀类群，如银杏属（*Ginkgo*）、明党参属（*Changium*）、永瓣藤属（*Monimopetalum*）、银缕梅属（*Parrotia*）等，具有重要的科学研究及保护价值。

为了保护野生植物资源，并有序地管理和开发，中国采取了一系列措施，开展了富有成效的工作。如 1981 年正式加入了"濒危野生动植物种国际贸易公约"（CITES）；1992 年出版了《中国植物红皮书》（第一册）；1994 年颁布了《中华人民共和国自然保护区条例》（2017 年修订），并发布了《中国优先保护物种名录》；1996 年加入了国际自然保护联盟（IUCN）；1997 年颁布了《中华人民共和国野生植物保护条例》；1999 年发布了《国家重点保护野生植物名录（第一批）》；2004 年出版了《中国物种红色名录》；2006 年颁布了《中华人民共和国濒危野生动植物进出口管理条例》（2019 年修订）；2010 年发布了《中国生物多样性保护战略与行动计划（2011—2030 年）》；2012 年启动了《全国极小种群野生植物拯救保护工程规划（2011—2015 年）》；2013 年发布了《中国生物多样性红色名录——高等植物卷》；2021 年 9 月，国家林业和草原局与农业农村部联合发布了新版《国家重点保护野生植物名录》；2023 年发布了《中国生物多样性红色名录——高等植物卷（2020）》。

2016 年 3 月 11 日，"全国极小种群野生植物拯救保护工程——华东野生濒危资源植物保育中心"揭牌仪式在上海辰山植物园举行；同年 6 月，国家林业局（现国家林业和草原局）保护司组织华东六省一市野生植物保护工作的分管厅（局）长、保护处（站、办）负责人在辰山召开了华东保育中心的第一次工作会议，研讨落实了华东保育中心建设实施方案。自 1999 年《国家重点保护野生植物名录（第一批）》颁布以来，杜诚等人统计了 2000—2017 年间中国的新类群、新名称、新记录等分类学处理（Chinese Plant Names Index 2000—2017, DU Cheng & MA Jin-shuang, 2019），华东六省一市就有 2 243 个新分类学处理，其中正式发表了包括各级新分类群、新记录等在内共 378 个类群。一般新近发现的类群，常以小种群形式出现，发现之初就处于不同程度的濒危状态。为了提高保护管理和执法监管水平，提高各地对珍稀濒危植物的鉴别能力，现华东野生濒危资源植物保育中心组织编写《华东珍稀濒危植物图鉴》。上海辰山植物园 / 华东野生濒危资源植物保育中心牵头，联合浙江大学、江西农业大学、安徽师范大学、山东师范大学、中国科学院广西植物研究所、中国科学院昆明植物研究所、江苏省中国科学院植物研究所等单位的相关专家经过 3 年的努力，终于将本书编撰完成。

本书所列物种依据《国家重点保护野生植物名录》（新版）、《"十四五"全国极小种群野生植物拯救保护建设方案》、《中国生物多样性红色名录——高等植物卷（2020 年）》评估为受威胁的野生植物，并结合各省的珍稀濒危植物名录、重点保护植物名录，根据各物种的濒危等级、华东分布区占全国分布区的比例和保护现状，共计收录分类群 302 个，包括 282 种 3 亚种 15 变种 2 变型。

本书的编委人员具体分工详见正文内备注，摄影信息详见图片作者简介。本书由陈彬和王正伟审稿，马其侠负责前期的启动和部分组稿工作，葛斌杰和黄卫昌负责本书统稿和其他各方协调工作。

本书为国家科学技术学术著作出版基金资助项目，并得到了上海市绿化和市容管理局、上海辰山植物园等单位的大力支持和帮助。感谢信阳师范学院朱鑫鑫博士、湘西土家族苗族自治州森林资源监测中心周喜乐老师、浙江大学刘军老师、三明市园林中心陈新艳老师、浙江农林大学叶喜阳老师、广东省农业科学院环境园艺研究所徐晔春老师、福建师范大学陈炳华博士、武汉大学杜巍老师、中南林业科技大学刘昂老师、大理白族自治州野性大理自然教育与研究中心郑海磊老师、山东大学赵宏博士等 91 位图片作者提供了大量珍稀濒危植物图片。

鉴于编者的水平有限，书中如有错误和不当之处，恳请使用单位和广大读者提出宝贵意见和建议，以便未来修订完善。

编委会

2024 年 12 月

编写说明

1. 本书物种的选择综合三方面因素。①分布于华东六省一市：依据 *Flora of China*、中国生物物种名录 (http://www.sp2000.org.cn) 中记载的中国植物省级分布信息，确定各物种在全国以及华东六省一市的分布范围，优先选择华东特有和主要分布于华东的物种。②受威胁严重：在《中国生物多样性红色名录——高等植物卷（2020）》被评估为受威胁的物种［包括易危（VU）、濒危（EN）和极危（CR）］，或者依据新近文献中判定为受威胁的物种。③保护级别高：收录于《"十四五"全国极小种群野生植物拯救保护建设方案》《国家重点保护野生植物名录》，以及各省区市（地方）重点保护野生植物名录（http://www.iplant.cn/rep/protlist/9）的物种。由此确定基础工作名录分发给各编委，最后由编委重新评估后更新名录再进行编写。

2. 本书分为石松类和蕨类植物、裸子植物和被子植物三个部分，分别按照 PPG Ⅰ (2016)、克里斯滕许斯 (2011)、APG Ⅳ (2016) 确定科的范畴及科的排序。考虑读者使用的便捷性，三个部分内部按物种所属属、种的拉丁学名字母顺序排列。由于近年来植物系统学研究的快速发展，许多物种的系统学位置发生了变化，对于这些在系统位置上存在争议的类群，由本书编委自行把握。

3. 本书给每一物种提供简要的形态特征描述，配以 1~7 张不等的生态图片，并根据馆藏标本、文献专著等资料汇总物种分布信息。

4. 本书在每个物种的开篇位置标注了《国家重点保护野生植物名录》《中国生物多样性红色名录——高等植物卷（2020）》和《"十四五"全国极小种群野生植物拯救保护建设方案》的保护级别和评估结果，以及在华东六省一市的特有情况。

5. 本书编委围绕种群状态、濒危原因、应用价值、保护现状和保护建议五个方面，对每一个收录物种进行文献资料查阅和研究，为华东珍稀濒危植物保护提供最新资料和保护建议。

目　录

第一章
石松类和蕨类植物

国家保护	红色名录	极小种群	华东特有
	无危（LC）		

石松科　玉柏属

笔直石松

Dendrolycopodium verticale (Li Bing Zhang) Li Bing Zhang & X. M. Zhou

条目作者

金冬梅、严岳鸿

生物特征

多年生土生植物；匍匐茎细长，地下横走，棕黄色；侧枝斜升或直立，高 15~50 cm，下部不分枝，顶部二叉分枝，分枝密接，枝系圆柱状。叶螺旋状排列，线状披针形，长 3~4 mm，宽约 0.6 mm，基部楔形，下延，无柄，先端渐尖，具短尖头，全缘。孢子囊穗单生于小枝，直立，圆柱形，无柄，长 2~3 cm，直径 4~5 mm。孢子叶阔卵状，先端急尖，边缘膜质，具啮蚀状齿。孢子囊生于孢子叶腋，内藏，圆肾形，黄色。

种群状态

产于安徽（金寨）、福建（武夷山）、江西（武宁、井冈山、遂川）、浙江（遂昌）。生于海拔 1 000~3 000 m 的灌丛下、草丛中，针阔混交林下或岩壁阴湿处。分布于华北（秦岭）、华中、华南、西南及台湾。日本也有。

濒危原因

石松类植物生长缓慢，喜生长在中高海拔山地酸性土或腐殖质土中，对环境要求较高，属于进化濒危种，自身环境适应能力较弱。草药采集和自然生境的破坏是影响其野生种群生存的重要因素。

应用价值

中药名为"伸筋草"，可用于治疗关节酸痛、屈伸不利等。

保护现状

目前以自然保护区的就地保护为主，尚没有专门的保护措施。

保护建议

加强分布地的生境保护，促进野生种群的恢复和更新。鼓励发展人工繁育技术，减少药用需求对野生资源的消耗。

主要参考文献

［1］戴克敏,潘德济,程彰华,等.伸筋草类药用植物资源的初步研究 [J]. 植物资源与环境,1992(01): 36-43.

［2］ZHOU X M, ZHANG L B. Dendrolycopodium verticale comb. nov. (Lycopodiopsida: Lycopodiaceae) from China[J]. Phytotaxa, 2017, 295: 199.

笔直石松（1. 生境；2. 植株；3. 群体；4. 孢子囊穗）

国家保护	红色名录	极小种群	华东特有
二级	未评估		

石松科 石杉属

长柄石杉（千层塔）

Huperzia javanica (Sw.) C. Y. Yang

条目作者

金冬梅、严岳鸿

生物特征

多年生土生植物；茎直立或斜生，高 10~30 cm，中部直径 1.5~3.5 mm，2~4 回二叉分枝，枝上部常有芽胞。叶螺旋状排列，疏生，平伸，狭椭圆形，向基部明显变狭，通直，长 1~3 cm，宽 1~8 mm，基部楔形，下延有柄，先端急尖或渐尖，边缘平直不皱曲，有粗大或略小而不整齐的尖齿，两面光滑，有光泽，中脉突出明显，薄革质。孢子叶与不育叶同形。孢子囊生于孢子叶腋，两端露出，肾形，黄色。

种群状态

产于华东各省份山区。生于林下、灌丛下、路旁，海拔 300~1 500 m。全国除西北地区部分省份和华北地区外均有分布。日本、朝鲜半岛、泰国、越南、老挝、柬埔寨、印度、尼泊尔、缅甸、斯里兰卡、菲律宾、马来西亚、印度尼西亚、俄罗斯、太平洋岛屿、大洋洲、中美洲也有。在华东地区，本种常被误鉴定为蛇足石杉 (*H. serrata*)，实则蛇足石杉主要分布于我国东北地区，朝鲜半岛和日本。

濒危原因

内在因素：孢子存在长时间休眠且萌发困难、植株生长缓慢；外在因素：过度采集和生境破坏等。

应用价值

中药名为"千层塔"，可提取石杉碱甲，有较高的药用价值。

保护现状

由于长期的过度采挖，资源量已遭严重破坏；已有研究工作尝试开展人工扩繁，但目前尚无实质性进展。

保护建议

保护现有野生种群；鼓励探索组织培养、扦插繁殖等人工扩繁技术，鼓励人工合成石杉碱甲，减少对自然资源的依赖。加强管理，禁止野蛮采挖破坏野生资源。

主要参考文献

[1] SHRESTHA N, ZHANG X–C. Recircumscription of huperzia serrata complex in china using morphological and climatic data[J].

Journal of Systematics and Evolution, 2015, 53: 88–103.

[2] 龙华, 李菁, 李鹏, 等. 蛇足石杉扦插及芽胞繁殖研究 [J]. 中药材, 2014, 37(07): 1 115–1 121.

[3] 齐耀东, 王德立. 蛇足石杉的种群结构和致危因素 [J]. 中国现代中药, 2017, 19(01): 96–102, 106.

[4] 吴莊, 庄平, 冯正波, 等. 中国蛇足石杉资源调查与评估 [J]. 自然资源学报, 2005(01): 59–67.

长柄石杉（1. 生境；2. 植株；3. 孢子叶）

国家保护	红色名录	极小种群	华东特有
二级	极危（CR）		

石松科　石杉属

直叶金发石杉

Huperzia quasipolytrichoides var. *rectifolia* (J. F. Cheng)
H. S. Kung & Li Bing Zhang

条目作者

金冬梅、严岳鸿

生物特征

多年生土生植物；茎直立或斜生，高 8~11 cm，中部直径 1.2~1.4 mm，枝连叶宽 7~8 mm，3~6 回二叉分枝，枝上部有很多芽胞。叶草质，线形，密生，基部与中部近等宽，明显镰状弯曲，螺旋状排列，长 5~8 mm，宽约 0.7 mm，基部截形，下延，无柄，先端渐尖，边缘全缘，两面光滑，无光泽，中脉背面不明显，腹面略可见。孢子叶与不育叶同形。孢子囊生于孢子叶腋，外露，肾形，黄色或灰绿色。

种群状态

产于福建（闽侯）、江西（湖口鞋山）。生于林下苔藓覆盖的灌丛中，海拔 800~1 200 m。分布于湖南、台湾。日本也有。红色名录评估为极危 CR B1ab(iii)+ 2ab(iii)，即指本种的分布区不足 100 km²，占有面积小于 10 km²，生境严重碎片化，栖息地的面积、范围持续性衰退。

濒危原因

本种自然分布区狭窄，生长缓慢，对生境要求较高，多生长在中高海拔石缝苔藓丛中。观光旅游等人类活动对本种的生存有一定影响。

应用价值

科研、观赏。

保护现状

已列入国家重点保护野生植物名录。

保护建议

以就地保护为主，加强对野生居群和自然生境的保护。

主要参考文献

［1］ 张丽兵, 孔宪需. 中国石杉属（狭义）小杉兰组的分类学研究 [J]. 植物分类学报, 1998(06): 3–5.

［2］ 国家林业和草原局，农业农村部.国家重点保护野生植物名录 [EB/OL]. (2021-09-09). https://www.gov.cn/zhengce/
zhengceku/2021-09/09/content_5636409.htm.

［3］ 覃海宁，杨永，董仕勇，等.中国高等植物受威胁物种名录 [J].生物多样性,2017(7):696–744.

直叶金发石杉（1.生境；2.植株；3.孢子叶）

国家保护	红色名录	极小种群	华东特有
二级	未评估		

石松科　马尾杉属

柳杉叶马尾杉

Phlegmariurus cryptomerianus (Maxim.) Satou

条目作者

金冬梅、严岳鸿

生物特征

中型**附生植物**；茎簇生，成熟枝直立或略下垂，1~4 回二叉分枝，长 20~25 cm，枝连叶中部宽 2.5~3 cm。叶螺旋状排列；营养叶披针形，疏生，长 1.4~2.5 cm，宽 1.5~2.5 mm，基部楔形，下延，无柄，有光泽，顶端尖锐，背部中脉凸出明显，薄革质，全缘。**孢子囊穗**比不育部分细瘦，顶生。**孢子叶**披针形，长 1~2 mm，宽约 1.5 mm，基部楔形，先端尖，全缘。**孢子囊**生于孢子叶腋，黄色，肾形，2 瓣开裂。

种群状态

产于**安徽**（黄山）、**福建**（龙岩、上杭）、**江西**（铅山）、**浙江**（开化）。生于树干、林下石上，或地生，海拔 400~800 m。分布于台湾。印度、日本、韩国、菲律宾也有。

濒危原因

本种环境适应能力较弱，分布区狭窄。天然林破坏导致适宜生境缩减，药用采集也是威胁野生种群的重要因素。

应用价值

科研、观赏、药用。

保护现状

目前以自然保护区的就地保护为主，尚没有专门的保护措施。

保护建议

加强该种分布区的生境保护，促进野生种群的自然更新。鼓励开展人工繁育，特别是无性繁殖，挖掘本种在药用植物资源开发和园林观赏中的应用。

主要参考文献

［1］ 王峻,吴伟,潘胜利.HPLC 法测定 6 种石杉科植物中石杉碱甲的含量 [J]. 中草药,2003(07): 34-35.

［2］ 邵浩，张丽，吕会芳，等．HPLC 测定九龙山国家自然保护区石杉科 4 种植物石杉碱甲的含量 [J]．上海中医药大学学报，
　　　2009, 23(06): 67-69.

柳杉叶马尾杉（1. 生境；2. 孢子叶）

国家保护	红色名录	极小种群	华东特有
二级	无危（LC）		

石松科　马尾杉属

闽浙马尾杉

Phlegmariurus mingcheensis Ching

条目作者

金冬梅、严岳鸿

生物特征

中型附生植物；茎簇生，成熟枝直立或略下垂，一至多回二叉分枝，长 17~33 cm，枝连叶中部宽 1.5~2 cm。叶螺旋状排列；营养叶披针形，疏生，长 1.1~1.5 cm，宽 1.5~2.5 mm，基部楔形，下延，无柄，有光泽，顶端尖锐，中脉不显，草质，全缘。孢子囊穗比不育部分细瘦，顶生。孢子叶披针形，长 8~13 mm，宽约 0.8 mm，基部楔形，先端尖，中脉不显，全缘。孢子囊生于孢子叶腋，肾形，黄色，2 瓣开裂。

种群状态

产于安徽（绩溪、歙县、休宁、岳西）、福建（上杭、建阳、明溪、屏南、武夷山）、江西（庐山、安远、井冈山、石城、玉山）、浙江（江山、开化、遂昌）。生于树干、林下峭壁，或地生，海拔 100~1 600 m。分布于重庆、广东、广西、海南、湖南、四川。中国特有种。

濒危原因

天然林破坏致使适宜生境缩减，是影响闽浙马尾杉野生种群的重要因素。

应用价值

科研、药用。植物体内含有治疗老年性痴呆的石杉碱甲成分。

保护现状

目前以自然保护区的就地保护为主，尚没有专门的保护措施。

保护建议

加强对现有野生种群和适宜生境的保护，促进自然更新。由于石杉科植物的孢子繁殖困难，鼓励开展人工繁育，特别是无性繁殖，减少药用需求对野生植物资源的破坏。

主要参考文献

郑雅媗，刘海元，张方方，等 . HPLC 法测定蛇足石杉及闽浙马尾杉不同部位的石杉碱甲含量 [J]. 福建中医药大学学报，2013, 23(03): 42–43.

闽浙马尾杉（1. 生境；2. 植株；3. 孢子叶）

国家保护	红色名录	极小种群	华东特有
一级	极危（CR）		是

水韭科　水韭属

东方水韭

Isoetes orientalis Hong Liu & Q. F. Wang

条目作者

金冬梅、严岳鸿

生物特征

多年生挺水植物，根状茎略呈 3 裂。叶基部白色，上面绿色，螺旋排列，宽展开，长 10~20 cm，中间宽 2.0 mm，20~40 枚叶片簇生，正面侧扁平，在背轴上圆形，基部有翅；叶具周边纤维束，有 1 个中央内管；叶舌卵形至三角形，（1.5~2）mm×（2~3）mm。孢子囊生于叶基部，倒卵形；短茸毛仅覆盖孢子囊的远端边缘。大孢子干燥时白色，潮湿时灰色，表面具网状纹理，边缘参差不齐。小孢子灰色，数量多，椭圆形，表面瘤状至棘状。

种群状态

产于福建（泰宁）、浙江（松阳）。生于山丘间肥沃的沼泽地草甸，海拔约 1 200 m。红色名录评估为极危 CR B1ab(iii)+ 2ab(iii)，即指本种的分布区不足 100 km^2，占有面积小于 10 km^2，生境严重碎片化，栖息地的面积、范围持续性衰退。

濒危原因

原生生境易受人为活动干扰，加之分布区域狭窄，难以维持稳定的种群规模。

应用价值

科研、观赏。

保护现状

已列入国家重点保护野生植物名录，上海辰山植物园正在联合国内蕨类研究团队开展孢子萌发试验。

保护建议

加强对野生居群的生境保护。鼓励对本种适生环境进行深入研究，开展迁地保护和人工繁育。

主要参考文献

［1］ LIU H, WANG Q F, TAYLOR W C. Isoetes orientalis (Isoetaceae), a new hexaploid quillwort from China[J]. Novon, 2005, 15:164–167.

［2］ 董仕勇, 左政裕, 严岳鸿, 等 . 中国石松类和蕨类植物的红色名录评估 [J]. 生物多样性 , 2017, 25(7):765–773.

东方水韭（1.生境；2.群体；3.植株；4 孢子囊群生于叶基；5.孢子囊群）

国家保护	红色名录	极小种群	华东特有
一级	濒危（EN）		是

水韭科　水韭属

中华水韭

Isoetes sinensis T. C. Palmer

条目作者

金冬梅、严岳鸿

生物特征

多年生沼生植物，植株高 15~30 cm；根茎肉质，块状，略呈 2~3 瓣，具多数二叉分歧的根；叶向上丛生，多数向轴覆瓦状排列。叶草质，线形，长 15~30 cm，宽 1~2 mm，内具 4 个纵行气道围绕中肋，并有横隔膜分隔成多数气室，先端渐尖，基部广鞘状，膜质，黄白色，腹部凹入，上有三角形渐尖的叶舌，凹入处生孢子囊。孢子囊椭圆形，具白色膜质盖；大孢子囊内有少数白色粒状的四面形大孢子；小孢子囊内有多数灰色粉末状的两面形小孢子。

种群状态

产于江西（铜鼓、泰和、彭泽）、浙江（建德、丽水、宁波、台州、诸暨）、安徽（当涂、屯溪、休宁）、江苏（南京）。生于浅水区、池塘边、沟中淤泥里、河流和溪流的潮间带，海拔 100~300 m。红色名录评估为濒危 EN A2ace，即直接观察到本种野生种群因分布区、栖息地缩减及外来生物或污染而存在持续衰退，种群规模在 10 年或三个世代内缩小 50% 以上。

濒危原因

本种属于进化濒危种，适宜生境较为局限。生境的人为直接破坏及水体污染是导致其部分种群消失的主要原因。

应用价值

科研、观赏。

保护现状

已列入国家重点保护野生植物名录，上海辰山植物园正在联合国内蕨类研究团队开展孢子萌发试验。

保护建议

建议有本种分布的自然保护区、风景名胜区将其列为重点保护对象，加强对野生居群沼泽生境的保护。尝试开展迁地保护和人工繁育，如杭州植物园已从原产地引种，将其保护在水生区内。

主要参考文献

［1］邢建娇,路靖,李范,等.湿地极危植物中华水韭孢子育苗及幼孢苗管护 [J].湿地科学,2013,11(03):347-351.

［2］叶其刚,李建强.浙江省中华水韭分布现状与濒危原因 [J].植物科学学报,2003(03):216-220.

中华水韭（1.生境；2.植株）

国家保护	红色名录	极小种群	华东特有
	未评估		

卷柏科　卷柏属

东方卷柏

Selaginella orientalichinensis Ching & C. F. Zhang ex Hao Wei Wang & W. B. Liao

条目作者

金冬梅、严岳鸿

生物特征

土生或石生，**复苏植物**；茎呈莲座状，常绿或季节性变绿，主茎二叉分枝；茎、根托和根密集形成树状主干，长 1~20 cm，直径 0.5 cm。**根托**仅生于茎基部，长 0.5~20 cm，纤弱，附着于主干，分叉并在地面形成根垫。**主茎**禾秆色或棕色，圆柱状，不具槽，二叉分枝，脱水时不弯曲。**分枝**稀疏且规则，背面扁平，含叶宽 2~3 mm。**腋生叶**对称，基部膨大，边缘具小齿，明显有白色边缘。**背面叶**覆瓦状，不对称，椭圆形，不具隆起，基部钝，边缘具小齿，明显具白色边缘，先端具芒，平展或平行于轴。

种群状态

产于**福建**、**江西**、**浙江**山区。生于裸岩或草坡，海拔 100~1000 m，常见于丹霞地貌区域。分布于中国东南部，广东、广西、湖南，中国特有种。

濒危原因

人为采挖和生境破坏是影响该种野生种群缩减的重要原因。

应用价值

科研、药用、观赏。

保护现状

尚未见对本种开展有针对性的保护。

保护建议

加强对野生居群的保护，禁止野蛮采挖破坏野生资源。鼓励深入研究本种的适生条件，促进人工繁育，减少对野生居群的破坏。

主要参考文献

王浩威,戴晶敏,陈再雄,等.中国东南部复苏卷柏一新种：东方卷柏——基于形态学和分子生物学证据（英文）.中山大学学报：自然科学版,2022(61):57–64,4.

东方卷柏（1. 生境；2. 植株；3. 叶正面；4. 叶背面）

国家保护	红色名录	极小种群	华东特有
	无危（LC）		

卷柏科　卷柏属

卷柏

Selaginella tamariscina (P. Beauv.) Spring

条目作者

金冬梅、严岳鸿

生物特征

土生或石生，复苏植物，呈垫状；根多分叉，根托只生于茎的基部；主茎及分枝密集形成树状主干，高 5~15(45) cm；主茎自中部开始羽状分枝或不等二叉分枝，无关节，禾秆色或棕色，茎圆柱状，维管束 1 条；侧枝 2~5 对，2~3 回羽状分枝，分枝无毛，背腹压扁。**叶**交互排列，二形，具白边，边缘有细齿。**孢子叶穗**紧密，四棱柱形，单生于小枝末端。**孢子叶**一形，卵状三角形，边缘膜质透明且有细齿，先端有尖头或具芒。**大孢子**浅黄色，小孢子橘黄色。

种群状态

产于华东各省份山区。生于石灰岩地区，海拔 100~2 100 m。分布于华北、华中、华南等地。印度、日本、朝鲜半岛、菲律宾、俄罗斯（西伯利亚）、泰国北部也有。

濒危原因

卷柏又称九死还魂草，为常用中药，目前已分离出黄酮类、酚炔类、糖苷类等多种药用成分。除药用外，还常被大量采挖，用于观赏。人为采挖和生境破坏是影响卷柏野生种群的重要因素。

应用价值

科研、观赏；中药中称其为"还魂草"，具活血通经的功效。

保护现状

尚未见对本种开展有针对性的保护。

保护建议

本种有较高的药用价值和潜在的观赏价值，加强对野生居群的保护，禁止野蛮采挖破坏本种的野生资源。鼓励深入研究本种的适生条件，促进人工繁育，减少对野生种群的破坏。

主要参考文献

［1］王国强. 全国中草药汇编 [M]. 3 版. 北京：人民卫生出版社. 2004.

［2］郑晓珂, 毕跃峰, 冯卫生, 等. 卷柏化学成分研究 [J]. 药学学报, 2004(04): 266–268.

［3］邹辉, 徐康平, 谭桂山. 卷柏属植物化学成分及药理活性研究进展 [J]. 天然产物研究与开发, 2012, 24(11): 1 655–1 670.

卷柏（1. 生境；2. 植株；3. 叶正面；4. 叶背面）

国家保护	红色名录	极小种群	华东特有
	无危（LC）		

瓶尔小草科　蕨萁属

蕨萁

Botrypus virginianum (L.) Michx.

条目作者

金冬梅、严岳鸿

生物特征

　　根状茎短而直立，有一簇不分枝的粗健肉质长根；总叶柄长 20~25 cm，宽常达 5~10 mm，草质，基部棕色鞘状托叶长 2.5~3 cm。**不育叶片**为阔三角形，顶端为短尖头，长 13~18 cm，基部宽 20~30 cm 或更大，3 回羽状，基部下方为 4 回羽裂；侧生羽片 6~8 对，基部一对最大，长卵形，向基部稍狭。叶为薄草质，叶脉可见。**孢子叶**自不育叶片的基部抽出。**孢子囊穗**为复圆锥状，成熟后高出于不育叶片之上，几光滑或略具疏长毛。

种群状态

　　产于**浙江**（临安）、**安徽**（黄山、金寨、歙县）。生于林下，海拔 1 600~3 200 m。分布于重庆、甘肃、贵州、河南、湖北、湖南、陕西、山西、四川、西藏、云南。北半球温带地区、中南美洲也有。

濒危原因

　　本种环境适应能力较弱，天然林砍伐、环境污染等可能是致其濒危的重要原因。

应用价值

　　科研、观赏。全草可以入药，有清热解毒、消肿散结的功效。

保护现状

　　主要分布于自然保护区和风景区，但尚未有针对性保护措施。

保护建议

　　以就地保护为主，保护天然林和本种野生居群的自然生境。

主要参考文献

［1］ 王国强.全国中草药汇编 [M].3 版.北京：人民卫生出版社.2004.

［2］ 刘静，李述万，韦佳佳，等.广西蕨类植物新记录（Ⅱ）[J].广西植物，2017,37(04): 449–452.

［3］ 周超，吕兴文，魏俊莲，等.苗药一朵云（蕈毛蕨萁）的植物形态及显微鉴别 [J].中国民族民间医药，2011,20(01): 8–9.

蕨萁（1.生境；2.植株；3.孢子囊穗）

国家保护	红色名录	极小种群	华东特有
	近危（NT）		

瓶尔小草科　瓶尔小草属

心叶瓶尔小草

Ophioglossum reticulatum L.

条目作者

金冬梅、严岳鸿

生物特征

根状茎短细，直立，有少数粗长的肉质根。总叶柄长 4~8 cm，淡绿色，向基部为灰白色，营养叶片长 3~4 cm，宽 2.6~3.5 cm，为卵形或卵圆形，先端圆或近于钝头，基部深心形，有短柄，边缘多少呈波状，草质，网状脉明显。孢子叶自营养叶柄的基部生出，长 10~15 cm，细长，孢子囊穗长 3~3.5 cm，纤细。

种群状态

产于福建（各地偶见）、江西（武宁、庐山、广昌、安福）、浙江（象山、景宁、宁海、遂昌、天台）。生于荫蔽的密林下、湿润灌草丛中，海拔 0~3 000 m。分布于湖北、湖南、云南、广西、贵州、四川、重庆、陕西。朝鲜半岛、日本、印度、越南、南洋群岛、南美洲也有。

濒危原因

本种适应于阴凉湿润的环境，光合能力较弱。本种分布零星分散，植株小而稀少，常常遭到人为采挖。

应用价值

瓶尔小草属在植物系统学研究及对蕨类系统发育研究上具有重要科研价值；又有多方面的药用价值，是民间一味重要的中药。

保护现状

主要分布于自然风景区和保护区，但尚未见有针对性的保护措施。

保护建议

本种是蕨类植物中较早起源的厚囊蕨类的重要代表，具有较大的科学价值，需要加强宣传，减少人为采挖对野生资源的破坏。

主要参考文献

［1］陈丽春,陈征海,马丹丹,等.浙江省 6 种新记录植物 [J].浙江大学学报：农业与生命科学版,2016,42(5):551–555.

［2］邹春玉.广西资源县药用植物资源多样性研究 [D].桂林：广西师范大学,2019.

心叶瓶尔小草（1.生境；2.植株；3.孢子叶穗）

国家保护	红色名录	极小种群	华东特有
	近危（NT）		

瓶尔小草科　瓶尔小草属

狭叶瓶尔小草

Ophioglossum thermale Kom.

条目作者

金冬梅、严岳鸿

生物特征

根状茎细短，直立，有一簇细长不分枝的肉质根，向四面横走如匍匐茎，在先端萌生植物。叶单生，或 2~3 叶同自根部生出，总叶柄长 3~6 cm，纤细，绿色或下部埋于土中，灰白色。营养叶每梗 1 片，无柄，长 2~5 cm，宽 0.3~1 cm，倒披针形或长圆状披针形，基部窄楔形，全缘，微尖头或钝头，草质，淡绿色，具不明显网状脉。孢子叶自营养叶的基部生出，柄长 5~7 cm，高出营养叶，孢子囊穗长 2~3 cm，狭线形，先端尖，由 15~28 对孢子囊组成。孢子灰白色，近平滑。

种群状态

产于安徽（徽州、石台）、福建（长汀）、江西（庐山、婺源、永丰）。生于山地草坡上，或温泉附近。分布于台湾、云南、西藏、湖北、重庆、陕西、河北、吉林、内蒙古。堪察加半岛、朝鲜半岛及日本也有。

濒危原因

本种分布零星分散，植株小而稀少，过度采挖和原生境破坏是重要的致危因素。

应用价值

狭叶瓶尔小草是蕨类植物中较早起源的厚囊蕨类的重要代表，且呈显著的间断分布，具有较大的科学价值；狭叶瓶尔小草在台湾被称为"草王"，是民间一味重要的中药。

保护现状

主要分布于自然风景区和保护区，但尚未见有针对性的保护措施。

保护建议

建议以就地保护为主，加强宣传，减少人为采挖对野生资源的破坏。

主要参考文献

［1］谢国文,张育慧,谭策铭.庐山野生珍稀濒危药用植物资源多样性及其保护 [C]// 中国植物学会药用植物及植物药专业委员会.第八届全国药用植物及植物药学术研讨会论文集.北京：中国植物学会,2009.

［2］崔凯峰,黄利亚,黄柄军,等.长白山区珍稀濒危植物狭叶瓶尔小草种群现状及保护 [J].北华大学学报：自然科学版,2014,15(05):675-678.

狭叶瓶尔小草（植株）

国家保护	红色名录	极小种群	华东特有
	易危（VU）		

松叶蕨科　松叶蕨属

松叶蕨

Psilotum nudum (L.) P. Beauv.

条目作者

金冬梅、严岳鸿

生物特征

小型蕨类，**附生**树干上或岩缝中；根茎横行，圆柱形，褐色，仅具假根，二叉分枝；高 15~51 cm。**地上茎**直立，无毛或鳞片，绿色，下部不分枝，上部多回二叉分枝；枝三棱形，绿色，密生白色气孔。**叶**为小型叶，散生，二型。**不育叶**鳞片状三角形，无脉，先端尖，草质。**孢子叶**二叉形。**孢子囊**单生在孢子叶腋，球形，2 瓣纵裂，常 3 个融合为三角形的聚囊，黄褐色。**孢子**肾形，极面观矩圆形，赤道面观肾形。

种群状态

产于**安徽**（黄山、岳西）、**福建**（长乐、南靖、屏南、厦门、永泰）、**江苏**（南通）、**江西**（德兴、广昌）、**浙江**（仙居、缙云、乐清、泰顺、文成、永嘉）。生于树上或岩石缝中，海拔 0~1 000 m。分布于澳门、重庆、广东、广西、贵州、海南、湖北、湖南、陕西、四川、台湾、西藏、香港、云南。旧世界和新世界的热带及亚热带地区、韩国、日本也有。红色名录评估为易危 VU A4a，即直接观察到本种野生种群数因不明原因正在持续减少，种群数量在 10 年或三个世代内减少 30% 以上。

濒危原因

中药名为"石刷把"，常被大量采集作草药售卖，野生资源遭到严重破坏。

应用价值

松叶蕨是进化上的孑遗植物，中国仅 1 属 1 种，具有较高的研究和保护价值，是民间常用草药；形态优美，有观赏价值。

保护现状

主要分布于自然风景区和保护区，但尚未见针对性的保护措施。

保护建议

建议列入国家重点保护野生植物名录，禁止野蛮采挖破坏野生资源。

主要参考文献

［1］赵鑫磊,张雨凤,王星星,等.安徽大别山区蕨类植物新记录种——松叶蕨 [J].亚热带植物科学,2015,44(04):337-339.
［2］朱圣潮,莫建军.浙西南松叶蕨分布区的群落结构与生境特征 [J].浙江大学学报:理学版,2007(03):340-345.

松叶蕨（1.生境；2.植株；3.孢子叶；4.孢子囊群）

国家保护	红色名录	极小种群	华东特有
二级	无危（LC）		

合囊蕨科　观音座莲属

福建观音座莲

Angiopteris fokiensis Hieron.

条目作者

金冬梅、严岳鸿

生物特征

植株高大，高 1.5 m 以上；**根状茎块状**，直立，下面簇生圆柱状的粗根。**叶柄粗壮**；叶片宽广，宽卵形，羽片 5~7 对，互生，狭长圆形，基部不变狭，羽柄长 2~4 cm，奇数羽状；小羽片 35~40 对，对生或互生，平展，具短柄，顶生小羽片分离，有柄，和下面的同形，叶缘全部具有规则的浅三角形锯齿；叶脉开展，下面明显，一般分叉，无倒行假脉；叶为草质，上面绿色，下面淡绿色，两面光滑；叶轴光滑，腹部具纵沟。**孢子囊群**棕色，长圆形。

种群状态

产于**福建**（福清、明溪、平和、新罗、长泰等地）、**江西**（大余、定南、井冈山、黎川、龙南等地）、**浙江**（松阳、苍南、平阳、泰顺、永嘉）。生于阔叶林下，海拔 400~1 600 m。分布于重庆、广东、广西、贵州、海南、湖北、湖南、四川、香港、云南。日本南部也有。

濒危原因

本种属于进化上的孑遗类群，适宜生境较为狭窄，近年来因广泛应用于园林绿化而遭到大规模的破坏，如不采取有效的保护措施，必将导致野生资源迅速萎缩。

应用价值

厚囊蕨类的代表类群，有重要的科研价值；株形优美，有较高的观赏价值。

保护现状

已列入国家重点保护野生植物名录。

保护建议

建议加强执法，禁止破坏性采挖。鼓励以宿存叶柄扦插繁殖、孢子繁殖等技术为基础开展人工繁育，扩大人工栽培的规模，减少对野生种群的依赖。

主要参考文献

［1］ 曾汉元. 我国的观赏蕨类资源及其开发利用 [J]. 生物学通报, 2008(05): 9–11.

［2］ 文晓琼, 胡颖, 曾晓君, 等. 福建观音座莲的化学成分研究 [J]. 时珍国医国药, 2012, 23(01): 1–2.

［3］ 叶升儒. 观音座莲生态条件及适应性情况的初步研究 [J]. 温州师范学院学报：自然科学版, 1994(03): 78–81.

福建观音座莲（1. 植株；2. 根茎；3. 叶轴；4. 孢子囊群）

国家保护	红色名录	极小种群	华东特有
	未评估		

紫萁科　紫萁属

粤紫萁

Osmunda mildei C. Chr.

条目作者

金冬梅、严岳鸿

生物特征

根状茎短粗，直立。叶簇生，厚纸质，坚硬，光滑，无光泽；叶片卵状长圆形，尾头，2回羽状；**羽片**近对生，奇数羽状，有短柄，向顶部的无柄，长圆披针形，长尾头；**小羽片**密接成覆瓦状，长1.5~2 cm，宽8~12 mm，卵形或长圆形，圆头，基部圆，无柄，上部的小羽片基部下方合生于羽轴；顶生小羽片最长，基部有1~2对汇合小羽片，边缘无锯齿；叶脉明显，二叉分歧，达于叶边。下部几对羽片（4~7对）为能育，收缩成线形，背面满布孢子囊。

种群状态

产于江西（崇义）。生于林下山坡，海拔400~500 m。分布于广东、湖南、香港，中国特有种。2013版红色名录将本种评估为极危CR（未给出评估标准），在2020版红色名录中，本种未被评估。

濒危原因

研究表明粤紫萁为华南紫萁（母本）与紫萁（父本）的自然杂交种，孢子败育，不能进行有性生殖，自然条件下只存在于华南紫萁与紫萁分布区的重叠区域。

应用价值

粤紫萁为杂交起源，对研究植物物种的形成有重要的价值。

保护现状

主要分布于自然保护区和公园，尚未有针对粤紫萁的保护措施。

保护建议

以就地保护为主，通过保护其亲本华南紫萁与紫萁分布重叠区的自然植被，保护粤紫萁的自然形成条件。

主要参考文献

［1］勾彩云，张寿洲，耿世磊. 基于 rbcL 和 trnL–trnF 序列探讨粤紫萁的系统位置及遗传关系 [J]. 西北植物学报，2008(11): 2 178–2 183.

［2］韦宏金,周喜乐,金冬梅,等.湖南蕨类植物增补 [J].广西师范大学学报:自然科学版,2018,36(03):101-106.

粤紫萁（1.叶片；2.孢子叶穗）

［2］韦宏金,周喜乐,金冬梅,等.湖南蕨类植物增补 [J].广西师范大学学报:自然科学版,2018,36(03):101-106.

国家保护	红色名录	极小种群	华东特有
二级	无危（LC）		

金毛狗蕨科　金毛狗蕨属

金毛狗蕨

Cibotium barometz (L.) J. Sm.

条目作者

金冬梅、严岳鸿

生物特征

根状茎卧生，粗大，顶端生出一丛大叶，柄棕褐色，基部被有一大丛垫状的金黄色茸毛，有光泽。**叶片**长宽约相等，广卵状三角形，3回羽状分裂；下部羽片为长圆形互生，远离；叶几为革质或厚纸质，有光泽，下面为灰白色或灰蓝色，两面光滑，或小羽轴上下两面略有短褐毛疏生。**孢子囊群**在每一末回能育裂片1~5对，生于下部的小脉顶端，囊群盖坚硬，棕褐色，横长圆形，两瓣状，成熟时张开如蚌壳，露出孢子囊群。**孢子**为三角状的四面形，透明。

种群状态

产于**福建**（各地）、**江西**（井冈山、安远、崇义、大余、寻乌等地）、**浙江**（泰顺、平阳）。生于林下开阔地，林缘，山谷，温暖湿润环境，海拔100~1 600 m。分布于澳门、重庆、广东、广西、贵州、海南、河南、湖北、湖南、四川、台湾、西藏、香港、云南。印度东北部、印度尼西亚（爪哇至苏门答腊）、琉球群岛、马来西亚（西半岛）、缅甸、泰国、越南也有。

濒危原因

根状茎常被作为工艺品出售；亦可入药，中药名为"金毛狗脊"；树形优美，有较高的观赏价值。经济利益驱动的非法采挖是威胁该种野生种群的重要因素。

应用价值

科研、药用、观赏。

保护现状

已列入国家重点保护野生植物名录。

保护建议

加强宣传、严格执法，保护野生资源。金毛狗蕨株形优美，四季常青，可通过人工繁育，推广应用于园林绿化和庭院观赏。

主要参考文献

［1］ 金水虎.观赏蕨类的引种驯化和商品化繁殖技术研究 [D].杭州：浙江大学，2003.

［2］ 杨慧洁，吴琦，杨世海.金毛狗脊化学成分与药理活性研究进展 [J].中国实验方剂学杂志，2010,16(15):230–234.

金毛狗蕨（1.群体；2.根茎；3.叶片；4.孢子囊群）

国家保护	红色名录	极小种群	华东特有
二级	易危（VU）		

桫椤科　桫椤属

桫椤

Alsophila spinulosa (Wall. ex Hook.) R. M. Tryon

条目作者

金冬梅、严岳鸿

生物特征

多年生**树状蕨类**植物，茎干高达 6 m 或更高，上部有残存的叶柄，向下密被交织的不定根。**叶**螺旋状排列于茎顶端；鳞片暗棕色，有光泽，狭披针形，先端呈褐棕色刚毛状；叶柄连同叶轴和羽轴有刺状突起，背面两侧各有 1 条不连续的皮孔线，向上延至叶轴；叶片长矩圆形，3 回羽状深裂；羽轴、小羽轴和中脉上面被糙硬毛，下面被灰白色小鳞片。**孢子囊群**生于侧脉分叉处，靠近中脉，有隔丝，囊群盖球形，膜质，成熟时反折覆盖于主脉上面。

种群状态

产于**福建**（福清、南靖、平和、永安等地）、**江西**（崇义、大余）。生于林下，山谷溪边，海拔 300~1 600 m。分布于重庆、广东、广西、贵州、海南、湖南、四川、台湾、西藏、香港、云南。孟加拉国、不丹、印度、日本南部、越南、柬埔寨、缅甸、尼泊尔、斯里兰卡、泰国北部也有。红色名录评估为易危 VU A2c，即指本种在 10 年或三个世代内因栖息地减少等因素种群规模缩小了 30% 以上，且仍在持续缩减。

濒危原因

本种属于孑遗植物，环境适应能力较弱。天然林破坏造成适宜生境减少，加上本种树形优美，非法采挖用于观赏是威胁该种野生种群的重要因素。

应用价值

科研、观赏。

保护现状

已列入国家重点保护野生植物名录。

保护建议

对现存规模较大的野生居群进行就地保护，严禁非法采挖；鼓励开展人工繁育，充分挖掘观赏价值。

主要参考文献

［1］李莉，江军，李石华，等.江西"新纪录"杪椤的发现及调查分析［J］.江西科学，2018,36(05):824-829.

［2］赵瑞白，杨小波，李东海，等.海南岛杪椤科植物地理分布和分布特征研究［J］.林业资源管理，2018(02):65-73,97.

杪椤（1.生境；2.植株；3.羽片；4.孢子囊群）

国家保护	红色名录	极小种群	华东特有
	无危（LC）		

桫椤科　黑桫椤属

粗齿黑桫椤

Gymnosphaera denticulata (Baker) Copel.

条目作者

金冬梅、严岳鸿

生物特征

多年生，植株高 0.6~1.4 m；主干短而横卧。叶簇生；叶柄长 30~90 cm，红褐色，稍有疣状突起，基部生鳞片，向疣部光滑；鳞片线形，淡棕色，光亮，边缘有疏长刚毛；叶片披针形，2~3 回羽状；羽轴红棕色，有疏的疣状突起，疏生狭线形的鳞片，较大的鳞片边缘有刚毛；小羽轴及主脉密生鳞片，鳞片顶部深棕色，基部淡棕色并为泡状，边缘有黑棕色刚毛。孢子囊群圆形，生于小脉中部或分叉疣；囊群盖缺；隔丝多，稍短于孢子囊。

种群状态

产于福建（建瓯、龙岩、南靖、厦门、永安）、江西（安远、井冈山、龙南、全南、寻乌）、浙江（苍南、平阳、泰顺、乐清）。生于山谷，常绿林林缘，海拔 300~1 500 m。分布于重庆、广东、广西、贵州、湖南、四川、台湾、云南。日本也有。

濒危原因

本种属于孑遗植物，环境适应能力较弱。天然林破坏造成适宜生境减少，是导致本种濒危的重要因素。

应用价值

科研。

保护现状

主要分布于自然保护区和公园，尚未有针对粗齿黑桫椤的保护措施。

保护建议

对规模较大的野生居群进行就地保护，严禁非法采挖；鼓励开展人工繁育。

主要参考文献

曾庆昌,缪绅裕,陶文琴,等.粗齿桫椤和金毛狗的生理生态及其生境特征研究 [J]. 河南科学 ,2014,32(10): 2 014-2 020.

粗齿黑桫椤（1. 叶片；2. 叶柄；3. 幼嫩孢子囊群；4. 成熟孢子囊群）

国家保护	红色名录	极小种群	华东特有
二级	无危（LC）		

桫椤科　白桫椤属

笔筒树

Sphaeropteris lepifera (J. Sm. ex Hook.) R. M. Tryon

条目作者

金冬梅、严岳鸿

生物特征

多年生树状蕨类植物，茎干高超过 6 m。叶柄通常上面绿色，下面淡紫色，无刺，密被鳞片，有疣突；鳞片苍白色，质薄，先端狭渐尖，边缘全部具刚毛，狭窄的先端常全为棕色；叶轴和羽轴禾秆色，密被显著的疣突，突头亮黑色，近 1 mm 高；最下部的羽片略缩短，羽轴下面多少被鳞片，基部的鳞片狭长，边缘具棕色刚毛，上部的鳞片具灰白色边毛，均平坦贴伏。孢子囊群近主脉着生，无囊群盖；隔丝长于孢子囊。

种群状态

产于福建（福州、厦门、宁德）、浙江（泰顺）。生于山谷山坡的林下、林缘和向阳的草丛，通常在湿润的土壤中，海拔低于 1 500 m。分布于广西、海南、台湾、云南。琉球群岛、巴布亚新几内亚、菲律宾也有。

濒危原因

本种属于孑遗植物，环境适应能力较弱。天然林破坏造成适宜生境减少，加上本种树形优美，非法采挖用于观赏是威胁笔筒树野生种群的重要因素。

应用价值

科研、观赏。

保护现状

国家二级重点保护野生植物。

保护建议

以就地保护为主，对现有野生种群和适宜生境进行保护；鼓励开展人工繁育，挖掘园林观赏价值。

主要参考文献

陈贤兴，潘太仲. 浙江桫椤科一新记录属（白桫椤属）和一新记录种（笔筒树）[J]. 温州大学学报：自然科学版，2016，37(03)：34–37.

笔筒树（1.生境；2.植株；3.幼叶；4.叶轴；5.孢子囊群）

国家保护	红色名录	极小种群	华东特有
	无危（LC）		

碗蕨科　稀子蕨属

岩穴蕨

Monachosorum maximowiczii (Baker) Hayata

条目作者

金冬梅、严岳鸿

生物特征

根状茎短而平卧，斜升，有须根密生。**叶**多数簇生，常向四面倒伏，柄长 5~10 cm，红棕色，光滑，草质；叶片长线状披针形，向基部变狭，叶轴顶端常伸长成一鞭形，顶端着地生根，1 回羽状，羽片多数（30~60 对），披针形，钝头，无柄，基部不对称，有小耳形突起，边缘有均匀排列的粗钝锯齿；下部的羽片逐渐缩短，或呈耳形；叶为膜质，光滑，唯下面疏被细微的伏生腺毛。**孢子囊群**圆形，小，生于侧脉顶部，位于锯齿之中，无盖。

种群状态

产于**安徽**（黄山）、**江西**（庐山、寻乌、铅山、玉山）、**浙江**（临安、淳安）。生于岩石缝中和洞穴处，也在林下地面，或为低位附生植物，海拔 800~2 500 m。分布于重庆、贵州、湖北、湖南、四川、台湾。日本也有。

濒危原因

人为干扰导致生境破坏是影响本种生存的重要因素。

应用价值

科研、观赏。

保护现状

尚未开展有针对性的保护工作。

保护建议

以就地保护为主，保护野生种群的自然生境；同时尝试开展人工繁育，挖掘本种在园林观赏中的潜在价值。

主要参考文献

刘莉, 舒江平, 韦宏金, 等. 东亚特有珍稀蕨类植物岩穴蕨（碗蕨科）高通量转录组测序及分析 [J]. 生物多样性, 2016, 24(12): 1 325–1 334.

岩穴蕨（1. 生境；2. 群体；3. 植株；4. 根茎；5. 叶片；6. 孢子囊群）

国家保护	红色名录	极小种群	华东特有
	易危（VU）		

凤尾蕨科　铁线蕨属

仙霞铁线蕨

Adiantum juxtapositum Ching

条目作者

金冬梅、严岳鸿

生物特征

常生于丹霞地貌，植株高 8~20 cm；根状茎短而直立，先端被黑棕色的披针形鳞片。叶簇生；柄长 2~9 cm，粗约 1 mm，栗色，有光泽，光滑；叶片披针形，长 4~11 cm，奇数 1 回羽状，羽片 5~9 对，羽片顶端不延伸，呈鞭状，小羽片圆形或圆扇形，两面光滑，上面淡绿色，下面淡灰白色；小羽片具 2~3 mm 的短柄，柄端有关节。孢子囊群每羽片 3~4 枚；囊群盖上缘平直或稍凹陷。孢子周壁具模糊的颗粒状纹饰，颗粒大小不一致，处理后常保存。

种群状态

产于福建（武夷山、连城）、江西（鹰潭）、浙江（淳安、江山）。生于岩缝中，海拔 200~900 m。分布于湖南、广东，中国特有种。红色名录评估为易危 VU B2ab(iii)；C2a(i)；D2，即指本种占有面积不足 2 000 km²，生境碎片化，栖息地的面积持续性衰退；成熟个体数量不足 10 000 棵，且无超过 1 000 棵的亚种群；占有面积不足 20 km²，可能在极短时间内成为极危种，甚至绝灭。

濒危原因

特产于丹霞地貌，生于岩缝中，分布狭窄，易受人类活动的干扰。

应用价值

科研、观赏。

保护现状

尚未纳入保护名录。

保护建议

保护野生种群的自然生境，减少旅游、采药、砍柴、耕种等人为干扰。

主要参考文献

［1］ 王爱华，王发国，邢福武 . 铁线蕨属植物 [J]. 园林，2014(03)：24–27.

［2］ 王发国，刘东明，严岳鸿，等 . 广东蕨类植物分布新记录 [J]. 西北植物学报，2005, 25(11)：169–171.

[3] 严岳鸿,何祖霞,马其侠,等.湖南丹霞地貌区蕨类植物多样性 [J].生物多样性,2012,20(04):517-521.

[4] 严岳鸿,苑虎,何祖霞,等.江西蕨类植物新记录 [J].广西植物,2011,31(01):5-8.

仙霞铁线蕨（1.植株；2.叶片；3.根茎；4.孢子囊群）

国家保护	红色名录	极小种群	华东特有
二级	极危（CR）		

凤尾蕨科　水蕨属

粗梗水蕨

Ceratopteris chingii Y. H.Yan & Jun H.Yu

条目作者

金冬梅、严岳鸿

生物特征

浮水或湿生蕨类植物，植株高 20~30 cm；叶柄、叶轴与下部羽片的基部均显著膨胀成圆柱形，叶柄基部布满细长的根。叶二型。不育叶为深裂的单叶，绿色，光滑，叶片卵状三角形，裂片宽带状；能育叶幼嫩时绿色，成熟时棕色，光滑，叶片阔三角形，2~4 回羽状；末回裂片边缘薄而透明，强烈反卷达于主脉，覆盖孢子囊，呈线形或角果形，渐尖头。孢子囊沿主脉两侧的小脉着生，幼时为反卷的叶缘所覆盖，成熟时张开，露出孢子囊。

种群状态

产于江西（九江）、安徽（巢湖）、江苏（淮安）、山东（微山）。生于沼泽地、水池、河沟，通常浮在水面。分布于湖北、湖南，中国特有种。红色名录评估为极危 CR A1ce；B1ab(i,ii)+2ab(i,ii,iii,iv)c(i,ii,iii)，即指本种野生种群因栖息地缩减、外来生物竞争或水体污染等原因导致种群规模在 10 年或三个世代内缩小了 90% 以上；分布区不足 100 km²，占有面积不足 10 km²，生境严重碎片化，分布区、占有面积、栖息地面积和亚种群数量持续性衰退，且分布区、占有面积及亚种群数量存在极大波动。

濒危原因

人类活动如耕作、围湖造田、过度养殖、排放污染物等引起水质变化、水体富营养化和生境片断化及湿地面积显著减少是威胁本种生存的重要原因。

应用价值

科研、观赏、药用。

保护现状

已列入国家重点保护野生植物名录。目前上海辰山植物园已开展植物引种、栽培与孢子繁殖等工作。

保护建议

加强对该种适宜生境的保护，减少围湖造田、水体污染等人为干扰。

主要参考文献

［1］ 刁百灵，史玉虎，吴翠，等．粗梗水蕨研究进展 [J]. 湖北林业科技，2010(02)：45–47.

［2］ 董元火．粗梗水蕨种群特征和群落的物种多样性调查 [J]. 宁夏农林科技，2012, 53(07)：5–6.

［3］ Yu J H, ZHANG R, LIU Q L, et al. Ceratopteris chunii and Ceratopteris chingii (Pteridaceae), two new diploid species from China, based on morphological, cytological, and molecular data[J]. Plant Diversity, 2022, 44(3):300–307.

粗梗水蕨（1. 植株；2. 生境；4. 孢子叶）

国家保护	红色名录	极小种群	华东特有
二级	未评估		

凤尾蕨科　水蕨属

亚太水蕨

Ceratopteris gaudichaudii Brongn.

条目作者

金冬梅、严岳鸿

生物特征

一年生植物，半水生或水生，具根，有时漂浮。根状茎退化，根生于叶柄基部。叶柄鳞片稀疏，近棕色透明状，无梗，宽卵形至盾形。叶片细长，叶二型。不育叶长 5~18 cm，在羽片基部叶腋间常有大量芽胞；叶柄半圆形至梯形；叶片长 4~12 cm，基部宽 3~8 cm，狭三角形，2~4 裂，多数羽状半裂；羽片 5~8 对，互生；基部羽片长 2~5 cm，宽 1.5~4 cm，三角形至狭三角形，具短柄；小羽片 2~4 对，互生，基部宽下延；脉网状。可育叶长 10~25 cm，斜升，成熟时略带褐色；叶柄为叶片长度的 1/3~2/3；叶片长 6~20 cm，基部宽 5~13 cm，狭三角形；羽片 4~9 对，具短柄，互生，基部羽片长 3~7 cm，宽 3~5 cm，三角形；顶裂片长达 5 cm，宽 0.2 cm，线形，边缘薄，反折，包围孢子囊群。孢子囊近无柄；环带直，具有 35~50 个加厚的宽阔细胞和 7~9 个唇状阔细胞。每个孢子囊产生 32 个孢子，孢子四面形，上部直径 95~140 um。

种群状态

产于安徽、江苏。生于沼泽、小溪、池塘、河沟、水田等。分布于香港、台湾等地。大洋洲、关岛也有。

濒危原因

施肥、除草等农业活动及水体污染是威胁本种生存的重要因素。

应用价值

科研、观赏、药用。

保护现状

国家二级重点保护野生植物。

保护建议

就地保护以保护生境为主，可辅以迁地保护和人工繁育。此外，亚太水蕨生长周期短，人工栽培较容易，可用于园林观赏。

主要参考文献

［1］艾薇,刘莉.水蕨中微量元素及营养成分分析 [J].保山学院学报,2015,34(05):8–10.

［2］蒋敏,沈明星,沈新平,等.长期不同施肥方式对稻田杂草群落的影响 [J].生态学杂志,2014,33(07):1 748–1 756.

亚太水蕨（1. 生境与幼叶；2. 群体；3. 植株）

国家保护	红色名录	极小种群	华东特有
	无危（LC）		

冷蕨科　羽节蕨属

东亚羽节蕨

Gymnocarpium oyamense (Baker) Ching

条目作者

金冬梅、严岳鸿

生物特征

　　根状茎细长横走，被红褐色阔披针形鳞片，叶柄禾秆色，有光泽，下面圆，上面有纵沟，基部被鳞片，先端以关节和叶片相连。叶片卵状三角形，先端渐尖，基部呈心形，1 回羽状深裂几达叶轴；裂片阔披针状镰刀形，先端向上弯，急尖或渐尖头，基部以阔翅彼此相连；裂片主脉纤细，侧脉略可见；叶草质，两面均无毛。孢子囊群长圆形，生于裂片上的小脉中部，位于主脉两侧，彼此远离。孢子表面具有裂片状褶皱，上面具小穴状纹饰。

种群状态

　　产于安徽（黄山、霍山、绩溪、石台、岳西等地）、江西（井冈山、修水、铜鼓、铅山）、浙江（安吉、杭州）。生于林下潮湿区域、苔藓覆盖的岩石上，海拔 300~2 900 m。分布于重庆、甘肃、贵州、河南、湖北、湖南、陕西、四川、台湾、西藏、云南。印度东北部、日本、尼泊尔、巴布亚新几内亚、菲律宾也有。

濒危原因

　　天然林破坏导致适宜栖息地减少，是影响该种野外种群生存的重要因素。

应用价值

　　观赏、科研。

保护现状

　　未有相关保护措施提出。

保护建议

　　以就地保护为主，保护野生种群的自然生境；同时尝试开展人工繁育。

主要参考文献

［1］刘家熙，李学东.北京蹄盖蕨科孢子形态的研究 I.冷蕨属、羽节蕨属、短肠蕨属 [J].植物学通报,1997(04):39–42.
［2］卢元.国产羽节蕨属（蹄盖蕨科）的系统学研究 [D].西安：西北大学,2010.

东亚羽节蕨（1.植株及群体；2.根茎；3.叶背面；4.孢子囊群）

国家保护	红色名录	极小种群	华东特有
	近危（NT）		

铁角蕨科　铁角蕨属

巢蕨

Asplenium nidus L.

条目作者

金冬梅、严岳鸿

生物特征

附生蕨类；**根状茎**直立，粗短，木质，深棕色，先端密被鳞片；鳞片线形，膜质，边缘有几条卷曲的长纤毛，深棕色。**叶**簇生，厚纸质或薄革质，两面均无毛；叶柄浅禾秆色，木质，基部密被鳞片；叶片阔披针形，渐尖头或尖头，向下逐渐变狭且下延，叶全缘并有软骨质的狭边；主脉下面几乎全部隆起为半圆形，上面下部有阔纵沟，暗禾秆色；小脉两面均稍隆起，斜展，平行。**孢子囊群**线形，生于小脉的上侧，叶片下部通常不育；囊群盖线形，宿存。

种群状态

产于福建（厦门）。生于雨林中树干或岩石上，海拔 100~1 900 m。分布于澳门、广东、广西、贵州、海南、台湾、西藏、香港、云南。柬埔寨、印度、印度尼西亚、日本、老挝、马来西亚、缅甸、斯里兰卡、越南、澳大利亚的热带地区、波利尼西亚以及非洲东部也有。

濒危原因

本种生于热带雨林的树干或岩石上，生境破坏是威胁其野生种群的重要因素。

应用价值

科研、观赏、食用。附生于大树上的巢蕨是热带雨林的标志性景观，有重要的生态功能和园林观赏价值。嫩叶可作蔬菜，台湾有规模化的栽培，称"山苏花"。

保护现状

尚未有针对性的保护措施，已开展生态学和人工繁育技术的研究。

保护建议

将就地保护和人工栽培相结合，严格保护原生地的自然生境，并开展人工繁育。

主要参考文献

［1］徐诗涛,陈秋波,宋希强,等.新型食用蔬菜鸟巢蕨嫩叶营养成分检测[J].热带作物学报,2012,33(08):1 487–1 493.

［2］ 徐诗涛,钟云芳,宋希强,等.巢蕨属植物在热带雨林生态系统中的功能与作用 [J].热带作物学报,2012,33(04):767-770.

［3］ 徐诗涛.海南热带山地沟谷雨林鸟巢蕨附生特性研究 [D].海口:海南大学,2013.

［4］ 张善信,范俊强,郑贵朝,等.鸟巢蕨孢子繁殖技术研究 [J].亚热带植物科学,2012,41(04):48-50.

巢蕨（1.生境；2.植株；3.根茎；4.孢子囊群）

国家保护	红色名录	极小种群	华东特有
	无危（LC）		

铁角蕨科　铁角蕨属

骨碎补铁角蕨

Asplenium ritoense Hayata

条目作者

金冬梅、严岳鸿

生物特征

植株高 20~40 cm；**根状茎**短而直立，先端密被鳞片；鳞片披针形，褐色，有光泽，膜质，边缘有齿牙。叶簇生，近肉质；叶柄淡绿色，基部密被鳞片；叶片椭圆形，长尾头，3 回羽状；羽片三角状披针形，长渐尖头，基部阔楔形，近对称；叶脉上面明显，下面仅可见，每裂片有小脉 1 条，不达叶边；叶轴及羽轴灰绿色，两面均隆起，两侧有狭翅。**孢子囊群**椭圆形，几与裂片等长，不达裂片先端，棕色；囊群盖椭圆形，淡棕色，膜质，全缘，宿存。

种群状态

产于**福建**（屏南、泰宁、永泰）、**江西**（崇义、庐山、龙南）、**浙江**（诸暨、乐清、遂昌）。生于林下或林缘的岩石上。分布于贵州、广东、海南、湖南、台湾、云南。日本和朝鲜半岛也有。

濒危原因

本种常见于温暖、湿润的天然林林下或林缘石上。天然林破坏、旅游开发等造成的适宜生境减少是威胁其野生种群的重要因素。

应用价值

科研、观赏。

保护现状

主要分布于自然保护区和风景区，尚未有针对本种的保护措施。

保护建议

以就地保护为主，维护野生种群的生境，特别是对当地的天然林进行严格保护。

主要参考文献

张宪春, 董仕勇, 张刚民, 等 . 骨碎补铁角蕨 (铁角蕨科) ——海南岛一新分布种 (英文)[J]. 植物研究 , 2006(02): 2 136–2 137.

骨碎补铁角蕨（1.生境；2.植株；3.根茎；4.孢子囊群）

国家保护	红色名录	极小种群	华东特有
	无危（LC）		

铁角蕨科　铁角蕨属

黑边铁角蕨

Asplenium speluncae Christ

条目作者

金冬梅、严岳鸿

生物特征

小型**附生蕨类**，植株高 4~8 cm；**根状茎**短而直立，先端密被鳞片；鳞片披针形，褐黑色，有虹色光泽，全缘。**单叶**，革质，簇生成莲座状；叶柄纤细，圆柱形，紫黑色，光亮；叶片椭圆形，钝头，基部阔楔形或近圆形，边缘呈浅波状，饰有 1 条极狭的黑边；主脉下面明显，黑色，小脉两面均不明显或上面略可见，多为二叉，不达叶边。**孢子囊群**椭圆形，位于主脉与叶边之间，生于上侧小脉。**囊群盖**线状椭圆形，淡灰棕色，薄纸质，全缘有 1 条纤细的紫色狭边，宿存。

种群状态

产于**江西**（井冈山、庐山）。生于石灰岩缝中，或林中树干上，海拔 1 100~1 400 m。分布于广东、广西、贵州、湖南，中国特有种。

濒危原因

本种生境较为特殊，生境破坏可能是致其濒危的主要因素。

应用价值

科研、观赏。

保护现状

主要分布于自然保护区和风景区，尚未有针对本种的保护措施。

保护建议

以就地保护为主，维护野生种群的自然生境。

主要参考文献

LIN Y X, VIANE R. Aspleniaceae. In: WU Z Y, RAVEN P H, Hong D Y, eds. Flora of China, Vol. 2–3. Pteridophytes[M]. Beijing: Science Press; St. Louis: Missouri Botanical Garden Press, 2013: 267–316.

黑边铁角蕨（1.生境；2.植株；3.孢子囊群）

国家保护	红色名录	极小种群	华东特有
	无危（LC）		

肠蕨科　肠蕨属

川黔肠蕨

Diplaziopsis cavaleriana (Christ) C. Chr.

条目作者

金冬梅、严岳鸿

生物特征

　　根状茎短而直立，顶端连同叶柄基部有少数褐色披针形鳞片。**叶**簇生，叶柄基部以上无鳞片；叶片长圆阔披针形，基部常略变狭；侧生羽片披针形，顶端渐尖，互生，无柄或基部的略有短柄，略斜展，基部 1~3 对常缩短；羽片的侧脉在粗壮的主脉两侧各联结成 2~3 行斜方形网孔。**孢子囊群**粗线形，通常出自侧脉基部上侧，紧接主脉，彼此接近，侧脉离基分叉点常位于孢子囊群中部附近。**囊群盖**腊肠形，褐色，成熟时从上侧边向轴张开，宿存。

种群状态

　　产于**福建**（武夷山）、**江西**（井冈山、铅山）、**浙江**（遂昌）。生于山谷阔叶林下，海拔 1 000~1 800 m。分布于重庆、贵州、海南、湖北、湖南、四川、台湾、云南。不丹、印度东北部、日本、尼泊尔、越南也有。

濒危原因

　　生境的自然和人为因素破坏；因药用遭到过度采挖。

应用价值

　　肠蕨科植物在我国自然分布仅有 1 属 3 种，华东地区仅此 1 种。该种具有较高的科研价值。

保护现状

　　尚未有针对该种的保护措施。

保护建议

　　以就地保护为主，维护野生种群的自然生境。

主要参考文献

［1］ 邱丽氚，金丽君．浙江省蹄盖蕨科植物地理分析 [J]．太原师范学院学报：自然科学版，2010, 9(01): 115–120.

［2］ 张耀茹，张虹，陈浩，等．安徽省 3 种维管植物新记录 [J]．亚热带植物科学，2017, 46(03): 294–296.

［3］ 赵能武，张敬杰，赵俊华，等．贵州产蹄盖蕨科药用植物的种类和分布研究 [J]．时珍国医国药，2009, 20(01): 97–98.

川黔肠蕨（1.叶片；2.根茎；3.孢子囊群）

国家保护	红色名录	极小种群	华东特有
	无危（LC）		

金星蕨科　溪边蕨属

闽浙圣蕨

Stegnogramma mingchegensis (Ching) X. C. Zhang & L. J. He

条目作者
金冬梅、严岳鸿

生物特征

根状茎短而斜升，密被红棕色、有刚毛的披针形鳞片和灰白色针状毛。**叶**簇生；叶柄淡禾秆色，疏被针状毛；叶片基部不变狭，渐尖头，1 回羽状；侧生羽片 4~6 对，对生，几无柄，基部 1 对不变小，全缘或多少呈波状；顶生羽片特大，渐尖头，基部下延，边缘羽裂；羽轴两面均隆起，被针状毛，侧脉明显，叶脉为网状，网眼 2 排，无内藏小脉；叶粗纸质，下面沿叶脉有针状刚毛，上面光滑或仅叶脉有一二短毛疏生。**孢子囊**沿叶脉疏生。

种群状态

产于**福建**（德化、武夷山）、**江西**（寻乌、资溪）、**浙江**（龙泉、庆元、文成、泰顺、平阳、遂昌）。生于山谷或林下荫蔽湿润的地方，海拔 300~900 m。分布于广东，中国特有种。

濒危原因

生境破坏和人为采挖。

应用价值

科研、药用。

保护现状

未见保护措施的开展实施。

保护建议

就地保护野生种群和适宜生境；开展人工孢子繁殖等。

主要参考文献

董仕勇.广州市蕨类植物物种多样性研究 [J]. 热带亚热带植物学报 , 2008(01): 39–45.

闽浙圣蕨（1.植株；2.叶柄；3.叶背面；4.孢子囊群）

国家保护	红色名录	极小种群	华东特有
	无危（LC）		

岩蕨科　二羽岩蕨属

膀胱蕨

Physematium manchuriense (Hook.) Nakai

条目作者

金冬梅、严岳鸿

生物特征

根状茎短而直立，先端密被鳞片；鳞片卵状披针形或披针形，棕色，全缘。叶柄棕禾秆色，通体疏被短腺毛，下部被少数鳞片；叶片先端渐尖，向基部变狭，2回羽状深裂；羽片基部1对常为卵形或扇形，中部羽片较大，钝头并有小齿牙，紧靠叶轴，羽状深裂几达羽轴；顶部羽片基部与叶轴合生并沿叶轴下延成狭翅；叶脉仅可见，小脉不达叶边。孢子囊群圆形，位于小脉的中部或近顶部，每裂片有1~3枚。囊群盖圆球形，黄白色，从顶部开口。

种群状态

产于安徽（黄山、绩溪、金寨、潜山）、江西（庐山、修水、萍乡）、山东（泰山、艾山、昆嵛山、崂山、蒙山、沂山）、浙江（临安）。生于林下石上，海拔200~4 000 m。分布于贵州、河北、河南、黑龙江、吉林、辽宁、内蒙古、山西、四川。日本、朝鲜半岛以及俄罗斯也有。

濒危原因

生长环境的破坏和人为的盲目采挖等。

应用价值

科研、药用、观赏。

保护现状

未见有保护措施提出。

保护建议

建议对其野生种群和自然生境进行就地保护；禁止人为采挖，开展人工孢子繁殖等以满足市场需求。

主要参考文献

［1］包文美,林孝辉,王全喜,等.东北蕨类植物配子体发育的研究 X.岩蕨科 [J].植物研究,1998,18(04):407–413.
［2］马义伦.中国岩蕨植物细胞学和比较形态解剖学研究 [D].北京:中国科学院大学,1983.

膀胱蕨（1. 生境；2. 植株；3. 叶柄；4. 孢子囊群；5. 孢子囊群局部）

国家保护	红色名录	极小种群	华东特有
	无危（LC）		

轴果蕨科　轴果蕨属

轴果蕨

Rhachidosorus mesosorus (Makino) Ching

条目作者

金冬梅、严岳鸿

生物特征

根状茎长而横走或粗而横卧，先端及叶柄基部密生鳞片；鳞片褐色，披针形，细筛孔状；叶柄浅栗色或红褐色，有光泽，基部以上无鳞片。叶片两面无毛，基部最宽，顶部急缩渐尖，下部2~3回羽状；羽片有柄，先端长渐尖，基部一对最大，1~2回羽状；小羽片互生，基部不对称，通常下侧小羽片较上侧的长；裂片圆钝头，彼此以狭翅相连；叶脉两面明显。孢子囊群及囊群盖成熟时为长椭圆形，紧靠小羽片中肋或裂片主脉。

种群状态

产于江苏（宜兴、句容）、江西（乐平）、浙江（临安）。生于山地溪沟阴湿林下，海拔100~1 000 m。分布于湖北、湖南。日本、朝鲜半岛也有。

濒危原因

生境的破坏和人为采挖等。

应用价值

轴果蕨科植物在我国仅有1属5种，华东地区仅此1种。该种具有较高的科研价值。

保护现状

未列入保护名录。

保护建议

以就地保护为主，维护自然生境和野生种群；开展人工孢子繁殖。

主要参考文献

［1］邱丽氞，金丽君.浙江省蹄盖蕨科植物地理分析 [J].太原师范学院学报：自然科学版，2010,9(01):115–120.

［2］王玛丽，谢寅堂，赵桂仿.蹄盖蕨科的亚科划分的修订 [J].植物分类学报：英文版,2004(06):524–527.

轴果蕨（1.植株；2.根茎；3.叶背面；4.孢子囊群）

国家保护	红色名录	极小种群	华东特有
二级	易危（VU）		

乌毛蕨科　苏铁蕨属

苏铁蕨

Brainea insignis (Hook.) J. Sm.

条目作者

金冬梅、严岳鸿

生物特征

主轴直立或斜上，黑褐色，木质，顶部与叶柄基部均密被鳞片；鳞片线形，红棕色或褐棕色。叶簇生于主轴的顶部，叶柄棕禾秆色，光滑或下部略显粗糙；叶片 1 回羽状，羽片先端长渐尖，基部为不对称的心形，近无柄，边缘有细密的锯齿，下部羽片略缩短，基部略覆盖叶轴，中部羽片最长；叶脉两面均明显，沿主脉两侧各有 1 行网眼；叶革质，下面棕色；叶轴棕禾秆色，上面有纵沟。**孢子囊群**沿主脉两侧的小脉着生，最终满布于能育羽片的下面。

种群状态

产于**福建**（光泽、龙岩、平和、云霄、诏安）、**江西**（寻乌）。生于潮湿且开阔的小山坡，海拔450~1 700 m。分布于澳门、广东、广西、贵州、海南、台湾中部、云南。热带亚洲的其他地区也有。红色名录评估为易危 VU A1d；A4a，即指本种野生种群之前因基建开发等原因导致种群规模在 10 年或三个世代内缩小了 50% 以上，目前这些情况已得到控制，但种群数量仍因不明原因持续减少。

濒危原因

生境受到破坏，因药用而遭到过度采挖。

应用价值

科研、药用、观赏。

保护现状

已列入国家重点保护野生植物名录。

保护建议

对野生种群和适宜生境进行就地保护；禁止采挖；开展人工繁殖以满足市场需求。

主要参考文献

［1］ 曾宋君 . 苏铁蕨的观赏及繁殖栽培 [J]. 中国花卉盆景 , 1998(08): 19.

［2］ 方云山 , 杨亚滨 , 杨雪琼 , 等 . 苏铁蕨的化学成分研究 [A]. 第五届全国化学生物学学术会议论文摘要集 [C]. 中国化学会 ,

2007: 1.

[3] 黄宝琼. 苏铁蕨引种盆栽试验 [J]. 广东园林, 1992(02): 37, 40.

[4] 唐忠炳, 李中阳, 彭鸿民, 等. 江西乌毛蕨科一新记录属 [J]. 赣南师范大学学报, 2017, 38(03): 9-91.

[5] 严岳鸿, 张宪春, 马克平. 中国珍稀濒危蕨类植物的现状及保护 [C]. 中国生物多样性保护与研究进展Ⅶ——第七届全国生物多样性保护与持续利用研讨会论文集. 北京: 气象出版社, 2006: 86-96.

苏铁蕨（1. 植株与生境；2. 叶片；3. 幼叶；4. 叶基；5. 孢子囊群）

国家保护	红色名录	极小种群	华东特有
	无危（LC）		

乌毛蕨科　狗脊属

崇澍蕨

Woodwardia harlandii Hook.

条目作者
金冬梅、严岳鸿

生物特征

根状茎横走，黑褐色，密被鳞片；鳞片披针形，棕色，有光泽。叶散生；叶柄基部黑褐色并被鳞片，向上为禾秆色或棕禾秆色；叶片较多为羽状深裂，下部近于羽状；侧生羽片基部与叶轴合生，并沿叶轴下延，彼此以阔翅相连，但下部 1~2 对间的叶轴往往无翅，顶生羽片则较下部宽阔，羽片边缘有软骨质狭边；叶脉仅可见，主脉两面均隆起；叶厚纸质至近革质。孢子囊群粗线形，紧靠主脉并与主脉平行；囊群盖粗线形，开向主脉，宿存。

种群状态

产于福建（南靖、平和、龙岩、上杭、武夷山）、江西（崇义、寻乌）。生于山谷林下潮湿处，海拔 400~1 300 m。分布于广东、广西、贵州（荔波）、海南、湖南南部、台湾、香港。日本和越南也有。

濒危原因

分布区狭窄，生境受到破坏，人为采挖。

应用价值

科研、药用、观赏。

保护现状

2006 年被建议列为中国珍稀濒危蕨类植物名录。

保护建议

以就地保护野生种群为主；禁止采挖；开展人工繁殖。

主要参考文献

［1］ 秦仁昌 . 崇澍蕨属 (*Chieniopteris* Ching)——中国蕨类植物的一新属 [J]. 中国科学院大学学报 , 1964, 9(1): 37–40.

［2］ 严岳鸿，张宪春，马克平 . 中国珍稀濒危蕨类植物的现状及保护 [C]. 中国生物多样性保护与研究进展Ⅶ——第七届全国生物多样性保护与持续利用研讨会论文集 . 北京 : 气象出版社 , 2006: 86–96.

崇澍蕨（1.植株；2.根茎；3.叶片；4.孢子囊群）

国家保护	红色名录	极小种群	华东特有
	易危（VU）		

蹄盖蕨科　蹄盖蕨属

长叶蹄盖蕨

Athyrium elongatum Ching

条目作者

金冬梅、严岳鸿

生物特征

根状茎短，直立，先端和叶柄基部密被深褐色、披针形的鳞片；叶柄下部为灰禾秆色，向上为深禾秆色；叶片长披针形，先端尾状长渐尖，基部略变狭，2回羽状；羽片无柄，下部的略缩短，先端尾状渐尖，基部圆截形；小羽片基部1对较大，基部与羽轴合生并下延成狭翅，裂片先端有长而尖的锯齿；叶轴和羽轴下面带淡紫红色，上面沟内多少被褐色的短腺毛，羽轴上面有贴伏的针状长硬刺。**孢子囊群**短线形，生于上侧小脉上；**囊群盖**灰褐色，宿存。

种群状态

产于**安徽**（绩溪、金寨）、**江西**（井冈山）、**浙江**（杭州）。生于林下，海拔1 000~1 200 m。分布于广西、贵州、湖南，中国特有种。红色名录评估为易危VU C2a(i)，即指本种成熟个体数少于10 000棵，且无超过1 000棵的亚种群。

濒危原因

生境的破坏。

应用价值

科研、药用，有驱杀蛔虫、收敛止血的功效。

保护现状

未有保护措施提出及开展。

保护建议

就地保护野生种群和适宜生境；开展人工孢子繁殖。

主要参考文献

王国强.全国中草药汇编 [M].3 版.北京：人民卫生出版社.2014.

长叶蹄盖蕨（1.植株；2.叶片；3.叶柄；4.孢子囊群）

国家保护	红色名录	极小种群	华东特有
	未评估		

蹄盖蕨科　双盖蕨属

中日双盖蕨

Diplazium × kidoi Sa. Kurata

条目作者

金冬梅、严岳鸿

生物特征

株高 50~70 cm，**根状茎**长而横走，棕褐色，稍被鳞片；鳞片全缘，披针形，基部着生。**叶**近生，叶柄光滑，基部被有棕黄色鳞片；叶片与叶柄近等长，叶片卵形，1 回羽状，基部羽片略收缩，羽裂渐尖头；羽片披针形，互生，基部不对称，上部羽片无柄，边缘有锯齿，先端渐尖；叶脉分离，直达边缘齿尖。**孢子囊群**线状，单生于初级小脉的上侧中部。**囊群盖**膜质，全缘，黄褐色，孢子囊成熟时囊群盖上侧开裂或背向开裂；孢子囊卵形，具有囊柄。

种群状态

产于福建（泰宁）。生于林下，海拔 300~600 m。分布于湖南（石门、桑植）。日本（九州、屋久岛）也有。

濒危原因

该种为耳羽短肠蕨和薄叶双盖蕨的自然杂交种，是近年来发现的中国新分布种，其分布区较为狭窄。

应用价值

科研。

保护现状

未列入保护名录。

保护建议

对现有野生种群和适宜生境进行就地保护，开展广泛调查确定其自然分布范围。

主要参考文献

顾钰峰，韦宏金，卫然，等 . 中国双盖蕨属一新记录种——*Diplazium × kidoi Sa.* Kurata[J]. 植物科学学报，2014, 32(04): 336–339.

中日双盖蕨（1. 叶正面；2. 叶背面；3. 叶柄；4. 叶背面先端羽片；5. 孢子囊群）

国家保护	红色名录	极小种群	华东特有
	未评估		

鳞毛蕨科　鳞毛蕨属

霞客鳞毛蕨

Dryopteris shiakeana H. Shang & Y. H. Yan

条目作者

金冬梅、严岳鸿

生物特征

　　根状茎横卧或斜升，顶端密被红棕色的线状披针形鳞片，有光泽。叶簇生；叶柄棕褐色，密被鳞片；叶片卵状披针形，3回羽状，顶端羽裂渐尖，基部下侧1对小羽片向后伸长；羽片基部有柄，基部1对最大，小羽片最基部1对最大；基部的小羽片羽状深裂，上部小羽片逐渐变浅裂，边缘有锯齿；叶草质，叶轴和羽轴密被红褐色伏贴鳞片，小羽片中脉下面密被棕色的泡状鳞片。孢子囊群生于小羽片或末回小羽片的中脉与边缘之间，无囊群盖。

种群状态

　　产于福建（德化）、浙江（舟山）。生于亚热带常绿阔叶林下。分布于广东，中国特有种。

濒危原因

　　分布地区狭窄，生境破坏，过度采挖。

应用价值

　　科研、药用、观赏。

保护现状

　　未见有保护措施。

保护建议

　　建议列入国家重点保护野生植物名录；在就地保护适宜生境和野生种群的基础上开展人工繁育等。

主要参考文献

［1］ SHANG H, MA Q X, YAN Y H. Dryopteris shiakeana (Dryopteridaceae): A new fern from Danxiashan in Guangdong, China[J]. Phytotaxa, 2015, 218 (2): 156–162.

［2］ 刘子玥. 蕨类植物若干自然杂交种形成及其分子鉴定技术研究 [D]. 哈尔滨：哈尔滨师范大学, 2017.

霞客鳞毛蕨（1. 生境；2. 叶片；3. 根茎；4. 孢子囊群）

国家保护	红色名录	极小种群	华东特有
	无危（LC）		

鳞毛蕨科　鳞毛蕨属

东京鳞毛蕨

Dryopteris tokyoensis (Makino) C. Chr.

条目作者

金冬梅、严岳鸿

生物特征

　　根状茎短而直立，顶部密被棕色、阔披针形大鳞片。**叶**簇生；叶柄禾秆色，基部密被鳞片；叶片长圆状披针形，顶端渐尖并为羽裂，基部渐狭缩，2回羽状深裂；羽片互生，有短柄，狭长披针形，顶端渐尖，下部多对羽片逐渐缩短，羽状半裂或深裂；裂片顶端有细锯齿；叶纸质，仅羽轴下面近基部疏被纤维状小鳞片；叶片通常上部能育，下部不育。**孢子囊群**圆形，着生于小脉中部，通常沿羽轴两侧各排成1行；**囊群盖**圆肾形，全缘，宿存。

种群状态

　　产于福建（三明）、江西（黎川、安远）、浙江（安吉、金华、磐安）。生于林下湿润地方或沼泽地，海拔1 000~1 200 m。分布于湖北、湖南。日本也有。

濒危原因

　　该种生长在森林沼泽或林窗湿地，对生境敏感，种群大小易受波动；由于良好的观赏性状，导致被大量盲目采挖。

应用价值

　　观赏、科研、药用。

保护现状

　　未见有保护措施。

保护建议

　　建议列入国家重点保护野生植物名录，开展人工繁殖以满足需求。

主要参考文献

ZHANG L B, WU S G, XIANG J Y, et al. Dryopteridaceae. In: WU Z Y, RAVEN P H, Hong D Y, eds. Flora of China, Vol. 2–3. Pteridophytes[M]. Beijing: Science Press; St. Louis: Missouri Botanical Garden Press, 2013: 541–724.

东京鳞毛蕨（1. 植株；2. 孢子囊群）

国家保护	红色名录	极小种群	华东特有
	濒危（EN）		

鳞毛蕨科　鳞毛蕨属

黄山鳞毛蕨

Dryopteris whangshangensis Ching

条目作者

金冬梅、严岳鸿

生物特征

根状茎直立，密被鳞片；鳞片深棕色，披针形。**叶**簇生，叶柄禾秆色，被边缘流苏状的鳞片；叶片披针形，先端渐尖，向基部渐变狭，1 回羽状深裂，羽片披针形，基部最宽，基部 3~4 对羽片逐渐缩短，羽状深裂；裂片先端有 3~4 个粗锯齿，常反折；叶两面沿叶轴、羽轴和中肋被卵圆形，基部流苏状的鳞片，上面的色较淡；叶脉羽状，不分叉。**孢子囊群**生于叶片上部的裂片顶端，边生，每裂片 5~6 对。**囊群盖**圆肾形，淡褐色，边缘全缘。

种群状态

产于**安徽**（黄山、金寨、九华山、舒城、岳西等地）、**福建**（武夷山）、**江西**（庐山、上饶、武宁、修水、铅山）、**浙江**（安吉、淳安、开化、临安、龙泉、遂昌）。生于林下，海拔 1 200~1 800 m。分布于湖北、台湾，中国特有种。红色名录评估为濒危 EN B2ab(ii,v)，即指本种占有面积少于 500 km^2，且占有面积与成熟个体数持续性衰减。

濒危原因

过度采挖和环境改变。

应用价值

观赏、药用、科研。

保护现状

目前未有关于该种的保护措施。

保护建议

建议列入国家重点保护野生植物名录；禁止对该种的野外采挖；开展人工繁殖以满足药物、观赏等需求。

主要参考文献

［1］ 金水虎. 观赏蕨类的引种驯化和商品化繁殖技术研究 [D]. 杭州：浙江大学，2003.

［2］ 刘恒霞,余鹏,王慧忠.高效液相色谱测定蕨类植物中氨基酸含量 [J].氨基酸和生物资源,2011,33(03):30–33.

黄山鳞毛蕨（1.植株；2.叶片；3.叶柄；4.孢子囊群）

国家保护	红色名录	极小种群	华东特有
	未评估		

鳞毛蕨科　耳蕨属

无盖耳蕨

Polystichum gymnocarpium Ching ex W. M. Chu & Z. R. He

条目作者

金冬梅、严岳鸿

生物特征

根状茎短而斜升，顶端及叶柄基部密被棕色膜质鳞片。叶簇生；叶柄禾秆色，上面有沟槽；叶片顶端渐尖，中部以下渐缩狭，1回羽状；羽片互生或近对生，镰刀形或镰状披针形，顶端有短芒刺，基部显著不对称，上侧的耳状凸起顶端有1个短芒刺，边缘有锯齿，齿端通常有短芒刺；叶脉上面不明显，下面略可见，侧脉大多二叉状，几伸达边缘；叶厚纸质；羽片下面疏被细长棕色小鳞片。孢子囊群生于较短的小脉顶端，中脉两侧各1行，无囊群盖。

种群状态

产于福建（武夷山）、江西（广丰）、浙江（遂昌、松阳、武义）。生于林下及林缘石上，海拔300~700 m。分布于湖南，中国特有种。

濒危原因

自然风化对丹霞地貌的表土影响；旅游业迅速发展，致使自然保护压力日益增加；传统农耕方式对丹霞地貌的影响等。

应用价值

科研、药用。

保护现状

曾被建议列入丹霞地貌植物优先保护种类，列入湖南保护野生植物名录。

保护建议

建议列入国家重点保护野生植物名录；禁止人为破坏；开展人工繁殖等。

主要参考文献

严岳鸿,何祖霞,马其侠,等.湖南丹霞地貌区蕨类植物多样性 [J]. 生物多样性,2012,20(4):517–521.

无盖耳蕨（1.生境；2.植株；3.羽片；4.孢子叶背面；5.孢子囊群）

国家保护	红色名录	极小种群	华东特有
	近危（NT）		

骨碎补科　骨碎补属

骨碎补

Davallia trichomanoides Blume

条目作者

金冬梅、严岳鸿

生物特征

　　根状茎长而横走，密被蓬松的灰棕色鳞片；鳞片先端长渐尖，边缘有睫毛，中部颜色较边缘深。叶远生；叶柄深禾秆色或带棕色，上面有浅纵沟，基部被鳞片；叶片五角形，基部浅心形，4 回羽裂；羽片有短柄，基部 1 对最大；1 回小羽片有短柄，基部下侧 1 片特大，基部不对称，羽裂达具翅的小羽轴；2 回小羽片无柄，基部上侧一片略较大，基部下侧下延；叶脉叉状分枝，几达叶边；叶坚草质。**孢子囊群**生于小脉顶端，每裂片有 1 枚。**囊群盖**管状，外侧有 1 个尖角，褐色。

种群状态

　　产于**江苏**（连云港）、**山东**（胶东半岛、蒙山等山区）、**浙江**（乐清）。生于岩石上，大都在湿润处，有时在干旱暴露的地方，海拔 100~3 500 m。分布于辽宁、台湾、云南。不丹、印度、印度尼西亚、日本、韩国、马来西亚、缅甸、尼泊尔、巴布亚新几内亚、泰国、越南也有。

濒危原因

　　盲目采挖，自然资源日渐枯竭，生态环境破坏严重。

应用价值

　　科研、观赏、药用。根状茎富含黄酮、生物碱、酚类等有效成分，具有散瘀止痛、接骨续筋，治牙疼、腰疼、久泻等功效。

保护现状

　　2002 年被建议列入国家濒危保护植物名单。

保护建议

　　孢子繁殖等人工扩繁，满足药用和观赏需求，保护野生资源。

主要参考文献

［1］严岳鸿, 张宪春, 马克平. 中国珍稀濒危蕨类植物的现状及保护 [C]. 中国生物多样性保护与研究进展Ⅶ——第七届全

国生物多样性保护与持续利用研讨会论文集.北京:气象出版社,2006:86–96.

[2] 刘培贵,林尤兴.中国药用植物志:第一卷 [M].北京:北京大学医学出版社.2021:980–982.

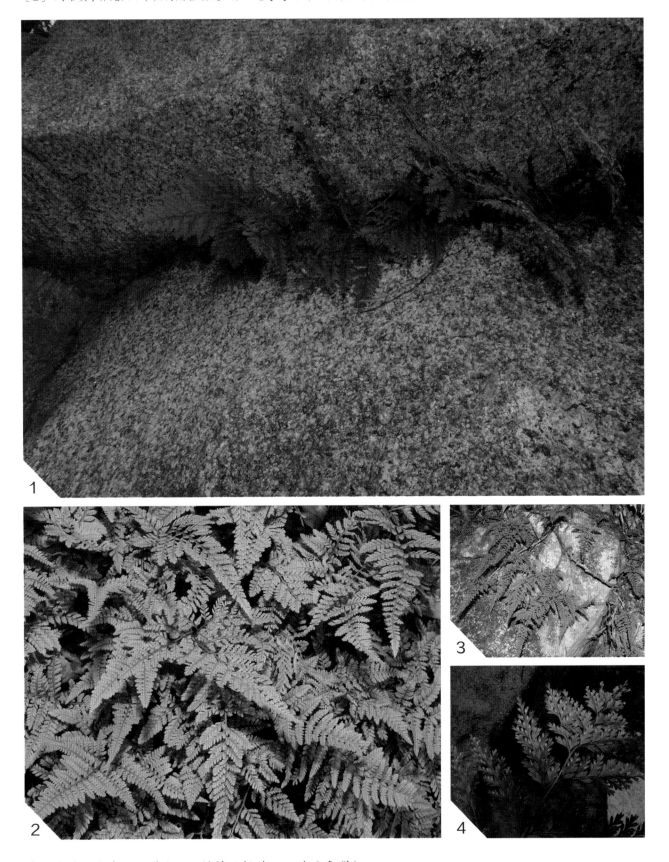

骨碎补（1.生境；2.群体；3.植株及根茎；4.孢子囊群）

国家保护	红色名录	极小种群	华东特有
	无危（LC）		

水龙骨科　槲蕨属

槲蕨

Drynaria roosii Nakaike

条目作者

金冬梅、严岳鸿

生物特征

通常附生于树干或岩石上。根状茎直径 1~2 cm，密被鳞片；鳞片斜升，盾状着生，边缘有齿。叶二型，基生不育叶圆形，长 5~9 cm，宽 3~7 cm，基部心形，浅裂，下面有疏短毛；能育叶叶柄长，具明显的狭翅；叶片深羽裂，裂片 7~13 对；叶脉两面均明显；叶厚纸质。孢子囊群圆形或椭圆形，叶片下面全部分布，沿裂片中肋两侧各排列成 2~4 行。

种群状态

产于安徽（东至、黄山、石台）、福建各地、江西各地、浙江（鄞州—东阳—淳安一线以南）。生于树干、石灰山或建筑物上，海拔 100~1 800 m。分布于重庆、广东、广西、贵州、海南、湖北、湖南、青海、四川、台湾、云南。越南、老挝、柬埔寨、泰国北部、印度也有。

濒危原因

生境破坏，过度采集是导致本种濒危的重要因素。

应用价值

科研、观赏、药用。中药名为"骨碎补"，具有补肾强骨、续伤止痛的功效。

保护现状

仅自然保护区和风景区的野生居群得到基本的保护。

保护建议

鼓励开展组织培养、孢子繁殖等，进行人工扩繁，满足药用和观赏需求，保护野生资源。

主要参考文献

［1］李翠,黄雪彦,吕惠珍,等.骨碎补繁殖技术研究进展 [J]. 热带生物学报,2012,3(04): 384-386.

［2］彭双,韩立峰,王涛,等.骨碎补中的化学成分及药理作用研究进展 [J]. 天津中医药大学学报,2012,31(02): 122-125.

［3］檀龙颜,马洪娜.骨碎补药理作用的研究进展 [J]. 中国民族民间医药,2017,26(11): 66-70.

［4］严岳鸿,张宪春,马克平.中国珍稀濒危蕨类植物的现状及保护 [C]. 中国生物多样性保护与研究进展Ⅶ——第七届全

国生物多样性保护与持续利用研讨会论文集 . 北京 : 气象出版社 , 2006 : 86–96.

［5］ 杨斌 , 陈功锡 , 蒋道松 , 等 . 国产槲蕨属药用植物研究进展 [J]. 中国野生植物资源 , 2010, 29(01) : 1–6.

［6］ 邹珊珊 , 张本刚 , 孙红梅 , 等 . 骨碎补药材的资源调查与分析 [J]. 中国农学通报 , 2011, 27(06) : 374–379.

槲蕨（1. 生境 – 树干；2. 生境 – 岩壁；3. 不育叶；4. 正常能育叶）

国家保护	红色名录	极小种群	华东特有
	无危（LC）		

水龙骨科　修蕨属

雨蕨

Selliguea dareiformis (Hook.) X. C. Zhang & L. J. He

条目作者

金冬梅、严岳鸿

生物特征

根状茎长而横走，灰蓝色，密被鳞片；鳞片覆瓦状排列，边缘有睫毛，棕色，盾状着生。叶远生；叶柄栗褐色或深禾秆色，略有光泽，上面有浅纵沟，基部以关节着生于明显的叶足上；叶片草质，无毛，三角状卵形，先端渐尖，基部近心形，4 回细羽裂；叶轴栗褐色，顶部两侧有绿色的狭边，小羽轴两侧有狭翅。**孢子囊群**生于裂片背面，位于小脉顶端以下，圆形，成熟时略宽于裂片，无盖，也无隔丝。

种群状态

产于**福建**（长汀）、**江西**（崇义）。生于山地密林下，附生于苔藓覆盖的树干或岩石上，海拔 1 200~2 600 m。分布于广东、广西、贵州、海南、湖南、西藏、云南。不丹、印度、缅甸、尼泊尔、泰国也有。

濒危原因

天然林破坏导致森林郁闭度降低、林下层空气湿度下降等因素不利于雨蕨的生长。进化及生境濒危种。

应用价值

科研、观赏。本种形态优美，有较高的观赏价值。

保护现状

仅自然保护区和风景区的居群得到基本的保护，2006 年被建议列为珍稀濒危保护蕨类植物。

保护建议

减少天然林的破坏，保护雨蕨的生存环境，禁止采挖；同时开展人工孢子培养等繁殖技术和适当迁地保护等措施；建议列入国家重点保护野生植物名录。

主要参考文献

［1］严岳鸿,苑虎,何祖霞,等.江西蕨类植物新记录 [J].广西植物,2011,31(1):5-8.

［2］严岳鸿,张宪春,马克平.中国珍稀濒危蕨类植物的现状及保护 [C].中国生物多样性保护与研究进展Ⅶ——第七届全国生物多样性保护与持续利用研讨会论文集.北京:气象出版社,2006:86-96.

雨蕨（1.生境；2.植株；3.根茎；4.孢子囊群）

第二章

裸子植物

国家保护	红色名录	极小种群	华东特有
一级	极危（CR）		

苏铁科　苏铁属

苏铁

Cycas revoluta Thunb.

条目作者

葛斌杰

生物特征

树干高约 2 m，稀更高。羽状叶从茎的顶部生出，下层的向下弯，上层的斜上伸展，羽状叶的轮廓呈倒卵状狭披针形，长 75~200 cm；羽状裂片达 100 对以上，条形，厚革质，坚硬，长 9~18 cm，宽 4~6 mm，向上斜展微呈 "V" 形，边缘显著向下反卷。雄球花圆柱形，长 30~70 cm，直径 8~15 cm，有短梗，花药通常 3 个聚生。大孢子叶长 14~22 cm，密生淡黄色或淡灰黄色茸毛，边缘羽状分裂，胚珠 2~6 枚，生于大孢子叶柄的两侧，有茸毛。种子红褐色或橘红色，长 2~4 cm，直径 1.5~3 cm。花期 6~7 月，种子 10 月成熟。

种群状态

据 2010 年 IUCN 的评估报告显示，苏铁在日本琉球群岛存在较稳定的种群。原先报道分布于福建东部沿海地区的野生种群，曾遭受严重人为采挖破坏，近年来当地组织多次野外考察均未再发现。红色名录评估为极危 CR C1，即指本种成熟个体数少于 250 棵，种群规模将在一个世代内缩小 25%。

濒危原因

生物学特性（如生长周期长，雌雄异株异熟，传粉昆虫专一性，种子传播困难，发芽率低等）；人类乱采滥挖；生境丧失。

应用价值

观赏、科研。

保护现状

因野外集中分布区种群和生境破坏殆尽，目前以处于寺庙区域的苏铁古树保护为主，由寺庙人员管理。

保护建议

严禁乱采滥挖野生资源，对已知野外分布点进行保护，有条件的可设立保护小区，进行生境恢复和人工抚育；加强病虫害防治；在有野生苏铁分布的境内进行全面调查，将流失的野生资源迁回保护区内适生生境。

主要参考文献

[1] 张克昌.福建省苏铁属植物野生分布生境及保护现状研究 [J].林业勘察设计,2013(01): 103–106.

[2] 陈家瑞.中国苏铁资源及其保护对策(上)[J].植物杂志,2003(01): 3–5.

[3] 陈家瑞.中国苏铁资源及其保护对策(下)[J].植物杂志,2003(02): 3–7.

苏铁（1.生境；2.小孢子叶球局部；3.小孢子叶；4.大孢子叶球；5.大孢子叶；6.种子）

国家保护	红色名录	极小种群	华东特有
一级	濒危（EN）		

银杏科　银杏属

银杏

Ginkgo biloba L.

条目作者

张庆费

生物特征

落叶**乔木**，树皮灰褐色，深纵裂；有长短枝，短枝密被叶痕，黑灰色。**叶**扇形，有多数叉状并列细脉，在一年生长枝上螺旋状散生，在短枝上簇生，秋季落叶前变为黄色。**球花**雌雄异株，单性，生于短枝顶端叶腋，呈簇生状。**雄球花**具短梗，柔荑花序状，下垂。**雌球花**具长梗，顶端生 2 个直立胚珠。**种子**核果状，成熟时外种皮黄色或橙黄色，被白粉，有臭味。花期 3~4 月，种子 9~10 月成熟。

种群状态

产于中国东部（**浙江**天目山为代表）。生于酸性黄壤、排水良好的天然林中，海拔 500~1 000 m。分布于西南（贵州务川、重庆金佛山为代表）及南部（广东南雄、广西兴安为代表），大巴山脉和湖北大洪山区分布的银杏是南部和西南部种群在冰期形成的混合种群。中国特有珍稀树种。红色名录评估为濒危 EN C2a(ii)，即指本种成熟个体数量少于 2 500 棵，每个亚种群中的成熟个体占 95%~100%。

濒危原因

银杏曾遍布北半球，随着气候变化和新植物群落的出现，特别是冰川作用而大量灭绝，仅在东西走向的山脉及相对温暖的"避难所"，如中国东部、南部及西南个别地区保存零星分布的单株树木，但野生环境天然更新的幼树较少，银杏后代几乎是断层式消失。

应用价值

树姿优美，叶形奇特，秋叶金黄，是优良观赏绿化树种；银杏叶可提取黄酮等药用物质，种子可食用和药用；对研究裸子植物系统发育、古植物区系及第四纪冰川气候也有重要意义。

保护现状

浙江天目山建立了国家级自然保护区，保护银杏等濒危树种。银杏在国内外广泛栽植。

保护建议

加强银杏古树的挂牌保护，建立护栏或护墙保护，有条件的话，以银杏古树为中心建立公园绿地或保护小区。

主要参考文献

［1］ PETER CRANE. 银杏：被时间遗忘的树种 [M]. 胡永红等，译 . 北京：高等教育出版社 . 2016.

［2］ ZHAO Y P, FAN G Y, YIN P P, et al. Resequencing 545 ginkgo genomes across the world reveals the evolutionary history of the living fossi[J] l. Nature Communications, 2019, 10: 4 201.

银杏［1. 植株（栽培环境）；2. 野生雌株；3. 银杏雄花枝；4. 银杏果枝］

国家保护	红色名录	极小种群	华东特有
一级	极危（CR）	是	是

松科　冷杉属

百山祖冷杉

Abies beshanzuensis M. H. Wu

条目作者
葛斌杰

生物特征

高大**乔木**；树皮不规则龟裂，裂块纵向大于横向；大枝平展，小枝对生，稀三枝轮生，基部围有宿存芽鳞；冬芽卵圆形，芽鳞淡黄褐色，背面中上部具钝纵脊。**叶**条形，在侧枝上排列成二列状，长 1~4.2 cm，宽 2.5~3.5 mm，先端有凹缺，下面有两条白色气孔带。**雌球花**圆柱形，长 3~3.5 cm，直径约 8 mm，苞鳞上部向后反曲。**球果**通常每一枝节之间着生 1~3 个，圆柱形，长 7~12 cm，直径 3.5~4 cm；中部种鳞扇状四边形，稀近肾状四边形；苞鳞稍短于种鳞或几等长，边缘有细齿，先端露出、反曲，长不超过 1 mm。**种子**倒三角状，具与种子等长而宽大的膜质种翅，翅端平截。花期 5 月，球果 11 月成熟。

种群状态

现自然生长的仅存 4 株，均位于**浙江**庆元百山祖自然保护区海拔 1 700 m 的针阔叶混交林内。红色名录评估为极危 CR A2ac；B1ab(iv,v)+2ab(iv,v)；C2a(i,ii)；D，即指观察到本种野生种群因分布区、栖息地缩减而存在持续衰退，种群规模在 10 年或三个世代内缩小 80% 以上；分布区面积少于 100 km²，分布点仅 1 个，成熟个体数量持续衰减，占有面积不足 10 km²；成熟个体数量仅 4 棵。

濒危原因

地质时代的气候变迁，生境岛屿化；存在雌雄花期不遇的生殖障碍；胚珠发育存在败育现象。

应用价值

科研、观赏。

保护现状

原生母树受到严格保护，无保护区开具的通行证不得入内。异砧（日本冷杉）嫁接和人工授粉方式已获得初步成功，苗木可存活。

保护建议

首先坚持老树为主，嫁接树和幼树辅助的取样策略，保存百山祖冷杉的核心种质资源；其次进行老树间、老树与嫁接树间、嫁接树间的人工辅助授粉，尽可能收获可育种子；探索百山祖冷杉适生生境，为迁地保护提供基础；深入研究胚珠败育的生理学问题。

主要参考文献

［1］ 哀建国.百山祖冷杉濒危机制与保护对策研究 [D].杭州：浙江大学,2005.
［2］ 李晓笑.中国5种冷杉属植物生态濒危机制研究 [D].北京：北京林业大学,2013.

百山祖冷杉（1.野外生境及植株；2.百山祖保护站人工繁殖；3.小孢子叶球；4.大、小孢子叶球；5.大孢子叶球）

国家保护	红色名录	极小种群	华东特有
一级	濒危（EN）	是	

松科　冷杉属

资源冷杉

Abies ziyuanensis L. K. Fu & S. L. Mo

条目作者
钟鑫

生物特征

常绿**乔木**，高 20~25 m；树皮灰白色，片状开裂；一年生枝淡褐黄色，老枝灰黑色；冬芽圆锥形或锥状卵圆形，有树脂，芽鳞淡褐黄色。**叶**在小枝上面向外向上伸展或不规则两列，下面的叶呈梳状，线形，先端有凹缺，上面深绿色，下面有 2 条粉白色气孔带。**球果**椭圆状圆柱形，长 10~11 cm，直径 4.2~4.5 cm，成熟时暗绿褐色。**种鳞**扇状四边形，长 2.3~2.5 cm，宽 3~3.3 cm。**苞鳞**稍较种鳞短，长 2.1~2.3 cm，中部较窄缩，上部圆形，宽 9~10 mm，先端露出，反曲，有突起的短刺尖。**种子**倒三角状椭圆形，长约 1 cm，淡褐色，种翅倒三角形，淡紫黑灰色。

种群状态

产于**江西**西部（井冈山、遂川）。生于海拔 1 400~1 800 m 高山林中，总个体数 1 979 棵。分布于广西东北部（资源）、湖南西南部（城步、东安、炎陵、新宁），中国特有种。红色名录评估为濒危 EN B1ab(iii)；C2a(i)，即指本种分布区面积少于 5 000 km^2，分布点少于 5 个，且彼此分割，栖息地面积持续衰退；成熟个体数少于 2 500 棵，且无超过 250 棵的亚种群。

濒危原因

气候变迁；难于传粉，结实率低，种子发芽率低，难以成熟和长成大树；人为过度采伐，种群案例如舜皇山种群受人为干扰小，其余如银竹老山种群皆受历史采伐影响；原生地过度放牧和土壤侵蚀。

应用价值

本种为孑遗物种，对研究我国植物区系的发生和演变，以及古气候、古地理演变有意义。

保护现状

华东之外，在广西资源银竹老山、湖南新宁舜皇山相继建立了自然保护区，城步县也采取了保护措施；江西井冈山范围内资源冷杉位于井冈山自然保护区内，遂川县范围内的资源冷杉位于 2017 年成立的南风面国家级自然保护区范围内，种群相对稳定；分子遗传学研究已相继开展。

保护建议

除对现存林木严加保护、减少开垦放牧等行为外，应促进天然更新和建立种子库，繁殖栽培，扩大分布范围。

主要参考文献

［1］傅立国.中国植物红皮书——稀有濒危植物 [M].北京：科学出版社,1992,50–62.

［2］李晓笑,陶翠,王清春,等.中国亚热带地区 4 种极危冷杉属植物的地理分布特征及其与气候的关系 [J].植物生态学报, 2012,36(11): 1 154–1 164.

［3］宁世江,唐润琴,曹基武.资源冷杉现状及保护措施研究 [J].广西植物,2005(03): 197–200,280.

［4］王蕾,景慧娟,凡强,等.江西南风面濒危植物资源冷杉生存状况及所在群落特征 [J].广西植物,2013,33(05): 651–656.

［5］张玉荣.资源冷杉的濒危机制与种群保育研究 [D].北京：北京林业大学,2009.

资源冷杉（1.植株；2.球果；3.枝叶正面；4.枝叶背面）

国家保护	红色名录	极小种群	华东特有
	易危（VU）		

松科　油杉属

油杉

Keteleeria fortunei (A. Murray bis) Carrière

条目作者
钟鑫

生物特征

乔木，高达 30 m；树皮粗糙，暗灰色，纵裂，较松软；**枝条**开展，树冠塔形；一年生枝有毛或无毛，常不开裂。**叶**条形，在侧枝上排成 2 列，先端圆或钝，基部渐窄，上面光绿色，无气孔线，下面淡绿色，沿中脉每边有气孔线 12~17 条；幼枝或萌生枝的叶先端有渐尖的刺状尖头，间或果枝之叶亦有刺状尖头。**球果**圆柱形，成熟前绿色或淡绿色，微有白粉，成熟时淡褐色或淡栗色；中部的种鳞宽圆形，边缘向内反曲，鳞背露出部分无毛；鳞苞中部窄，下部稍宽，上部卵圆形，先端 3 裂，中裂窄长，侧裂稍圆，有钝尖头。**种翅**中上部较宽，下部渐窄。花期 3~4 月，种子 10 月成熟。

种群状态

原变种产于**福建**（闽侯、闽清、仙游、永春、诏安等地）。生于气候温暖、雨量多、酸性土红壤或黄壤的南方沿海地带，海拔 200~1 400 m。分布于广东东部、广西南部等沿海地区。越南北部也有。分布于福建范围内定为江南油杉的实际上为本种原变种，变种江南油杉 *Keteleeria fortunei* var. *cyclolepis* 分布至贵州、湖南南部、浙江西南部及江西南部。红色名录评估为易危 VU A2cd，即指本种野生种群因分布区、栖息地缩减及开发基建而存在持续衰退，种群规模在 10 年或三个世代内缩小 30% 以上。

濒危原因

人为干扰破坏，成片森林极少，多散生在阔叶林中，天然更新不良，种群衰退。

应用价值

本属为东亚特有种（中国，越南，老挝），具系统学研究价值；树形优美，是良好的庭院观赏树种；木材有重要经济价值。

保护现状

各地有人工栽植；未见持续性保护措施。

保护建议

确定原变种的种群范围；对于小片纯林限制砍伐，散生或孤立木分布点建立保护小区；建立种子库迁地保育。

主要参考文献

[1] 何国生. 福建江南油杉 4 种天然林群落物种结构特征 [J]. 西南林业大学学报, 2011, 31(05): 1-5.

[2] 刘信朝. 濒危植物油杉种群生命表与生存分析 [J]. 四川林业科技, 2019, 40(01): 1-4.

[3] 翁闲. 福建江南油杉天然种群分布规律研究 [J]. 福建林业科技, 2008, 35(04): 12-14, 28.

油杉（1. 小枝与叶；2. 叶下表面，示气孔带；3. 未成熟球果；4. 成熟开裂的球果）

国家保护	红色名录	极小种群	华东特有
	易危（VU）		

松科　长苞铁杉属

长苞铁杉

Nothotsuga longibracteata (W. C. Cheng) H. H. Hu ex C. N. Page

条目作者

钟鑫

生物特征

乔木，高达 30 m；树皮暗褐色，纵裂；一年生小枝干淡褐黄色或红褐色，光滑无毛，基部有宿存的芽鳞；冬芽卵圆形，先端尖，无毛无树脂，基部芽鳞的背部具纵脊。**叶**辐射伸展，条形，直，上部微窄或渐窄，先端尖或微钝，上面平或下部微凹，有 7~12 条气孔线，微具白粉，下面中脉隆起、沿脊有凹槽，两侧各有 10~16 条灰白色的气孔线。**球果**直立，圆柱形；中部**种鳞**近斜方形，先端宽圆，中部急缩，中上部两侧突出，基部两边耳形，鳞背露出部分无毛，有浅条槽，熟时深红褐色；**苞鳞**长匙形，上部宽，边缘有细齿，先端有渐尖或微急尖的短尖头，微露出。**种子**三角状扁卵圆形，下面有数枚淡褐色油点，种翅较种子为长，先端宽圆，近基部的外侧微增宽。花期 3 月下旬至 4 月中旬，球果 10 月成熟。

种群状态

产于**福建**（德化、连城、清流、上杭、永安）、**江西**南部（崇义、大余）山区。生于气候温暖湿润、云雾多、气温高、酸性红壤、黄壤地带，海拔 300~2 300 m。分布于贵州东北部、广东北部、广西东北部及湖南南部，中国特有种。红色名录评估为易危 VU A2cd，即指本种野生种群因分布区、栖息地缩减及开发基建而存在持续衰退，种群规模在 10 年或三个世代内缩小 30% 以上。

濒危原因

过度采伐；气候变迁；天然更新困难。

应用价值

作为我国特有植物和裸子植物单种属，对研究东亚、北美植物区系和松科系统分类有重要科研价值；材质优良，用途广，经济价值高，可选作长江流域以南中亚热带中山以上的造林树种。

保护现状

种群下降；部分地区有栽培纯林；长苞铁杉为福建天宝岩国家级自然保护区目标保护对象之一，福建农林大学等对此有长期跟踪研究。

保护建议

野生单株分布点建立保护小区；大片分布区限制采伐；建立种子库迁地保护。

主要参考文献

［1］ 谭雪，张林，张爱平，等．子遗植物长苞铁杉（*Tsuga longibracteata*）分布格局对未来气候变化的响应［J］．生态学报，2018, 38(24): 8 934–8 945.

［2］ 张琼，洪伟，吴承祯，等．长苞铁杉天然林群落种内及种间竞争关系研究［J］．广西植物, 2005(01): 14–17, 89.

长苞铁杉（1. 群落；2. 未成熟球果；3. 鳞片脱落期的球果）

国家保护	红色名录	极小种群	华东特有
	濒危（EN）		

松科　松属

白皮松

Pinus bungeana Zucc. ex Endl.

条目作者

张庆费

生物特征

　　常绿**乔木**，幼树树皮光滑，灰绿色，老树皮呈淡褐灰色或灰白色，裂成不规则的鳞状块片脱落，脱落后近光滑，露出粉白色的内皮，白褐相间呈斑鳞状。**针叶** 3 针 1 束，粗硬，叶背及腹面两侧均有气孔线。**雄球花**卵圆形或椭圆形，多数聚生于新枝基部呈穗状。**球果**通常单生，初直立，后下垂，成熟前淡绿色，熟时淡黄褐色，卵圆形或椭圆形。花期 4~5 月，球果翌年 10 月成熟。

种群状态

　　产于**山东**（崂山、泰安），但是人工引种还是天然起源还需进一步考证。生于山地，海拔 500~1 800 m。分布区域跨山西、陕西、河南、湖北、四川、甘肃六省，南界从四川的江油、广元经大巴山到湖北巴东，中国特有种。红色名录评估为濒危 EN B1b(iii,v)，即指本种分布区面积少于 5 000 km^2，栖息地面积与成熟个体数持续性衰减。

濒危原因

　　白皮松曾广泛分布，由于历年战乱破坏和滥伐，资源量大大减少，呈现明显片段化分布，天然群体数量极少，成为残次分布群体；天然群体多保存在生境恶劣、人迹罕至的山顶及其附近，群体间隔离和片段化严重，遗传多样性总体水平相对其他松科植物较低；白皮松种子有生理休眠特性，发芽势弱。

应用价值

　　优良用材树种和园林绿化树种，花粉具有保健作用，松针和松脂蒎烯含量高，具有化工价值。

保护现状

　　建立了以白皮松为保护对象的国家级和省级自然保护区，一些林场也建立白皮松种质资源保存林。白皮松作为优良用材和观赏树种广泛栽植，栽植范围远远大于目前的天然分布区。

保护建议

　　加强白皮松天然群落保护，特别是零星分布的群体；根据不同区域白皮松多样性水平及濒危水平的差异，开展基于遗传多样性的种源迁地保护。

主要参考文献

［1］李斌,顾万春,周世良.白皮松的保育遗传学研究Ⅰ.基因保护分析 [J].生物多样性,2003(01):28–36.

［2］李斌,顾万春.白皮松分布特点与研究进展 [J].林业科学研究,2003(02):225–232.

［3］赵罕,郑勇奇,李斌,等.白皮松天然群体遗传结构的地理变异分析 [J].植物遗传资源学报,2013,14(03):395–401.

［4］赵焱,张学忠,王孝安.白皮松天然林地理分布规律研究 [J].西北植物学报,1995(02):161–166.

白皮松（1.植株；2.树干；3.小孢子叶球）

国家保护	红色名录	极小种群	华东特有
一级	濒危（EN）	是	

松科　松属

大别山五针松

Pinus fenzeliana var. *dabeshanensis* W. C. Cheng & Y. W. Law L. K. Fu & Nan Li

条目作者

陈彬

生物特征

乔木，高逾 20 m，胸径 50 cm；树皮棕褐色，浅裂成不规则的小方形薄片脱落；枝条开展，树冠尖塔形；一年生枝淡黄色或微带褐色，表面常具薄蜡层，无毛，有光泽，二、三年生枝灰红褐色，粗糙不平；冬芽淡黄褐色，近卵圆形，无树脂。**针叶** 5 针 1 束，长 5~14 cm，直径约 1 mm，微弯曲，先端渐尖，边缘具细锯齿，背面无气孔线，仅腹面每侧有 2~4 条灰白色气孔线；横切面三角形，皮下细胞一层，背部有 2 个边生树脂道，腹面无树脂道；叶鞘早落。**球果**圆柱状椭圆形，长约 14 cm，直径约 4.5 cm（种鳞张开时，直径约 8 cm），梗长 0.7~1 cm；熟时**种鳞**张开，中部种鳞近长方状倒卵形，上部较宽，下部渐窄，长 3~4 cm，宽 2~2.5 cm；鳞盾淡黄色，斜方形，有光泽，上部宽三角状圆形，先端圆钝，边缘薄，显著向外反卷，鳞脐不显著，下部底边宽楔形。**种子**淡褐色，倒卵状椭圆形，长 1.4~1.8 cm，直径 8~9 mm，上部边缘具极短的木质翅，种皮较薄。

种群状态

产于**安徽**西南部（岳西县大王沟、金寨县）。生于山坡地带或悬崖石缝间，海拔 900~1 400 m。分布于湖北东部（英山、罗田）的大别山区，中国特有种。岳西县大王沟海拔 900~1 300 m 的范围内共 200 多株；其次是金寨县，成年个体 10~20 株，林下散生少量幼苗。其他地方仅 1~2 株孤存于脆弱的生境中，包括岳西县门坎岭 1 株成年个体孤立于悬崖边；英山县 2 株，其中 1 株虫害严重。红色名录评估为濒危 EN D，即本种成熟个体数量少于 250 株。

濒危原因

大别山五针松花粉、种子萌发率均较低，和其他乔灌木之间具有激烈的种间竞争，更新困难。由于大别山五针松深受园林爱好者的喜爱，存在人工移栽、死亡现象。

应用价值

可作为大别山区的造林树种。形态优美，可用作园林绿化。

保护现状

主要分布在大别山国家级保护区内，针对性建立了保护封禁区，对少数个体生境的滑坡地质灾害进行了治理。湖北英山县桃花冲林场有育苗和造林，生长良好。

保护建议

加强就地保护，在母树周围适当择伐常见阔叶树增加林窗，促进天然更新；人工繁育扩大野外种群，以及在园林绿化中推广应用。

主要参考文献

［1］吴甘霖，项小燕，段仁燕，等.大别山五针松的研究进展及保护对策 [J]. 安庆师范学院学报：自然科学版，2016, 22(04)：97–99.

［2］项小燕，吴甘霖，段仁燕，等.大别山五针松种群结构及动态研究 [J]. 长江流域资源与环境，2016, 25(01)：55–62.

大别山五针松（1.植株；2.芽鳞；3.小孢子叶球；4.球果；5.种子；6.开裂球果；7.常5针1束）

国家保护	红色名录	极小种群	华东特有
二级	易危（VU）		

松科　金钱松属

金钱松

Pseudolarix amabilis (J. Nelson) Rehder

条目作者
张庆费

生物特征

落叶**乔木**，树干通直，树皮粗糙，裂成不规则鳞状块片；小枝有长短之分，长枝叶辐射伸展，短枝叶簇状密生，平展成圆盘形，秋后**叶**呈金黄色。**雄球花**黄色，圆柱状，下垂。**雌球花**紫红色，直立，椭圆形，有短梗。**球果**卵圆形或倒卵圆形，成熟前绿色或淡黄绿色，熟时淡红褐色，有短梗。花期 4 月，球果 10 月成熟。

种群状态

产于长江中下游以南低海拔温暖地带，东起**江苏**（宜兴、溧阳）、**浙江**（东部天台山、西北部的西天目山及安吉）、**福建**（蒲城、武夷山及永安）；西至湖北利川及重庆万州；南起湖南（安化、新化、涟源）；北至河南（南部的固始）及安徽（黄山、霍山、绩溪、黟县、岳西等地）。生于常绿阔叶林和落叶阔叶混交林中，海拔 100~2 300 m。中国特有种。红色名录评估为易危 VU B2ab(iii,v)，即指本种占有面积不足 2 000 km²，生境碎片化，栖息地的面积和成熟个体数均持续性衰退。

濒危原因

金钱松生境范围狭窄，分布零星，残存个体少，加上群落竞争和人为干扰，如浙江安吉金钱松群落受到毛竹和水竹的明显侵入竞争，野生资源趋于减少；开花结实大小年现象明显，结实间隔时间长，一般 3~5 年，种子寿命较短，野外成苗率很低，自然更新差。

应用价值

树干通直，材质优良；根皮或近根处茎皮是传统中药土槿皮，具有杀虫止痒之功效；树姿优美，秋叶金黄色，被誉为世界五大庭园树种之一；在松科系统发育、古生态和古气候的研究方面具有重要意义。

保护现状

重要自然分布区的浙江西天目山已建立自然保护区；金钱松列入国家珍贵树种，成为亚热带地区许多林场的重要造林树种；植物园和城市绿地广泛引种栽培。

保护建议

　　加强天然金钱松群体的保护（如浙江安吉山川乡金钱松林、长兴县金钱松林，安徽黟县金钱松林等），并保护零星个体，禁止砍伐，尤其应保护自然更新苗，恢复自然种群；加强金钱松繁殖技术研究，在生境适宜的林场和风景区进行迁地保护。

主要参考文献

［1］ 崔青云，王小德 . 金钱松研究进展与展望 [J]. 北方园艺，2010(20)：202–205.

［2］ 潘新建 . 黟县金钱松天然林的调查研究 [J]. 浙江林业科技，2000(05)：20–24.

［3］ 王晨晖 . 浙江天目山金钱松自然群落特征及种群动态研究 [D]. 杭州：浙江农林大学，2014.

［4］ 魏学智，胡玉熹，林金星，等 . 中国特有植物金钱松的生物学特性及其保护 [J]. 武汉植物学研究，1999(S1)：73–77.

［5］ 吴安琪，欧阳晓芳，陈伏生 . 基于知识图谱分析的金钱松生物学研究进展 [J]. 南方林业科学，2017, 45(06)：42–47.

［6］ 谢春平，南程慧，伊贤贵，等 . 浙江安吉金钱松群落特征研究 [J]. 植物资源与环境学报，2018, 27(01)：91–99.

金钱松（1. 群落；2. 幼苗；3. 植株；4. 球果）

国家保护	红色名录	极小种群	华东特有
二级	无危（LC）		

松科 黄杉属

黄杉

Pseudotsuga sinensis Dode

条目作者
钟鑫

生物特征

乔木，高达 50 m；幼树树皮淡灰色，老则灰色或深灰色，裂成不规则厚块片。叶条形，二列，长 1.3~3 cm，宽约 2 mm，先端钝圆有凹缺，上面绿色或淡绿色，下面有 21 条白色气孔带。**球果**卵圆形或椭圆状卵圆形，近中部宽，两端微窄，长 4.5~8 cm，成熟前微被白粉；中部**种鳞**近扇形或扇状斜方形，上部宽圆，基部宽楔形，两侧有凹缺，鳞背露出部分密生褐色短毛；苞鳞露出部分向后反伸。**种子**三角状卵圆形，长约 9 mm，种翅较种子为长，先端圆，种子连翅稍短于种鳞；子叶 6 枚，条状披针形，先端尖，深绿色，上面中脉隆起，有 2 条白色气孔带；初生叶条形，先端渐尖或急尖，上面平，无气孔线，下面中脉隆起，有 2 条白色气孔带。花期 4 月，球果 10~11 月成熟。

种群状态

产于**安徽**南部（宣城）、**福建**北部、江西东北部（玉山、德兴）、**浙江**。生于山地和丘陵地带，海拔 600~2 800 m。分布于贵州北部、湖北西部、湖南西北部和南部、陕西南部、四川东南部、云南中部和东北部，中国特有种。

濒危原因

过度采伐；生境破碎化。

应用价值

木材极具经济价值。

保护现状

本种在各处种群大小尚无准确估计，部分种群位于保护区范围内；已有多地开展扦插、种子繁育工作和研究。

保护建议

本种种群大小和分布尚须进一步研究；对于单株小种群需就地建立保护小区，较大种群需建立保护区。

主要参考文献

刘晓燕. 濒危植物华东黄杉遗传多样性分析及保育 [D]. 南昌：南昌大学, 2007.

黄杉（1. 植株和树皮；2. 小枝与叶；3. 球果）

国家保护	红色名录	极小种群	华东特有
	濒危（EN）		

罗汉松科　竹柏属

竹柏

Nageia nagi (Thunb.) Kuntze

条目作者

张庆费

生物特征

常绿**乔木**，树皮近于平滑，红褐色或暗紫红色，小块薄片脱落。**叶**对生，革质，长卵形或披针状椭圆形，有多数并列的细脉，无中脉。**雄球花**穗状圆柱形，单生叶腋，常呈分枝状，长 1.8~2.5 cm，总梗粗短，基部有少数三角状苞片。**雌球花**单生叶腋，稀成对腋生，基部有数枚苞片，花后苞片不肥大成肉质种托。**种子**圆球形，直径 1.2~1.5 cm，成熟时假种皮暗紫色，有白粉。花期 3~4 月，种子 10 月成熟。

种群状态

产于**福建**（各地常见）、**江西**（安福、大余、九江、遂川、资溪等地）、**浙江**（龙泉、普陀、温州等地）。生于热带及亚热带东南部湿润区的低山丘陵常绿阔叶林中，少量生于山沟、水域边潮湿地区，海拔 200~1 200 m。分布于华南及华中的部分省区和台湾。越南、印度、缅甸及日本也有。红色名录评估为濒危 EN B1b(i,v)；C2b，即指本种分布区面积少于 5 000 km²，分布区和成熟个体数持续性衰减；成熟个体数少于 2 500 株，且数量存在极大的波动。

濒危原因

竹柏自然种群分布狭窄，种子自然萌芽能力较强，能在林冠下自然更新，但竹柏雌雄株比例差异明显，结实困难。幼苗出土时易受外界气候、立地质量影响，易猝倒，低龄级植株死亡率高。另外，竹柏经济价值高，采挖树木也导致数量锐减。而人为干扰往往促进阔叶树种生长发育，侵占竹柏生长空间。

应用价值

多功能树种，优良常绿观赏树种，种仁油供食用、燃料及工业用油，优良建筑及工艺用材；传统瑶药的重要药用植物；竹柏能释放单萜烯和倍半萜烯等气体，具有森林康养功能。

保护现状

竹柏是中生代白垩纪孑遗植物，天然竹柏种群分布较零散，成片林少，多数分布在保护区内，古树多生长在寺庙和村头，就地保护较好。长江以南城市绿地偶见竹柏栽植。

保护建议

竹柏天然种群多分布在丘陵河谷的特殊环境，低海拔地区容易遭受人为干扰，应避免砍伐等行为，并适当控制阔叶树的侵入和竞争。

主要参考文献

［1］ 邓贤兰, 肖平根, 吴杨, 等. 井冈山竹柏种群结构和分布格局及其群落特征分析 [J]. 植物资源与环境学报, 2013, 22(02): 92–97.

［2］ 黄云鹏, 范繁荣, 苏松锦, 等. 竹柏种群生命表与性比分析 [J]. 森林与环境学报, 2017, 37(03): 348–352.

［3］ 孙同兴, 王雪英. 竹柏属植物的分类、地理分布及药用价值 [J]. 亚热带植物科学, 2005(02): 53–55.

［4］ 王蕾, 施诗, 廖文波, 等. 井冈山地区珍稀濒危植物及其生存状况 [J]. 生物多样性, 2013, 21(02): 163–177.

竹柏（1. 植株；2. 枝叶；3. 雄花期枝条；4. 球果枝）

国家保护	红色名录	极小种群	华东特有
二级	易危（VU）		

罗汉松科　罗汉松属

罗汉松

Podocarpus macrophyllus (Thunb.) Sweet

条目作者
钟鑫

生物特征

乔木，高达 20 m；树皮灰色或灰褐色，浅纵裂，薄片状脱落；枝开展或斜展，较密。叶螺旋状着生，条状披针形，微弯，长 7~12 cm，先端尖，基部楔形，上面深绿色，有光泽，中脉显著隆起，下面带白色、灰绿色或淡绿色，中脉微隆起。雄球花穗状、腋生，常 3~5 个簇生于极短的总梗上，基部有数枚三角状苞片；雌球花单生叶腋，有梗，基部有少数苞片。种子卵圆形，直径约 1 cm，先端圆，熟时肉质假种皮紫黑色，有白粉，种托肉质圆柱形，红色或紫红色，柄长 1~1.5 cm。花期 4~5 月，种子 8~9 月成熟。

种群状态

产于福建（福鼎、龙岩、永安、永定等地）、江西（德兴、分宜、赣州、萍乡、遂川、婺源等地）、浙江（丽水、温州及舟山等地）。生于阔叶林中、开阔灌丛中及路边，海拔 0~1 000 m。分布于湖北、湖南、广东、广西、贵州、四川、云南等省区。日本和缅甸也有。红色名录评估为易危 VU B1ab(iii,v)+2ab(iii,v)，即指本种分布区面积少于 20 000 km^2、占有面积少于 2 000 km^2、分布点少于 10 个，且栖息地面积、成熟个体数持续性衰退。

濒危原因

栖息地破坏，过度采伐；另有橙带蓝尺蛾 (*Milionia basalis*) 为原产东南亚及日本的专性寄生于竹柏及罗汉松的鳞翅目昆虫，近年来国内频频发现。

应用价值

广泛用于城市园林绿化；木材有经济价值；潜在的药用价值。

保护现状

目前野生种群数量少且状态不明。

保护建议

进行遗传多样性分析，确定并准确定位重点关注的野生种群和个体，建立保护小区。

主要参考文献

［1］　林伟, 徐浪, 郭强, 等. 一种罗汉松害虫——橙带蓝尺蛾 [J]. 植物检疫, 2017, 31(04): 67–69.

［2］　王全泽, 袁堂丰, 瞿利民, 等. 微胶囊双水相法提取罗汉松挥发油及成分分析 [J]. 精细化工, 2019, 36(04): 684–690, 729.

罗汉松（1. 叶与雄球花；2. 种子成熟期, 示被假种皮包裹的种子与红色的种托；3. 着生种子的枝条）

国家保护	红色名录	极小种群	华东特有
二级	易危（VU）		

罗汉松科　罗汉松属

百日青

Podocarpus neriifolius D. Don

条目作者
葛斌杰

生物特征

高大**乔木**；树皮薄纤维质，成片状纵裂。**叶**螺旋状着生，披针形，厚革质，常微弯，长 7~15 cm，宽 9~13 mm；萌生枝上的叶稍宽、有短尖头，基部渐窄，楔形，有短柄。**雄球花**穗状，单生或 2~3 个簇生，长 2.5~5 cm，总梗较短，基部有多数螺旋状排列的苞片。**种子**卵圆形，长 8~16 mm，顶端圆或钝，熟时肉质假种皮紫红色，种托肉质橙红色，梗长 9~22 mm。花期 5 月，种子 10~11 月成熟。

种群状态

产于**福建**（连江、龙岩、仙游、永定等地）、**江西**（德兴、九江、黎川等地）和**浙江**（松阳箬寮岘）。生于常绿阔叶林中，海拔 100~1 000 m。分布于广东、广西、贵州、湖南、四川、西藏和云南。不丹、柬埔寨、印度东北部、印度尼西亚、老挝、马来西亚、缅甸、尼泊尔、巴布亚新几内亚、菲律宾、泰国、越南及太平洋群岛也有。百日青在浙江分布狭窄，个体数量少，传粉受生境限制，结实率不高。红色名录评估为易危 VU A2cd，即指本种野生种群因分布区、栖息地缩减及开发基建而存在持续衰退，种群规模在 10 年或三个世代内缩小 30% 以上。

濒危原因

分布范围较广，但野外种群规模有限，加上具有一定的药用和观赏价值，常被盗挖栽培。

应用价值

百日青叶片较大，厚革质，有光泽，也称大叶罗汉松，具有较好的观赏价值；百日青叶提取物有较好的抗氧化与抗酪氨酸酶活性。

保护现状

百日青叶绿体全基因组测序已完成，百日青与国产宽叶罗汉松，以及新西兰罗汉松 *P. totara* 和朗伯罗汉松 *P. lambertii* 亲缘关系最近；目前已有人工栽培。

保护建议

加强野外群落生态学调查，优先将狭域分布种群迁地保育，建立种质资源圃；加强人工栽培技术研究。

主要参考文献

［1］ XIE C P, LIU D W, NAN C H. The complete chloroplast genome sequence of Podocarpus neriifolius (Podocarpaceae). Mitochondrial DNA Part B, 2020, 5(2): 1 962–1 963.

［2］ 黄琪雅，冯苑琳，李文馨，等. 罗汉松属植物抽出物之抗氧化与抗酪氨酸酶活性评估 [J]. 中华林学季刊, 2012, 45(3):397–407.

［3］ 朱圣潮. 浙江箬寮山百日青的群落生态学特征分析 [J]. 热带亚热带植物学报, 2005(05): 393–398.

百日青（1. 枝条；2. 枝叶；3. 幼苗；4. 种子与种托）

国家保护	红色名录	极小种群	华东特有
	易危（VU）		

柏科　杉木属

台湾杉木

Cunninghamia konishii Hayata

条目作者

陈彬

生物特征

乔木，高达 50 m，胸径 2.5 m；树皮淡红褐色或红棕色。**叶**披针形，通常微呈镰状，辐射伸展，革质较柔软，长 1.5~2 cm，宽 1.5~2.5 mm，边缘有极细的钝锯齿，上部渐窄，先端钝尖，两面均有气孔线，下面较多而显著。**球果**卵圆形或广卵圆形，长 1.5~2.5 cm，直径约 2 cm；**苞鳞**卵形或长卵形，革质，坚硬，先端具微急尖的三角状，尖头，边缘的细锯齿通常不甚明显；**种鳞**小，先端 3 裂，裂片上缘具不规则的细锯齿。**种子**长卵形或矩圆形，扁平，周围有窄翅。

种群状态

产于台湾（峦大山）。生于台湾中部以北山区，通常混生于台湾扁柏及红桧林中，或与阔叶树混生，或组成小面积的单纯林，海拔 1 300~2 000 m。福建、浙江有引种，生长良好，中国特有种。红色名录评估为易危 VU A2cde，即指本种在 10 年或三个世代内因栖息地减少、开发基建、外来病原体等因素种群规模缩小 30% 以上且仍在持续。

濒危原因

过度砍伐，已很少见大径级树木。

应用价值

木材心边材明显，纹理直，结构细，质轻软，有芳香，耐久用。可用于造林。

保护现状

野生资源很少，福建 20 世纪 80 年代开始用于造林，浙江 20 世纪 90 年代引种也取得成功。

保护建议

加强引种，推广用于人工造林。

主要参考文献

［1］刘洪谔,张若蕙,丰晓阳,等.台湾珍贵针叶树种引种造林试验结果 [J]. 浙江林学院学报, 2000(01): 16–21.

［2］郑天汉.峦大杉引种试验 [J]. 林业科技开发, 2002(S1): 21–23.

台湾杉木（1.枝叶；2.植株；3.大孢子叶球）

国家保护	红色名录	极小种群	华东特有
二级	易危（VU）		

柏科　福建柏属

福建柏

Fokienia hodginsii (Dunn) A. Henry & H. H. Thomas

条目作者

葛斌杰

生物特征

高大乔木；生鳞叶，小枝扁平。**鳞叶**2 对，交叉对生，呈节状，通常长 4~7 mm，宽 1~1.2 mm，下面之叶中脉隆起，两侧具凹陷的白色气孔带。**雄球花**近球形，长约 4 mm。**球果**近球形，熟时褐色，直径 2~2.5 cm。**种鳞**顶部多角形，表面皱缩稍凹陷，中间有 1 个小尖头突起。**种子**顶端尖，具 3~4 棱，长约 4 mm，上部有 2 个大小不等的翅。花期 3~4 月，种子翌年 10~11 月成熟。

种群状态

产于**福建**（德化、福州、上杭、仙游、漳平等地）、**浙江**（苍南、丽水、泰顺、文成等地）、**江西**（崇义、德兴、井冈山、黎川、资溪等地）。生于温暖湿润山地林中，海拔 800~1 000 m。分布于广东、湖南、贵州、广西、四川及云南。越南、老挝也有。红色名录评估为易危 VU A2c，即指本种在 10 年或三个世代内因栖息地减少等因素，种群规模缩小了 30% 以上且仍在持续。

濒危原因

长期砍伐；幼苗死亡率高。

应用价值

材用、观赏、水源涵养、科研。

保护现状

目前对福建柏的自然资源分布和致濒原因已有了普遍的共识，资源利用的方式逐渐从单一的野外砍伐获得转向良种选育和人工林培育，各地保护区开展了野生资源现状与保护对策的研究，尚需进一步落实相关保护措施。

保护建议

加大福建柏自然资源收集力度，建立丰富的基因库和高世代种质园；将福建柏古树列入古树名木管理序列；建立以福建柏天然林为核心的自然保护小区。

主要参考文献

［1］ 侯伯鑫，林峰，余格非，等．福建柏资源分布的研究［J］.中国野生植物资源，2005(01)：58–59，64.

［2］ 黄树军，黄林青，郭水土，等．福建柏自然资源调查研究及建议［J］.绿色科技，2015(03)：145–146.

［3］ 吴红．梅花山福建柏野生资源现状与保护对策研究［J］.农业开发与装备，2015(09)：27–30.

福建柏（1.果球枝条；2.小孢子叶球；3.大孢子叶球；4.成熟球果）

国家保护	红色名录	极小种群	华东特有
一级	易危（VU）	是	

柏科　水松属

水松

Glyptostrobus pensilis (D. Don) K. Koch

条目作者
张庆费

生物特征

半常绿乔木，树干基部膨大，树干有扭纹，呼吸根露出地表或水面。叶螺旋状排列，有鳞形叶、条形叶和条状钻形叶 3 种类型，条形叶及条状钻形叶均于冬季连同侧生短枝一同脱落。雌雄同株，球花单生于具鳞形叶的小枝顶端，苞鳞卵形。球果直立，倒卵形；种鳞木质，倒卵形。种子椭圆形，具长翅。花期 1~2 月，果期 9~10 月。

种群状态

产于福建中西部及北部（其中福建中部及闽江下游地区，如漳平、屏南、尤溪等地为主要分布区）、江西东部。生于温暖湿润的水湿环境，海拔 1 000 m 以下。分布于广东（珠江三角洲、东部及西部）、四川东南部、广西和云南东南部，中国特有种。红色名录评估为易危 VU B1ab(iii)，即指本种分布区面积不足 20 000 km²，栖息地面积、范围持续性衰退。

濒危原因

第四纪冰期造成水松居群大范围缩减，仅间断分布于我国南方局部地区，且多单株分布于乡间，居群间强烈分化，基因流受阻，近交严重，遗传多样性水平低，生态适应幅度窄；人为干扰引起的生境破碎化和个体数量下降是其濒危的直接因素；水松生物学特性原始，属雌雄同株的单性花植物，生活史周期长，最初开花的植株数年内只形成雌花，竞争力弱；种子多落于沼泽，萌芽率低，且许多幼苗长期生长在水中，成活率低，生长缓慢，自然母树更新能力差；生长过程需充足光照和温暖气候，幼苗怕霜冻，成树不耐寒，对土壤有机质和酸碱度等生境要求较高，影响持续繁衍。

应用价值

水松是优良观赏树种、湿地造林树种和用材树种，球果及树皮含单宁，可提取栲胶，种子可做紫色染料。叶含多种黄酮类化合物，树皮、叶、果实在民间均可入药。另外，在研究柏科植物系统发育、古植物学和第四纪冰期气候等方面都有科学价值。

保护现状

水松种群分布点大多不在自然保护区范围内，多作为风水树保存，分布范围不断缩小且呈片断化，天然种群数量下降，多数分布地仅剩孤立木，全国 100 年以上树龄的水松古树不足 300 株，广州市 2015

年调查表明，野生水松古树仅存 8 个种群 14 株个体，且半数处于生长不良或濒死状态。近年来，水松人工造林和城市绿地栽植发展较快。

保护建议

重点保护现存自然种群及水松古树，尤其是乡间孤立木，建立自然保护小区。同时，在水松适生地开展迁地保育，并在湿地造林和城市绿化推广栽植。

主要参考文献

［1］ 陈雨晴，王瑞江，朱双双，等 . 广州市珍稀濒危植物水松的种群现状与保护策略 [J]. 热带地理，2016, 36(06): 944–951.

［2］ 冯革非，杨艳，李志辉，等 . 濒危树种水松的文献计量学研究 [J]. 中南林业科技大学学报，2011, 31(10): 32–37.

［3］ 李发根，夏念和 . 水松地理分布及其濒危原因 [J]. 热带亚热带植物学报，2004(01): 13–20.

［4］ 李少玲 . 福建省尤溪县野生水松濒危原因调查研究分析 [J]. 中国林副特产，2015(05): 74–76.

［5］ 郑世群，吴则焰，刘金福，等 . 我国特有孑遗植物水松濒危原因及其保护对策 [J]. 亚热带农业研究，2011, 7(04): 217–220.

水松（1. 老树群落）

水松（2.生境；3.群落；4.枝叶）

水松（5. 开裂球果；6. 幼苗；7. 大孢子叶球）

国家保护	红色名录	极小种群	华东特有
二级	易危（VU）		

红豆杉科　白豆杉属

白豆杉

Pseudotaxus chienii (W. C. Cheng) W. C. Cheng

条目作者

田代科

生物特征

常绿灌木，高可达 4 m；树皮灰褐色。**叶片**条形，排列成 2 列，先端凸尖，基部近圆形，有短柄，上面光绿色，下面有 2 条白色气孔带。**种子**卵圆形，上部微扁，顶端有凸起的小尖，成熟时肉质杯状假种皮白色，基部有宿存的苞片。3 月下旬至 5 月开花，10 月种子成熟。

种群状态

产于**浙江**（西南部）、**江西**（东北部和西南部）。生于山脊矮林或阔叶林中，海拔 985~1 570 m。分布于湖南西北部和南部、广东北部，广西东北部和中部。中国特有种。红色名录评估为易危 VU A2cd，即指本种野生种群因分布区、栖息地缩减及开发基建而存在持续衰退，种群规模在 10 年或三个世代内缩小 30% 以上。

濒危原因

自然分布片段化，群体间基因交流微弱，群体内个体数量少，结实率低。

应用价值

科普、绿化、观赏。

保护现状

所有群体都在保护区或国家公园内，大多分布在人迹罕至的地方，人为干扰较少。杭州植物园等单位有少量引种。

保护建议

开展科学研究，解决结实率低的问题，促进种群更新；鼓励迁地引种，增加在园林、绿化中的应用。

主要参考文献

［1］徐晓婷,杨永,王利松.白豆杉的地理分布及潜在分布区估计 [J].植物生态学报,2008(05):1 134-1 145.

［2］张丽.中国特有裸子植物白豆杉（红豆杉科）谱系地理学研究 [D].南昌:江西农业大学,2018.

白豆杉（1.生境；2.雄花序；3.结实枝条）

国家保护	红色名录	极小种群	华东特有
一级	易危（VU）		

红豆杉科　红豆杉属

红豆杉

Taxus wallichiana var. ***chinensis*** (Pilg.) Florin

条目作者

高连明

生物特征

灌木或乔木，高达 20 m；树皮薄，红褐色、紫褐色或灰褐色，裂成条状或不规则片状脱落。带叶小枝细长，圆柱状，不规则互生。**叶**在小枝上螺旋状着生，排成二列，有短柄或近无柄；叶条形，直或微弯，长 (1.0~) 1.5~2.2 (~3.2) cm，宽 (1.9~) 2.3~3.1 (~4.1) mm，先端常急尖。叶厚革质，叶近轴面中脉凸起，深绿色，远轴面中脉有密生的乳头状突起，具 2 条黄绿色气孔带，气孔密集分布，(9~) 12~15 列。**雄球花**叶腋单生，小孢子叶 (雄蕊) 8~14 枚，具 4~6 (8) 个花粉囊。**大孢子叶球**腋生，单生或成对。**假种皮**初为绿色，成熟时在较短时间内发育成杯状肉质红色或橘色假种皮。**种子**卵圆形，稍扁，上部常具二钝棱脊，长 5~7 mm，直径 3.5~5 mm，果 9~10 月成熟。

种群状态

产于**安徽**南部、**福建**、**浙江**。生于常绿阔叶林或落叶阔叶林内，峡谷两侧或崖壁上，海拔 1 000~2 400 m。分布于甘肃南部、贵州东南部和西部、湖北西部、湖南东南部、陕西南部、四川、云南东部，其中四川盆地周边的山地，如峨眉山、大巴山、巫山等为主要分布区，中国特有种。红色名录评估为易危 VU A1cd，即指本种野生种群之前因栖息地缩减、基建开发等原因导致种群规模在 10 年或三个世代内缩小了 50% 以上，目前这些情况已得到控制。

濒危原因

自然种群小，多呈零散分布，且面临人为破坏和环境变化的双重威胁，受威胁程度较为严重。

应用价值

药用，可观赏。

保护现状

已在多个自然保护区中进行了保护，但在保护区外其种群仍不时遭受破坏。中国目前虽然有多个地方人工繁育和栽培红豆杉属植物，但该种基本上没有人工栽培。

保护建议

加强就地保护，促进种群更新和恢复；加大物种保护的宣传力度，防止非法采集；鼓励迁地引种栽培，增加在园林、绿化中的应用。

主要参考文献

［1］ FARJON A. A handbook of the world's conifers, 2 vols[M]. Leiden and Boston: Brill, 2010.

［2］ GAO L M, MÖLLER M, ZHANG X M, et al. High variation and strong phylogeographic pattern among cpDNA haplotypes in Taxus wallichiana (Taxaceae) in China and North Vietnam[J]. Mol. Ecol., 2007(16): 4 684–4 698.

［3］ LIU J, MILNE R I, MÖLLER M, et al. Integrating a comprehensive DNA barcode reference library with a global map of yews (Taxus L.) for forensic identification[J]. Mol. Ecol. Res., 2018(18): 1 115–1 131.

［4］ MÖLLER M, GAO L M, MILL R R, et al. A multidisciplinary approach reveals hidden taxonomic diversity in the morphologically challenging Taxus wallichiana complex[J]. Taxon, 2003(62): 1 161–1 177.

红豆杉（1.植株；2.树干；3.叶背面；4.结实枝条；5.雄花序；6.种子带红色假种皮）

国家保护	红色名录	极小种群	华东特有
一级	近危（NT）		

红豆杉科　红豆杉属

南方红豆杉

Taxus wallichiana var. *mairei* (Lemée & H. Lév.) L. K. Fu & N. Li

条目作者

高连明

生物特征

常绿乔木；树皮薄，裂成条状或不规则片状脱落；带叶小枝细长，圆柱状，不规则互生。叶在小枝上螺旋状着生，排列成两列；叶薄革质，披针形，常呈 "S" 形或镰形，长 (1.4~) 2.1~3.1(~5.5) cm，宽 (2.0~) 2.9~3.7 (~5.1) mm，基部楔形，不对称，先端急渐尖，无突尖头。叶近轴面深绿色，有光泽，远轴面为浅绿色，有 2 条淡黄绿色气孔带，中脉带上无乳头状突起，中脉与叶缘带有光泽，每侧气孔带具气孔 10~17 列。**雄球花**腋生，单生，在可育枝两侧排成行，卵形，具短梗。**小孢子叶** 8~14 枚，各具 4~6 (~8) 个花粉囊。**大孢子叶球**腋生，单生，近无柄。**假种皮**初为绿色，成熟时短时间内发育成杯状肉质红色或橘色的假种皮。**种子**卵形，微扁，具二棱脊或钝棱脊，先端有突起的尖头，长 6~9 mm，直径 3.5~5 mm，成熟时褐色或黑色，8~9 月成熟。

种群状态

产于**安徽**南部、**福建**、**江西**、**浙江**。生于亚热带常绿阔叶林、针阔混交林和热带山地季雨林中，种群数量大，通常零散分布或成片分布，海拔 100~3 000 m，在中国东部海拔不超过 1 200 m，常低于红豆杉。分布于甘肃南部、广东南部、广西南部、贵州、河南南部、湖北西部、湖南、陕西南部、四川、台湾、云南东部等地。越南、印度尼西亚、缅甸、印度和尼泊尔也有。

濒危原因

作为药用植物，遭到人工过度采伐。

应用价值

药用、材用，可观赏。

保护现状

已在很多自然保护区得到保护。多地植物园、公园已有引种栽培。

保护建议

该种作为药用原料和观赏植物已在全国多地广泛栽培，应防止野生种群被大量采伐。

主要参考文献

［1］ FARJON A. A handbook of the world's conifers, 2 vols[M]. Leiden and Boston: Brill. 2010.

［2］ GAO L M, MÖLLER M, ZHANG X M, et al. High variation and strong phylogeographic pattern among cpDNA haplotypes in Taxus wallichiana (Taxaceae) in China and North Vietnam[J]. Mol. Ecol., 2007(16): 4 684–4 698.

［3］ LIU J, MILNE R I, MÖLLER M, et al. Integrating a comprehensive DNA barcode reference library with a global map of yews (Taxus L.) for forensic identification[J]. Mol. Ecol. Res., 2018(18): 1 115–1 131.

［4］ MÖLLER M, GAO L M, MILL R R, et al. A multidisciplinary approach reveals hidden taxonomic diversity in the morphologically challenging Taxus wallichiana complex[J]. Taxon, 2003(62): 1 161–1 177.

［5］ POUDEL R C, Möller M, GAO L M, et al. Using morphological, molecular and climatic data to delimitate yews along the Hindu Kush–Himalaya and adjacent regions[J]. PLoS ONE, 2012(7): e46873.

［6］ POUDEL R C, MÖLLER M, LIU J, et al. Low genetic diversity and high inbreeding of the endangered yews in Central Himalaya: implications for conservation of their highly fragmented populations[J]. Diversity Distrib, 2014(20): 1 270–1 284.

南方红豆杉（1. 雄花序；2. 植株；3. 结实枝条；4. 带籽枝条特写）

国家保护	红色名录	极小种群	华东特有
二级	无危（LC）		

红豆杉科　榧属

榧树

Torreya grandis Fortune ex Lindl.

条目作者

张志勇

生物特征

常绿针叶**乔木**；高达 25 m，胸径 2 m；树干挺直，大枝开展，树冠广卵形；树皮灰褐色，浅纵裂；雌雄异株，罕同株。**种子**椭圆形或长卵圆形，外表面黄棕色至深棕色，微具纵棱，一端钝圆，具一椭圆形种脐，色稍淡，较平滑，另一端略尖。**种皮**坚而脆，破开后可见种仁 1 枚，卵圆形，外胚乳膜质，灰褐色，极皱缩；内胚乳肥大，黄白色，质坚实，富油性。花期 4 月，果期 8~9 月。

种群状态

产于**安徽**（南部）、**福建**（崇安、建瓯）、**江苏**（南部）、**江西**（北部）、**浙江**（全省山区、丘陵）。生于山地阔叶林中，海拔 100~2 000 m。分布于湖南、贵州，中国特有种。

濒危原因

植被破坏，乱砍滥伐，幼苗移栽。但作为重要木本作物资源列入国家重点保护野生植物名录，且存在被过度移栽风险。

应用价值

食用、绿化、观赏。

保护现状

野生种群数量较大，但需要加以保护；栽培广泛。

保护建议

加强针对野生种群的就地保护，防止对野生种群的过度采集利用；《国家重点保护野生植物名录》将榧属 *Torreya* 均列为国家二级保护植物，建议对现有种群个体依法依规进行保护。

主要参考文献

［1］ 易官美,邱迎君.榧树的研究现状与展望 [J].资源开发与市场,2013,29(08):844–847.
［2］ 程晓建,黎章矩,喻卫武,等.榧树的资源分布与生态习性 [J].浙江林学院学报,2007(04):383–388.

［3］ KOU Y X, XIAO K, LAI X R, et al. Natural hybridization between Torreya jackii and T. grandis (Taxaceae) in southeast China[J]. Journal of Systematics and Evolution, 2016, 55: 25–33.

榧树（1. 枝叶；2. 植株；3. 结实枝条）

国家保护	红色名录	极小种群	华东特有
二级	极危（CR）	是	是

红豆杉科　榧属

九龙山榧树

Torreya grandis var. ***jiulongshanensis*** Zhi Y. Li, Z. C. Tang & N. Kang

条目作者

张志勇

生物特征

常绿针叶**乔木**；高达 28 m。树干挺直，树皮灰褐色。**叶**长于榧树，短于长叶榧，叶片大小（28.6~75.4）mm×（2.6~4.7）mm；雌雄异株，罕同株，花期 4 月。**种子**椭圆形或长卵圆形，外表面黄棕色至深棕色，微具纵棱，一端钝圆，具一椭圆形种脐，色稍淡，较平滑，另一端略尖。**种皮**坚而脆，破开后可见种仁 1 枚，卵圆形，外胚乳膜质，灰褐色，微皱缩；内胚乳肥大、质坚实、富油性。

种群状态

产于**浙江**（遂昌、磐安）。生于低山落叶林中，海拔 800 m 以下。红色名录评估为极危 CR C2a(i)，即指本种成熟个体数少于 250 棵，且无超过 50 棵的亚种群。

濒危原因

植株个体极少；已被证明是榧树和长叶榧的杂种 (hybrid)。

应用价值

食用坚果（实际上是种子）、观赏。

保护现状

未针对该物种采取专门的保护行动，未见引种繁育。

保护建议

已被证明为自然杂种；《国家重点保护野生植物名录》将榧属 *Torreya* 野生种群均列为国家二级保护植物，本种依据名录也在保护之列；建议对现有种群个体依法依规进行保护。

主要参考文献

KOU Y X, XIAO K, LAI X R, et al. Natural hybridization between Torreya jackii and T. grandis (Taxaceae) in southeast China[J]. Journal of Systematics and Evolution, 2016, 55: 25–33.

九龙山榧树（1.枝叶；2.植株）

国家保护	红色名录	极小种群	华东特有
二级	易危（VU）		

红豆杉科　榧属

长叶榧树

Torreya jackii Chun

条目作者
张志勇

生物特征

灌木状；树皮灰色或深灰色，裂成不规则的薄片脱落，露出淡褐色的内皮；小枝平展或下垂。叶片较长，长宽（61.8~136.8）mm×（3~4.9）mm，上面暗绿色，有 2 条浅槽及不明显的中脉，下面淡黄绿色，中脉微隆起，气孔带灰白色；花期 3~4 月，结实期为翌年 10 月。种子倒卵圆形，肉质假种皮被白粉，胚乳向内深皱。

种群状态

产于福建（西北部）、江西（东北部）、浙江（南部和西部）。生于林中、潮湿崖壁等石质生境，海拔 400~1 000 m。分布于湖北、湖南，中国特有种。红色名录评估为易危 VU A2cd，即指本种野生种群因分布区、栖息地缩减及开发基建而存在持续衰退，种群规模在 10 年或三个世代内缩小 30% 以上。

濒危原因

常生于具有裸露岩石的山地，生境特殊以及生境破坏；挖根做抗癌药。

应用价值

食用坚果（实际上是种子）、观赏、育种材料。引种栽培，用作榧树遗传改良种质资源。

保护现状

福建邵武将石省级自然保护区重点保护长叶榧树；已开展遗传多样性、人工繁育、化学成分等研究。

保护建议

加强就地保护，避免生境破坏；野生群体应避免栽培榧树的基因渐渗。

主要参考文献

［1］ KOU Y X, XIAO K, LAI X R, et al. Natural hybridization between Torreya jackii and T. grandis (Taxaceae) in southeast China[J]. Journal of Systematics and Evolution, 2016, 55: 25–33.

［2］ 高兆蔚. 我国特有树种长叶榧树的生物学特性与保护问题研究 [J]. 生物多样性, 1997(03): 47–50.

［3］ 李建辉, 刘丽丽. 中国特有珍稀濒危植物长叶榧树的研究进展 [J]. 中国野生植物资源, 2016, 35(03): 31–33, 40.

［4］ 颜立红,蒋利媛,邹建文,等.湖南榧树属新纪录种——长叶榧树 [J].湖南林业科技,2016,43(01):77-79.

长叶榧树（1.叶背，示气孔带；2.球果枝）

3

长叶榧树（3.植株及其生境）

第三章

被子植物

国家保护	红色名录	极小种群	华东特有
二级	极危（CR）		

莼菜科　莼菜属

莼菜

Brasenia schreberi J. F. Gmel.

条目作者
钟鑫

生物特征

多年生水生草本；根状茎具叶及匍匐枝，后者在节部生根，并生具叶枝条及其他匍匐枝。叶椭圆状矩圆形，长 3.5~6 cm，下面蓝绿色，两面无毛，从叶脉处皱缩；叶柄和花梗均有柔毛和黏液。花直径 1~2 cm，暗紫色；花梗长 6~10 cm。花被片条形，长 1~1.5 cm，宽 2~7 mm；花瓣比萼片稍长且窄，先端圆钝。雄蕊长约为花瓣的 1/2，花药条形，约长 4 mm。心皮条形，具微柔毛。坚果矩圆卵形，有 3 个或更多成熟心皮。种子 1~2 枚，卵形。花期 6 月，果期 10~11 月。

种群状态

产于福建（上杭）、江苏（浦口、苏州）、江西（鄱阳）、浙江（遂昌、杭州、乐清）。生于池塘、河湖或沼泽，海拔 0~2 000 m。分布于湖南、四川、台湾、云南。俄罗斯远东、日本、朝鲜半岛、印度、美国、加拿大，南美洲、大洋洲东部及非洲也有。红色名录评估为极危 CR A3c+4acd；B2ab(ii,iii,iv,v)，即指本种直接观察到野生种群因栖息地减少、开发基建等因素种群数量将减少 80% 以上，种群数量在 10 年或三个世代内缩减 80% 以上；占有面积不足 10 km^2，且占有面积、栖息地面积、亚种群数量和成熟个体数均持续衰减。

濒危原因

水质污染，生境破坏；人为采摘与半人工栽培导致遗传多样性低。

应用价值

具观赏价值；食用价值；作为莼菜科植物具系统学研究价值。

保护现状

尚无保护区以莼菜为保护目标物种。

保护建议

国家层面严控水体污染；通过分子遗传学研究确定优先保护种群，对于优先保护种群建立保护小区，对于野生种群禁止人为采摘和破坏，并建立种质资源库。

主要参考文献

[1] 马梦雪,董翔,黄文,等.基于 α - 多样性指数的西湖莼菜群落物种多样性分析 [J]. 湖北农业科学,2018,57(17): 66–69.

[2] 张光富,高邦权.江浙莼菜遗传多样性和遗传结构的 ISSR 分析 [J]. 湖泊科学,2008(05): 662–668.

莼菜（1.花期的种群形态；2.雌花期，柱头伸展；3.雄花期，花丝伸出，花药开裂）

国家保护	红色名录	极小种群	华东特有
	易危（VU）		

睡莲科　萍蓬草属

萍蓬草

Nuphar pumila (Timm) DC.

条目作者
葛斌杰

生物特征

多年生水生草本；具根状茎，直径 1~3 cm。叶纸质，宽卵形或卵形，长 6~17 cm，宽 6~12 cm，先端圆钝，基部具弯缺，心形，上面光亮，无毛，下面无毛至密生柔毛；叶柄长 20~50 cm，有柔毛。花直径 3~4 cm；花梗长 40~50 cm，有柔毛。萼片黄色，椭圆形或矩圆形，长 1~2.5 cm。花瓣窄楔形至宽线形，长 5~7 mm，先端微凹。花药黄色，长 1~6 mm。柱头盘常 8~13 浅裂，直径 4~7.5 mm，淡黄色或带红色。浆果卵形，长约 3 cm。种子矩圆形至卵形，长 3~5 mm，褐色。花期 5~7 月，果期 7~9 月。

种群状态

产于除山东外华东各省区。生于湖泊中。分布于贵州、河北、黑龙江、河南、湖北、吉林、内蒙古、新疆。朝鲜半岛、俄罗斯、蒙古、欧洲中北部、日本也有。红色名录评估为易危 VU B2ac(ii,iii)，即指本种占有面积不足 2 000 km²，生境破碎化，占有面积、亚种群数量在短期内发生极端波动。

濒危原因

未见文献报道，可能与农林渔业生产活动对生境的影响有关。

应用价值

根状茎可食用，花可观赏。

保护现状

未见文献报道。

保护建议

开展种群遗传多样性研究，确定保护优先级；评估野外种群状态及受威胁因素；建立种质资源圃。

主要参考文献

[1] FU D Z, WIERSEMA J H. Nymphaeaceae. In: WU C Y, RAVEN P H, HONG D Y, eds. Flora of China, Vol. 6 [M]. Beijing: Science Press; St. Louis: Missouri Botanical Garden, 2001: 115–118.

［2］ 中国科学院中国植物志编辑委员会.中国植物志,第27卷 [M].北京:科学出版社,1979:13-14.

萍蓬草（1. 生境；2. 花；3. 果实；4. 果实解剖）

国家保护	红色名录	极小种群	华东特有
	易危（VU）		

五味子科　南五味子属

黑老虎

Kadsura coccinea (Lem.) A. C. Sm.

条目作者
李波

生物特征

藤本，全株无毛。叶革质，长圆形至卵状披针形，长 7~18 cm，宽 3~8 cm，全缘，侧脉每边 6~7 条。花单生于叶腋，稀成对，雌雄异株。雄花：花被片红色，10~16 片，最内轮 3 片明显增厚，肉质；花托长圆锥形，长 7~10 mm，顶端具 1~20 条分枝的钻状附属体；雄蕊群椭圆形或近球形，直径 6~7 mm，具雄蕊 14~48 枚；花梗长 1~4 cm。雌花：花被片红色，花柱短钻状，顶端无盾状柱头冠，心皮长圆形，50~80 枚，花梗长 5~10 mm。聚合果近球形，红色或暗紫色，直径 6~10 cm；小浆果倒卵形，长达 4 cm。种子心形或卵状心形，长 1~1.5 cm，宽 0.8~1 cm。花期 4~7 月，果期 7~11 月。

种群状态

产于江西（山区零星偶见）。生于常绿阔叶林中，海拔 1 000~2 000 m。分布于广东、广西、贵州、海南、湖南、四川、云南。缅甸、越南也有。红色名录评估为易危 VU B1ab(iii)，即指本种分布区面积不足 20 000 km^2，栖息地面积、范围持续性衰退。

濒危原因

黑老虎自然更新方式主要为地下横走的根状茎进行的营养繁殖，很少通过种子进行有性繁殖，导致黑老虎野生种群数量少；加之该种根可入药，常遭毁灭性采挖，导致种群缩小；人工造林和垦荒也加剧了黑老虎野生种群的消失。

应用价值

药用，食用，园林观赏。

保护现状

多数野生种群散生在华东、华南及西南地区的自然保护区中，在湖南、广西、广东等地已建立人工繁育基地，实现了扦插及种子快繁技术的推广应用。

保护建议

加大保护区巡视力度，杜绝非法及毁灭性采挖，加强就地保护，促进种群更新和恢复。

主要参考文献

[1] 黄意成,郑海,袁亮,等.黑老虎扦插繁殖技术研究 [J].海峡药学,2018,30(05):18-20.

[2] 梁忠厚,范适,宋光桃,等.黑老虎的研究进展 [J].湖南生态科学学报,2017,4(03):52-56.

[3] 唐光考,陈志远,陆信康.黑老虎种植技术研究报告 [J].花卉,2017(18):12-13.

黑老虎（1.雄花；2.花期植株与生境；3.聚合果；4.花枝）

国家保护	红色名录	极小种群	华东特有
	易危（VU）		是

马兜铃科　马兜铃属

福建马兜铃

Aristolochia fujianensis S. M. Hwang

条目作者
杜诚

生物特征

多年生草质藤本；根长圆柱形，细长，黄褐色；茎密被长柔毛。叶心形或卵状心形，基部心形，两面密被长柔毛。总状花序具 3~4 花，稀单花，被长柔毛；花被筒长达 3 cm，基部球形，直径约 4 mm，向上骤缢缩成长管，管口漏斗状，绿色具紫色纵纹，檐部一侧延伸成卵状披针形舌片，先端尾尖弯扭，暗紫色；花药卵圆形，合蕊柱 6 裂。蒴果长圆形。花期 3~4 月，果期 5~8 月。

本种接近北马兜铃 *A. contorta*，区别在于前者除老叶上面外，其余各部均密被白色或淡褐色长柔毛。

种群状态

产于福建（模式产地为宁德霍童小桥大队半岭村）、江西（宁都凌云山）、浙江（龙泉、永嘉、瑞安、泰顺）。生于山地沟边林下、路旁、灌丛中，海拔约 200 m。红色名录评估为易危 VU B2ab(ii,iii)，即指本种占有面积不足 2 000 km^2，生境碎片化，占有面积和栖息地的面积均持续性衰退。

濒危原因

生境退化或丧失；直接采挖或砍伐。

应用价值

园林观赏，药用植物。

保护现状

尚无有效的保护。

保护建议

加强就地保护，促进种群规模扩大；开展迁地保护研究，在植物园中保存活体种群。

主要参考文献

［1］黄淑美.福建马兜铃属一新种 [J]. 广西植物 , 1983(02): 81–82.

［2］鲁赛阳，王珊珊，钱萍，等 . 江西马兜铃属一新记录种——福建马兜铃 [J]. 农村科学实验 , 2019, 31: 100–101.

［3］王昌腾.浙江省箬寮岘自然保护区木本植物区系研究 [J]. 云南植物研究 , 2006(05):453–460.

福建马兜铃（1.花冠侧面；2.枝叶；3.花冠正面；4.叶背腹面）

国家保护	红色名录	极小种群	华东特有
二级	易危（VU）		

马兜铃科　细辛属

金耳环

Asarum insigne Diels

条目作者

杜诚

生物特征

多年生草本；根丛生，稍肉质，有浓烈的麻辣味。叶卵形，长 10~15 cm，先端尖或渐尖，基部深耳状，叶柄长 10~20 cm，被柔毛。花生于叶腋，紫色。花被筒钟状，长 1.5~2.5 cm，直径约 1.5 cm，上部具凸起圆环，内壁具纵皱，喉部窄三角形，无膜环，花被片宽卵形或肾状卵形，中部至基部具白色半圆形垫状斑块。雄蕊药隔伸出。子房下位，具 6 棱，花柱 6，顶端 2 裂，柱头侧生。花期 3~4 月，果期 5~6 月。

种群状态

产于**江西**（黎川、铜鼓、修水、玉山、资溪等地）。生于林下阴湿地或土石山坡上，海拔 450~700 m。分布于广东、广西（模式产地为金秀县罗香）。中国特有种。红色名录评估为易危 VU A2c；B1ab(i,iii,v)；D1，即指本种在 10 年或三个世代内因栖息地减少等因素种群规模缩小了 30% 以上且仍在持续；分布区不足 20 000 km²，生境碎片化，分布区、栖息地面积和成熟个体数持续性衰退；成熟个体数少于 1 000 棵。

濒危原因

生境退化或丧失；直接采挖或砍伐。

应用价值

园林观赏，药用植物，为广东产的"跌打万花油"的主要原料之一。

保护现状

尚无有效的保护。

保护建议

加强就地保护，促进种群规模扩大；开展迁地保护研究，在植物园中保存活体种群。

主要参考文献

姚振生，葛菲，张琼琼，等.江西珍稀濒危药用植物优先保护评价 [J].武汉植物学研究，2000(06): 487–496.

金耳环（1. 花期植株；2. 花序；3. 花冠正面；4. 花冠纵切；5. 雌雄蕊群）

国家保护	红色名录	极小种群	华东特有
	濒危（EN）		是

马兜铃科　细辛属

肾叶细辛

Asarum renicordatum C. Y. Cheng & C. S. Yang

条目作者

杜诚

生物特征

多年生草本；根丛生，稍肉质。叶肾形，2 片对生，长 3~4 cm，先端钝圆，基部心形，叶柄长 10~14 cm，被柔毛。花生于 2 叶之间，花梗密生柔毛。花被裂片下部靠合如管状，管长约 1 cm，直径约 1.2 cm，花被裂片上部三角状披针形，长约 1 cm，宽约 4 mm。雄蕊与花柱近等长，药隔锥尖，花柱合生，顶端 6 裂。花期 5 月，果期 6~7 月。

种群状态

产于安徽（九华山、黄山）、浙江（安吉、临安、宁海、新昌）。生于山地水沟边，海拔约 700 m。红色名录评估为濒危 EN B1ab(i,iii,v)，即指本种分布区面积少于 5 000 km²，分布点少于 5 个，且彼此分割，分布区面积、栖息地面积与成熟个体数量持续衰减。

濒危原因

生境退化或丧失；直接采挖或砍伐。

应用价值

园林观赏，药用植物。

保护现状

尚无有效的保护。

保护建议

加强就地保护，促进种群规模扩大；开展迁地保护研究，在植物园中保存活体种群。

主要参考文献

CHENG C Y, YANG C S. A Synopsis of the chinese species of Asarum (Aristolochiaceae)[J]. Journal of the Arnold Arboretum, 1983, 64(4): 565–597.

肾叶细辛（1. 花期植株；2. 花）

国家保护	红色名录	极小种群	华东特有
二级	濒危（EN）		

马兜铃科　马蹄香属

马蹄香

Saruma henryi Oliv.

条目作者
杜诚

生物特征

多年生草本，高可达 1 m；具多数细长须根。叶心形，长 6~15 cm，先端短渐尖，基部心形，叶柄长 3~12 cm，被毛。花单生。花被 2 轮，辐射对称，萼筒基部与子房合生。萼片 3 片，宽心形。花瓣 3，黄绿色，肾状心形，长约 1 cm，具短爪。雄蕊 12 枚，2 轮。子房半下位，心皮 6 个，下部合生，上部离生。蒴果菁葖状，腹缝开裂。花期 4~7 月。

种群状态

产于**江西**（安福、庐山、遂川、武宁、铅山等地）。生于山谷密林下和沟边，海拔 600~1000 m。分布于甘肃、贵州、湖北、陕西、四川等地。中国特有种。红色名录评估为濒危 EN A2c+3c；B1ab(i,iii)，即指本种在 10 年或三个世代内因栖息地减少等因素种群规模缩小了 50% 以上且仍在持续，预计种群数量也将因此减少；分布区不足 5 000 km²，生境严重碎片化，分布区和栖息地的面积、范围持续性衰退。

濒危原因

生境退化或丧失；直接采挖或砍伐。

应用价值

单型属植物，有重要的系统学研究价值。常作为园林观赏和药用植物。

保护现状

陕西省西安植物园有大量的栽培植株。

保护建议

加强就地保护，促进种群规模扩大；开展迁地保护研究，在植物园中保存活体种群。

主要参考文献

[1] DICKISON W C, Morphology and Anatomy of the Flower and Pollen of Saruma henryi Oliv., a Phylogenetic Relict of the Aristolochiaceae[J]. Bulletin of the Torrey Botanical Club, 1992, 119(4): 392–400.

［2］ ZHOU T H, QIAN Z Q, LI S, et al. Genetic diversity of the endangered Chinese endemic herb *Saruma henryi* Oliv. (Aristolochiaceae) and its implications for conservation[J]. Population Ecology, 2010, 52(1): 223–231.

［3］ 赵桦，杨培君，李会宁. 马蹄香种子生物学特性研究 [J]. 广西植物，2006(01): 14–17.

［4］ 周天华. 中国特有属植物——马蹄香 (*Saruma henryi* Oliv.) 的分子谱系地理学与遗传多样性研究 [D]. 西安：西北大学，2010.

马蹄香（1. 植株；2. 花枝；3. 花冠正面；4. 幼果）

国家保护	红色名录	极小种群	华东特有
	濒危（EN）		

木兰科　长喙木兰属

夜香木兰

Lirianthe coco (Lour.) N. H. Xia & C. Y. Wu

条目作者
叶康

生物特征

常绿灌木或小乔木，高 2~4 m；树皮灰色；嫩枝绿色，老枝灰色。叶革质，坚脆，椭圆形、狭椭圆形或倒卵状椭圆形，长 5~28 cm，宽 2~9 cm，上面深绿色，下面绿色，两面有光泽；托叶痕几达叶柄顶端。花芳香，单生枝顶，花梗向下弯垂。花被片 (8~)9 枚，外轮 3 枚革质，淡绿色，内 2 轮厚肉质，纯白色。聚合蓇葖果长椭圆体形。花期 4~11 月，果期 9~11 月。

种群状态

据记载产于福建、浙江，但最新的省级植物编目资料表明闽浙两省的夜香木兰可能为栽培，原产华南地区，野外种群极为罕见。生于湿润肥沃土壤林下，海拔 600~900 m。分布于广东、广西、台湾、云南。越南也有。红色名录评估为濒危 EN B1ab(i,iii)，即指本种分布区面积少于 5 000 km^2，分布点少于 5 个，且彼此分割，分布区及栖息地面积持续衰退。

濒危原因

大量采挖或砍伐。

应用价值

科普、绿化、观赏、药用，提取香精，作熏香剂。

保护现状

桂林植物园、峨眉山生物资源实验站、昆明植物园等通过种子、种苗及扦插苗的方式引种栽培，长势良好。已开展种苗繁育、资源利用等方面研究。

保护建议

扩大潜在分布地的调查；加强就地保护。

主要参考文献

［1］林加耕,林江波,曾日秋,等.夜合花的组织培养和快速繁殖 [J]. 植物生理学通讯,2007(05): 892.

［2］吕兆平.福建省木兰科植物研究 [J].林业勘察设计,2006(02):205-209.

［3］芮和恺,季伟良,张茂钦,等.夜合花叶的精油成分研究 [J].天然产物研究与开发,1991(02):39-42.

［4］杨科明,陈新兰,龚洵,等.中国迁地栽培植物志 (木兰科)[M].北京:科学出版社,2015.

［5］郑朝宗.浙江种子植物检索鉴定手册 [M].杭州:浙江科学技术出版社,2005.

夜香木兰（1.花枝；2.花冠纵剖；3.雌蕊；4.小苗）

国家保护	红色名录	极小种群	华东特有
二级	易危（VU）	是	

木兰科　木莲属

落叶木莲

Manglietia decidua Q. Y. Zheng

条目作者

叶康

生物特征

落叶乔木，高达 15 m；树皮灰褐色至灰色；嫩枝绿色，密被白色开展长柔毛，后脱落；一年生枝紫褐色，老枝灰白色或灰褐色。叶纸质或薄革质，常 5~10 枚聚生枝顶和节间，长圆状倒卵形、长圆状椭圆形、倒卵状椭圆形或椭圆形，长 6~28 cm，宽 3~8 cm；叶柄下面密被白色长柔毛，后脱落或残留疏毛；托叶痕为叶柄长的 1/4~2/3。花芳香，单生枝顶。花被片 14~18 枚，淡黄色或外轮 3~4 枚背面淡黄绿色，向内渐变短狭。聚合蓇葖果近卵球形。花期 3~5 月，果熟期 9~10 月。

种群状态

产于江西（宜春明月山）。生于阔叶林、竹林，海拔 450~900 m。分布于湖南永顺，中国特有种。红色名录评估为易危 VU B1ab(i,iii,iv,v)；C2a(i)；D，即指本种分布区面积不足 20 000 km²，生境碎片化，分布区、栖息地面积、亚种群数量和成熟个体数持续性衰退；成熟个体数不超过 1 000 棵。

濒危原因

种群过小，遗传多样性低；人为干扰与破坏，生境退化或丧失；物种竞争，诸如毛竹入侵，致林地郁闭度较大，籽苗难以生存，自然更新困难。

应用价值

科研、科普、绿化、观赏、材用、提取芳香油。

保护现状

上海辰山植物园、南京中山植物园、华南国家植物园等通过种子及种苗的方式引种栽培，长势良好。已开展遗传多样性、致濒机制及种苗繁育等相关研究。

保护建议

加强科普宣传、教育；扩大潜在分布地的调查，尽可能降低基因丧失率；加强就地保护，促进种群更新和恢复；鼓励迁地引种和合理地开发利用。深入开展物种致濒机制的研究。

主要参考文献

[1] 侯伯鑫, 林峰, 田学洲, 等. 湖南永顺县落叶木莲资源考察研究 [J]. 中国野生植物资源, 2007(02): 18-22.

[2] 王淑华, 周兰英, 张旭, 等. 木莲属植物濒危现状及保护策略 [J]. 北方园艺, 2010(05): 225-228.

[3] 杨科明, 陈新兰, 龚洵, 等. 中国迁地栽培植物志 (木兰科)[M]. 北京: 科学出版社, 2015.

[4] 印红. 中国珍稀濒危植物图鉴 [M]. 北京: 中国林业出版社, 2013.

[5] 袁斌荣. 落叶木莲的濒危机理与保护对策 [J]. 江西林业科技, 2005(03): 45-61.

落叶木莲（1. 花枝；2. 植株；3. 果枝）

国家保护	红色名录	极小种群	华东特有
	易危（VU）		

木兰科　木莲属

毛桃木莲

Manglietia kwangtungensis (Merr.) Dandy

条目作者
叶康

生物特征

常绿乔木，高达 20 m；树皮深灰色；嫩枝密被锈褐色茸毛；老枝黑灰色，被黑色茸毛。叶革质，倒卵状椭圆形、狭倒卵状椭圆形或倒披针形，长 7~25 cm，宽 3.5~8 cm，上面深绿色，无毛，下面被锈褐色茸毛；叶柄密被锈褐色茸毛，上面具狭沟，托叶痕约为叶柄长的 1/3。花芳香，单生枝顶；花梗细长，外弯或下垂。花被片 9~10 枚，外轮 3 枚薄革质，淡黄绿色，中内轮 6~7 枚，肉质，乳白色。聚合蓇葖果卵球形。花期 5~6 月，果期 8~12 月。

种群状态

产于福建（南部）。生于常绿阔叶林中，海拔 400~1 200 m。分布于广东、广西西部、湖南南部及云南东南部。中国特有种。红色名录评估为易危 VU D1，即指本种成熟个体数少于 1 000 棵。

濒危原因

大量采挖与砍伐。

应用价值

科普、绿化、观赏、材用。

保护现状

贵州植物园、仙湖植物园、华南国家植物园等通过种子及种苗的方式引种栽培，长势良好。已开展种苗繁殖等相关研究。

保护建议

就地保护与迁地保护相结合，加大监管与惩处力度。

主要参考文献

［1］杨科明,陈新兰,龚洵,等.中国迁地栽培植物志（木兰科）[M].北京:科学出版社,2015.

［2］钟荣,郭赋英,徐志文,等.毛桃木莲 1 年生播种苗的年生长规律及育苗技术研究 [J].江西林业科技,2008(05): 18-20,23.

毛桃木莲（1.果枝；2.植株；3.花枝）

国家保护	红色名录	极小种群	华东特有
	濒危（EN）		

木兰科　含笑属

雅致含笑

Michelia × elegans Y. W. Law & Y. F. Wu

条目作者

叶康

生物特征

常绿小乔木，高达 5 m；树皮灰色；嫩枝灰褐色，密被有光泽的黄褐色平伏短柔毛；老枝深褐色，无毛。叶革质，较坚硬，倒卵状椭圆形或椭圆形，长 8~18 cm，宽 4~5.5 cm，上面深绿色，嫩时疏被黄褐色短毛，后脱落无毛，下面密被黄褐色紧贴短柔毛；叶柄密被黄褐色平伏短柔毛，无托叶痕。花芳香，腋生。花被片 9 枚，白色或乳黄色。聚合蓇葖果穗状。花期 3~4 月，果期 9~10 月。

种群状态

产于福建（仅在三明市三元区、建瓯各发现 1 株）、浙江［仅在庆元县松源镇发现 1 株，在发现后的第 3 年，曾被砍伐，现为砍伐更新的植株，结实不多。但据司马永康的研究结果，刘玉壶、吴容芬（1988）引证的产自浙江庆元的雅致含笑标本（M. H. Wu, 83014, 中国科学院华南植物园标本馆），实为金叶含笑 *M. foveolata* Merr. ex Dandy，因此浙江的分布信息存疑］。生于常绿阔叶林中，海拔 200~800 m。泰国也有。红色名录评估为濒危 EN D，即指本种成熟个体数量少于 250 株。

濒危原因

种群过小，自然分布区极小且少，野生植株数量极为稀少，成龄树极少，结实力低，林下无幼苗。

应用价值

科普、绿化、观赏。

保护现状

华南国家植物园通过实生苗引种栽培，长势较好。已开展了播种和扦插育苗，并取得成功。

保护建议

扩大潜在分布地的调查；深入研究致濒机制；加强就地保护，采取有效措施，促进种群更新和恢复；鼓励迁地引种，增加在园林、绿化中的应用。

主要参考文献

［1］ 何国生.福建 8 种维管束植物分布新记录 [J]. 福建林业科技，2008(01): 93–94, 106.

［2］ 杨科明,陈新兰,龚洵,等.中国迁地栽培植物志 (木兰科)[M].北京:科学出版社,2015.

［3］ 叶其娇.浙江省庆元县含笑属原生植物调查研究 [D].杭州:浙江农林大学,2011.

雅致含笑（花枝）

国家保护	红色名录	极小种群	华东特有
	濒危（EN）		

木兰科　含笑属

平伐含笑

Michelia cavaleriei Finet & Gagnep.

条目作者
叶康

生物特征

常绿**乔木**，高 10 m；树皮灰褐色或深灰色；嫩枝绿色，被银灰色或淡褐色平伏柔毛，后无毛或残留有毛；老枝灰褐色。**叶**薄革质，狭长圆形、狭倒卵状椭圆形、狭卵状椭圆形或狭椭圆形，长 8~21 cm，宽 2.5~5 cm，上面深绿色，下面灰绿色，具白粉，嫩时两面密被银灰色或淡褐色短毛，老时常残留有毛；叶柄基部膨大，无托叶痕。**花**芳香，腋生。**花被片**约 12 枚，白色，纸质，具透明腺点。**聚合蓇葖果**穗状。花期 2~4 月，果期 9~10 月。

种群状态

据记载产于**福建**，但最新的福建省植物编目资料表明省内的平伐含笑为栽培。生于密林中，海拔 800~2 400 m。分布于湖北西部、湖南西南部、广东北部、四川东南部、广西、贵州、云南东南部，中国特有种。红色名录评估为濒危 EN A2c，即指本种在 10 年或三个世代内因栖息地减少等因素，种群规模缩小了 50% 以上且仍在持续。

濒危原因

可能与砍伐、采挖有关。

应用价值

科普、绿化、观赏。

保护现状

上海植物园、贵州植物园、华南国家植物园等通过种苗及枝条的方式引种栽培，长势较好。已开展抗性生理研究。

保护建议

扩大潜在分布地的调查；加强就地保护，促进种群更新和恢复；鼓励迁地引种和合理开发利用。

主要参考文献

［1］ 杨科明,陈新兰,龚洵,等.中国迁地栽培植物志 (木兰科)[M].北京:科学出版社,2015.

［2］陈洁,金晓玲,宁阳,等.3种含笑属植物抗寒生理指标的筛选及评价 [J].河南农业科学,2016,45(02):113-118.

平伐含笑（1.花枝；2.植株；3.果枝）

国家保护	红色名录	极小种群	华东特有
	近危（NT）		

木兰科　含笑属

乐昌含笑

Michelia chapensis Dandy

条目作者
叶康

生物特征

常绿乔木，高 30 m；树皮灰色至深褐色；嫩枝黄绿色至绿色，无毛或节上被柔毛；老枝灰褐色。叶薄革质，倒卵状椭圆形、椭圆形、倒卵形或长圆状倒卵形，长 5~17 cm，宽 3~7 cm；叶柄嫩时被淡褐色微柔毛，后脱落无毛，无托叶痕。花芳香，腋生。花被片 6 枚，淡黄色。聚合蓇葖果穗状，常扭曲。花期 3~4 月，果期 8~11 月。

种群状态

产于江西（安福、井冈山、全南、宜丰等地）。生于常绿阔叶林中沟谷溪边，海拔 500~1 700 m。分布于湖南西部及南部、贵州、广东西部及北部、广西东北部及东南部、云南东南部。越南北部也有。

濒危原因

种群过小，自然分布区极小，生境受到人工砍伐和毛竹林侵蚀的威胁。

应用价值

科研、科普、绿化、观赏、材用。

保护现状

上海辰山植物园、华南国家植物园、昆明植物园等已通过种子及种苗的方式引种栽培，生长良好。已开展濒危原因、人工繁殖及园林应用等研究。

保护建议

加强科普宣传、教育；扩大潜在分布地的调查，尽可能降低基因丧失率；加强就地保护，采取抚育措施，保护小生境，促进种群更新和恢复；鼓励迁地引种和合理开发利用。深入开展物种致濒机制的研究。

主要参考文献

［1］杨科明,陈新兰,龚洵,等.中国迁地栽培植物志(木兰科)[M].北京:科学出版社,2015.

［2］印红.中国珍稀濒危植物图鉴[M].北京:中国林业出版社,2013.

乐昌含笑（1.花枝；2.栽培植株；3.果枝）

国家保护	红色名录	极小种群	华东特有
	濒危（EN）		

木兰科　含笑属

紫花含笑

Michelia crassipes Y. W. Law

条目作者
叶康

生物特征

常绿**小乔木**或**灌木**，高 0.8~5 m；树皮灰褐色；嫩枝绿色，与芽、花序梗均密被金黄色至黄褐色茸毛或长茸毛；老枝锈褐色，残留有毛，具明显皮孔。**叶**革质，狭椭圆形、狭长圆形或狭倒卵形，长 3.5~10 cm，宽 1.5~3.6 cm，叶面绿色，无毛，背面淡绿色，被锈褐色或黄褐色微柔毛至长柔毛；叶柄密被锈褐色或黄褐色柔毛或长柔毛，托叶痕几达叶柄顶端。**花**极芳香，花被片 6 枚，紫红色或深紫色，椭圆形。**雄蕊**多数，紫红色。**雌蕊**群淡黄绿色，密被柔毛。**聚合蓇葖果**穗状，果梗粗短。花期 3~6 月，果熟期 8~10 月。

种群状态

产于**江西**（崇义、贵溪、井冈山、全南、资溪等地）。生于山谷密林中，海拔 300~1 200 m。分布于湖南、广东北部、广西东北部及贵州南部和东南部。中国特有种。红色名录评估为濒危 EN D，即指本种成熟个体数量少于 250 株。

濒危原因

不详。

应用价值

科普、绿化、观赏、药用。

保护现状

南京中山植物园、贵州植物园、华南国家植物园等通过种子、种苗等多种方式引种栽培，长势良好。已开展种苗繁育及造林等研究。

保护建议

加强科普宣传、教育；保护小生境，加强对幼苗、幼树的抚育管理，促进种群更新和恢复；鼓励迁地引种和合理开发利用，加大人工繁育力度。

主要参考文献

［1］ 杨科明,陈新兰,龚洵,等.中国迁地栽培植物志（木兰科）[M].北京：科学出版社,2015.

［2］ 龚伟,肖菊红,甘青,等.扦插基质和生根剂处理对紫花含笑扦插生根的影响 [J]. 福建林业 , 2018(04): 37–40.

［3］ 柴弋霞,蔡梦颖,金晓玲,等.紫花含笑传粉生物学初探 [J]. 广西植物 , 2017, 37(10): 1 322–1 329.

［4］ 曹展波,刘仁林.江西九连山紫花含笑栖息地植物群落特征研究 [J]. 江西科学 , 2013, 31(04): 461–464, 474.

紫花含笑（1. 花枝；2. 植株；3. 果枝）

国家保护	红色名录	极小种群	华东特有
	易危（VU）		是

木兰科　含笑属

福建含笑

Michelia fujianensis Q. F. Zheng

条目作者
叶康

生物特征

常绿**乔木**，高达 16 m；树皮灰白色；嫩枝密被深褐色平伏柔毛；老枝灰褐色，残留有柔毛。叶薄革质，椭圆形或倒卵状椭圆形，长 6~15 cm，宽 2.5~5 cm，上面绿色，下面浅绿色，被平伏灰白色或褐色长柔毛；叶柄密被黄褐色长柔毛，无托叶痕。**花**芳香，腋生，花梗粗短。**花被片** 12~17 枚，花瓣状，白色，4 轮；心皮圆球形，密被短柔毛。**聚合蓇葖果**穗状，常因多数心皮不育而弯曲，长 2~3 cm。花期 4~5 月，果期 8~9 月。

种群状态

产于**福建**（建瓯、沙县、三明、永安等地）、**江西**（贵溪、龙南、全南、信丰、资溪等地）。生于山坡常绿阔叶林中，海拔 300~700 m。红色名录评估为易危 VU A2c；B1ab(i,iii,v)，即指本种在 10 年或三个世代内因栖息地减少等因素，种群规模缩小了 30% 以上且仍在持续；分布区不足 20 000 km²，生境碎片化，分布区、栖息地面积和成熟个体数持续性衰退。

濒危原因

结实率低、种子发芽率低；过度砍伐。

应用价值

科研、科普、绿化、观赏、材用。

保护现状

仙湖植物园、华南国家植物园、福建来舟林业试验场等通过种子、种苗的方式引种栽培，长势良好。已开展遗传多样性、种苗繁殖和人工造林技术等相关研究。

保护建议

加强科普宣传、教育，扩大潜在分布地的调查，尽可能降低基因丧失率；加强就地保护，促进种群更新和恢复；鼓励迁地引种和合理开发利用。深入开展物种致濒机制的研究。

主要参考文献

[1] 陈开团,张宗华,蒋延生.福建省25种珍贵树种的分布现状与保护对策的初步研究 [J].福建林业科技,2003(02):70-73.

[2] 黄宇,陈礼光,夏海涛,等.福建含笑 ISSR-PCR 反应体系的建立与优化 [J].福建林学院学报,2009,29(02):144-148.

[3] 黄宇,夏海涛,徐芬,等.不同处理对福建含笑种子发芽的影响 [J].福建林学院学报,2008(04):347-350.

[4] 杨科明,陈新兰,龚洵,等.中国迁地栽培植物志 (木兰科)[M].北京:科学出版社,2015.

福建含笑 (1. 枝叶;2. 花期植株;3. 叶背)

国家保护	红色名录	极小种群	华东特有
	易危（VU）		

木兰科　含笑属

观光木

Michelia odora (Chun) Noot. & B. L. Chen

条目作者
叶康

生物特征

常绿大**乔木**，高 9~30 m；树皮淡灰褐色至灰褐色；嫩枝绿色，被黄棕色糙伏毛；老枝灰色。叶厚纸质，长椭圆形、卵状椭圆形或倒卵状椭圆形，长 5~30 cm，宽 1.8~11 cm，上面绿色，下面淡绿色；叶柄被黄棕色糙伏毛；托叶痕约为叶柄长的 1/2。花芳香，腋生。**花被片** 9~10 枚，花瓣状，象牙黄色或浅粉色至淡紫红色，具紫红色小斑点。**聚合蓇葖果**大，长椭圆形或近球形。花期 3~5 月，果熟期 10~12 月。

种群状态

产于**福建**（建瓯、龙岩、南靖、三明、永安等地）、**江西**（崇义、大余、井冈山、龙南、寻乌等地）。生于山地常绿阔叶林中，海拔 300~1 100 m。分布于广东、广西、贵州、海南、湖南南部以及云南东南部。越南北部也有。红色名录评估为易危 VU A2c；B1ab(i,iii)；C1，即指本种在 10 年或三个世代内因栖息地减少等因素，种群规模缩小了 30% 以上且仍在持续；分布区不足 20 000 km²，生境碎片化，分布区和栖息地的面积、范围持续性衰退；成熟个体少于 10 000 棵，种群规模将在三个世代内缩小 10%。

濒危原因

自然环境下，结实率低，种子鼠害严重；人为采伐破坏严重；生境破碎化。

应用价值

科研、科普、绿化、观赏、材用、油用、提取精油。

保护现状

仙湖植物园、贵州森林植物园、华南国家植物园等通过种子及种苗的方式引种栽培，长势良好。分布区内已建有不少自然保护区。已开展遗传多样性、种苗繁殖和人工造林技术等相关研究。

保护建议

扩大潜在分布地的调查；加强就地保护，严禁砍伐母树，促进种群更新和恢复；鼓励迁地引种和合理开发利用，采种育苗，扩大种植。

主要参考文献

[1] 高华业,黄春华,王瑞江.广东天井山4种珍稀濒危植物的恢复策略研究 [J].安徽农业科学,2012,40(24):12 118–12 120,12 136.

[2] 许涵,庄雪影,黄久香,等.广东省南昆山观光木种群结构及分布格局 [J].华南农业大学学报,2007(02):73–77.

[3] 杨科明,陈新兰,龚洵,等.中国迁地栽培植物志(木兰科)[M].北京:科学出版社,2015.

[4] 印红.中国珍稀濒危植物图鉴 [M].北京:中国林业出版社,2013.

观光木（1.花枝；2.植株；3.果枝）

国家保护	红色名录	极小种群	华东特有
二级	易危（VU）		

木兰科　含笑属

峨眉含笑

Michelia wilsonii Finet & Gagnep.

条目作者
叶康

生物特征

常绿**乔木**，高 2~20 m；树皮灰褐色至灰色；嫩枝绿色，疏被褐色平伏短毛或近无毛，老枝灰褐色，节间较密。**叶**革质，倒卵形、狭倒卵形、倒卵状椭圆形、长圆形或倒披针形，长 7~24.5 cm，宽 2.5~8.4 cm，上面深绿色，有光泽，下面灰绿色，疏被淡黄色微毛或白色绢毛；叶柄近无毛，托叶痕长为叶柄长的 1/5~1/2。**花**芳香，腋生。**花被片** (8)9~12(15) 枚，肉质，淡黄色，向内渐小。**聚合蓇葖果**穗状，扭曲。花期 (1~)3~5 月，果期 8~10 月。

种群状态

产于**江西**（信丰）。生于常绿和落叶阔叶林中，海拔 600~2 000 m。分布于贵州、湖北、重庆、四川及云南东南部。中国特有种。红色名录评估为易危 VU A2c；B1ab(iii)，即指本种在 10 年或三个世代内因栖息地减少等因素，种群规模缩小了 30% 以上且仍在持续；分布区不足 20 000 km²，生境碎片化，栖息地面积、范围持续性衰退。

濒危原因

结实率低，种子寿命短、易腐烂，发芽率低，生长缓慢，自然更新能力差。人为干扰、破坏严重。

应用价值

科研、科普、绿化、观赏、材用、药用，种子榨油供工业用，花、叶可提取芳香油、浸膏。

保护现状

上海辰山植物园、湖南省森林植物园、华南国家植物园等通过种子、种苗及枝条的方式引种栽培，长势良好。已开展濒危机制、栽培繁殖及园林应用等研究。

保护建议

扩大潜在分布地的调查，尽可能降低基因丧失率，考察影响小种群的随机因素；加强就地保护，保护和抚育好散生的母树，增加结实，促进种群更新和恢复；鼓励迁地引种和合理开发利用。

主要参考文献

［1］　刘晓捷 . 峨眉含笑扦插繁殖研究 [J]. 北方园艺 , 2013(05): 63–65.

［2］　向成华 , 朱秀志 , 张华 , 等 . 濒危植物峨眉含笑的遗传多样性研究 [J]. 西北林学院学报 , 2009, 24(05): 66–69.

［3］　杨科明 , 陈新兰 , 龚洵 , 等 . 中国迁地栽培植物志 (木兰科)[M]. 北京 : 科学出版社 , 2015.

［4］　印红 . 中国珍稀濒危植物图鉴 [M]. 北京 : 中国林业出版社 , 2013.

峨眉含笑（1. 花枝；2. 植株；3. 果枝）

国家保护	红色名录	极小种群	华东特有
	易危（VU）		

木兰科　拟单性木兰属

乐东拟单性木兰

Parakmeria lotungensis (Chun & C. H. Tsoong) Y. W. Law

条目作者

叶康

生物特征

　　常绿**乔木**，高达 30 m；全株无毛；树皮深灰色或灰褐色；嫩枝黄绿色至绿色；老枝深灰色。叶革质，椭圆形或狭椭圆形，上面深绿色，有光泽，下面淡灰绿色；叶柄无托叶痕。花清香，杂性。**雄花**：花被片 9~12 枚，外轮 3~4 枚，薄革质，浅黄绿色，内 2~3 轮厚肉质，乳白色。**两性花**：花被片与雄花同形而较小，雌蕊群卵球形，淡绿色，具短柄。**聚合蓇葖果**椭圆状卵球形、卵状长圆形或倒卵球形。花期 3~5 月，果期 8~10 月。

种群状态

　　产于**福建**（建瓯、南平、三明、永定等地）、**江西**（安远、崇义、大余、井冈山、龙南等地）、**浙江**（缙云、景宁、龙泉、松阳、泰顺等地）。生于肥沃的阔叶林中，海拔 700~1 400 m。分布于广东、广西、贵州东南部、海南、湖南等地。中国特有种。红色名录评估为易危 VU A2c，即指本种在 10 年或三个世代内因栖息地减少等因素，种群规模缩小了 30% 以上且仍在持续。

濒危原因

　　生境退化或丧失。结实率低，结果母株少、种子自然萌发率低、幼苗转化为幼树困难。

应用价值

　　科研、科普、绿化、观赏、材用；人为破坏严重。

保护现状

　　秦岭植物园、华西亚高山植物园、华南国家植物园等通过种子、种苗及枝条的方式引种栽培，长势良好。已开展种苗繁育和造林技术等相关研究。

保护建议

　　加强科普宣传、教育；加强就地保护，禁止砍伐，促进种群更新和恢复；鼓励迁地引种和合理开发利用。深入开展物种致濒机制的研究。

主要参考文献

［1］ 杨科明, 陈新兰, 龚洵, 等. 中国迁地栽培植物志 (木兰科) [M]. 北京 : 科学出版社 , 2015.

［2］ 陈红锋. 濒危植物乐东拟单性木兰的保护生物学研究 [D]. 广州 : 中国科学院华南植物园 , 2006.

乐东拟单性木兰（1. 枝叶；2. 植株；3. 雄花正面观）

国家保护	红色名录	极小种群	华东特有
	濒危（EN）	是	

木兰科　玉兰属

罗田玉兰

Yulania pilocarpa (Z. Z. Zhao & Z. W. Xie) D. L. Fu

条目作者
叶康

生物特征

落叶乔木，高 12~15 m；树皮灰褐色；嫩枝紫褐色，疏被毛或无毛。叶纸质，倒卵形或宽倒卵形，长 10~17 cm，宽 8.5~11 cm；托叶痕为叶柄的 1/3~1/2。花芳香，单生枝顶，先叶开放。花被片 9 枚，外轮 3 枚黄绿色，膜质或薄肉质，萼片状；内 2 轮 6 枚，白色，基部淡紫红色至紫红色，肉质。聚合蓇葖果圆柱形。花期 3~4 月，果期 9 月。

种群状态

产于安徽（金寨、霍山）。生于 350~1 450 m 的林间。分布于河南、湖北（英山县罗田玉兰资源极其有限，总数量不足 1 000 株，分布较为星散）。中国特有种。红色名录评估为濒危 EN B1ab(iii,v)；C1，即指本种分布区面积少于 5 000 km²，分布点少于 5 个，且彼此分割，栖息地面积与成熟个体数量持续衰减；成熟个体数量不足 2 500 棵，种群规模将在二个世代内缩小 20%。

濒危原因

结实率低，种子存在休眠和后熟，发芽期长，自然条件下发芽率低；雄蕊花粉量少（作者实际观察）。人为采摘花蕾等干扰，种群更新恢复困难。

应用价值

科研、科普、绿化、观赏、材用、药用、提取香料。

保护现状

秦岭植物园、仙湖植物园、华南国家植物园等通过种子及枝条的方式引种栽培，长势良好。

保护建议

加强科普宣传、教育；扩大潜在分布地的调查，尽可能降低基因丧失率；加强就地保护，促进种群更新和恢复；鼓励迁地引种和合理开发利用，建立资源圃，加大人工繁殖力度，为野外种群的恢复和重建提供资源。

主要参考文献

［1］ 刘玉壶.中国木兰 [M].北京：北京科学技术出版社,2004.

［2］ 杨科明,陈新兰,龚洵,等.中国迁地栽培植物志 (木兰科)[M].北京：科学出版社,2015.

［3］ 吴文创,甄爱国,李世升,等.英山县罗田玉兰种质资源现状及开发利用分析 [J].湖北林业科技,2017, 46(05): 14-15, 26.

罗田玉兰（1.花枝；2.花期植株；3.果；4.枝叶）

国家保护	红色名录	极小种群	华东特有
	易危（VU）		

木兰科　玉兰属

天目玉兰

Yulania amoena (W. C. Cheng) D. L. Fu

条目作者

叶康

生物特征

落叶乔木，高 3.5~12 m；树皮灰色或灰白色；嫩枝淡绿色，无毛；老枝紫褐色或深绿色带褐色斑块。叶薄纸质至纸质，长倒卵状椭圆形、椭圆形或倒披针状椭圆形，长 7~15 cm，宽 2.5~5.5 cm；叶柄初被白毛，后脱落；托叶痕为叶柄长的 1/4~1/2。花芳香，单生枝顶，先叶开放。花被片 9 枚，倒披针形或匙形，内外几同形，外基部 1/2 粉红色，狭长；初开时花被片直立，盛开时平展，外轮下垂。聚合蓇葖果长圆柱形，常扭曲。花期 2~4 月，果期 8~10 月。

种群状态

产于安徽（黄山、绩溪、金寨、歙县、宣城等地）、江苏（溧阳、宜兴）、江西（德兴、广丰、铅山、玉山、婺源等地）、浙江（安吉、德清、临安、泰顺、吴兴等地）。生于山地密林中，海拔 200~1 200 m。分布于湖北。中国特有种。红色名录评估为易危 VU A2c，即指本种在 10 年或三个世代内因栖息地减少等因素，种群规模缩小了 30% 以上且仍在持续。

濒危原因

人为干扰、生境破坏严重。结实率低，种子发芽率低，林下幼苗缺乏且生长缓慢，自然更新能力差。

应用价值

科普、绿化、观赏、材用、药用及提取香料。

保护现状

庐山植物园、南京中山植物园、昆明植物园等通过种苗及枝条的方式引种栽培，长势良好。已开展保护生物学、遗传多样性、引种驯化等研究。

保护建议

加强科普宣传教育；加强就地保护，促进种群更新和恢复；鼓励迁地引种和合理开发利用；加强园林引种应用相关研究。深入开展致濒机制的研究。

主要参考文献

[1] 刘登义, 储玲, 杨月红. 珍稀濒危植物天目木兰 (*Magnolia amoena*) 遗传多样性的 RAPD 分析 [J]. 应用生态学报, 2004(07): 1 139–1 142.

[2] 杨科明, 陈新兰, 龚洵, 等. 中国迁地栽培植物志 (木兰科)[M]. 北京 : 科学出版社 , 2015.

[3] 虞志军, 易官美, 单文, 等. 天目木兰的引种驯化研究 [J]. 江西林业科技 , 2007(03): 11–12.

天目玉兰（1. 果枝；2. 植株；3. 花枝）

国家保护	红色名录	极小种群	华东特有
	无危（LC）		

木兰科　玉兰属

黄山玉兰

Yulania cylindrica (E. H. Wilson) D. L. Fu

条目作者

叶康

生物特征

落叶**乔木**，高 3~13 m；树皮灰色至灰黑色；嫩枝绿色或黄绿色，无毛或被平伏短柔毛；老枝紫褐色或灰褐色，无毛。**叶**纸质，倒卵形、椭圆形或倒卵状长圆形，长 5~15 cm，宽 2~7.5 cm；叶柄被平伏短柔毛，托叶痕为叶柄长的 1/6~1/3。**花**芳香，单生枝顶，先叶开放。**花被片** 9 枚，外轮 3 枚膜质或薄肉质，萼片状，小；中内轮 6 枚花瓣状，白色或粉红色，基部多少淡紫红色至紫红色。**聚合蓇葖果**短圆柱形。花期 2~4 月，果期 8~10 月。

种群状态

产于**安徽**（黄山、清凉峰、大别山区）、**福建**（崇安、建瓯、古田、屏南、泰宁等地）、**江西**（安福、德兴、井冈山、铅山、宜春等地）、**浙江**（淳安、江山、临安、泰顺、仙居、永嘉等地）。生于亚热带山地疏林中，海拔 600~1 700 m。分布于河南南部、湖北。中国特有种。

濒危原因

森林过度砍伐及药农采摘花蕾代替"木笔"入药，践踏林地，致使幼苗遭受损毁，生境改变，种群更新恢复困难。

应用价值

科普、绿化、观赏、材用、药用及提取芳香油。

保护现状

西安植物园、武汉植物园、昆明植物园等通过种子、种苗及枝条等多种方式引种栽培，长势良好。已开展种苗繁育及造林等研究。

保护建议

加强科普宣传、教育；保护小生境，加强对幼苗、幼树的抚育管理，促进种群更新和恢复；鼓励迁地引种和合理开发利用，加大人工繁育力度。

主要参考文献

［1］罗祖树.杉木＋黄山木兰混交林生物量分配格局 [J]. 湖北林业科技 , 2011(05): 1–4.

［2］史冬辉 , 刘洪波 , 杨小丰 , 等 . 黄山木兰精油对 9 种植物病原真菌的抑菌活性 [J]. 浙江林学院学报 , 2009, 26(02): 223–227.

［3］杨安娜 , 郑艳 , 曹得华 , 等 . 黄山木兰的丛枝菌根定殖状况 [J]. 生态学杂志 , 2009, 28(07): 1 292–1 297.

［4］杨科明 , 陈新兰 , 龚洵 , 等 . 中国迁地栽培植物志 (木兰科)[M]. 北京 : 科学出版社 , 2015.

［5］张纪卯 . 黄山木兰造林技术 [J]. 福建林业科技 , 1999(01): 3–5.

黄山玉兰（1. 果枝；2. 花期植株；3. 花枝）

国家保护	红色名录	极小种群	华东特有
	易危（VU）		

木兰科　玉兰属

紫玉兰

Yulania liliiflora (Desr.) D. L. Fu

条目作者
叶康

生物特征

落叶灌木，常丛生，高 1~7 m；嫩枝绿色，无毛，小枝紫红色或淡紫色，老枝紫褐色或灰褐色。叶纸质，椭圆状倒卵形或倒卵形，基部渐狭沿叶柄下延至托叶痕；叶柄初被短柔毛，后无毛；托叶痕约为叶柄长的 1/2 或以上。花香，单生于枝顶，与叶同时开放。花被片 9~17 枚，外轮 3 枚萼片状，膜质，内 2~4 轮 6~14 枚，花瓣状，椭圆状倒卵形或倒卵状长圆形，肉质，紫红色至紫色，内面略带白色。雌蕊群无毛。聚合蓇葖果圆柱形，略扭曲。花期 3~5 月，果期 8~11 月。

种群状态

据记载产于福建，但最新的福建省植物编目资料表明省内的紫玉兰为栽培。生于林缘坡地，海拔 300~1 600 m。分布于重庆、湖北、陕西南部、四川和云南西北部。中国特有种。红色名录评估为易危 VU A2c，即指本种在 10 年或三个世代内因栖息地减少等因素，种群规模缩小了 30% 以上且仍在持续。

濒危原因

可能与野外适生区缩减有关，需进一步研究。

应用价值

科普、绿化、观赏，药用及提取香料。

保护现状

秦岭植物园、南京中山植物园、昆明植物园等通过种子、种苗及枝条的方式引入栽培，长势良好，少见结实。

保护建议

扩大潜在分布地的调查；加强就地保护。

主要参考文献

［1］沈作奎，艾训儒，鲁胜平，等 . 紫玉兰苗木的年生长规律 [J]. 安徽农业科学，2005(06): 1 049–1 050, 1 084.

［2］唐婷，胥晓，吴庆贵，等 . 紫玉兰 (*Magnolia liliiflora*) 的繁育系统研究 [J]. 四川林业科技，2013, 34(01): 5–10.

［3］杨科明,陈新兰,龚洵,等.中国迁地栽培植物志(木兰科)[M].北京:科学出版社,2015.

［4］周兴文,朱宇林.紫玉兰的观赏特性及其在园林中的应用[J].北方园艺,2011(08):93-95.

［5］朱西存,颜卫东,时鑫,等.紫玉兰的树种特性及嫩枝扦插技术[J].河北林业科技,2004(01):51.

紫玉兰(1.果枝;2.花枝;3.花)

国家保护	红色名录	极小种群	华东特有
	极危（CR）		是

木兰科　玉兰属

景宁玉兰

Yulania sinostellata (P. L. Chiu & Z. H. Chen) D. L. Fu

条目作者
叶康

生物特征

　　落叶灌木，高 1.2~2.5 m；树皮深灰色；小枝纤细，绿色，疏被淡黄色细毛；老枝淡灰褐色，无毛。叶纸质，狭椭圆形至倒卵状长椭圆形，长 7~12 cm，宽 2.5~4.5 cm；叶柄初被白色短毛，后无毛；托叶痕为叶柄长的 1/2 以上。花淡香，单生枝顶，先叶开放。花被片 12~15（18）枚，内外几同形，肉质，初开粉红色，后变淡粉色，外面中下部或沿中肋红色，内面白色。聚合蓇葖果狭圆柱形，稍扭曲。花期 2~3 月，果期 8~9 月。

种群状态

　　产于浙江（景宁、乐清、莲都、青田、松阳等地）。其中，松阳牛头山区域内数量最多，为 250 株，在海拔 1 000 m 以上成群分布；景宁草鱼塘森林公园内约为 130 株，呈分散性分布；丽水莲都区大约 70 株，分布较分散；温州仅发现 5 株，各株间距离较远。生于稀疏阔叶林下、杉木林、黄山松林、林缘沟边和灌丛中，海拔 900~1 300 m。浙江特有种，且为省重点保护野生植物。红色名录评估为极危 CR B1ab(i,iii)，即指本种的分布区不足 100 km²，生境严重碎片化，分布区和栖息地的面积、范围持续性衰退。

濒危原因

　　人类活动的干扰及自然环境变化导致的生境破碎化；自然结实率不到 1%，种子萌发率低。

应用价值

　　科研、科普、绿化、观赏。

保护现状

　　上海植物园、秦岭植物园、仙湖植物园等通过种苗及枝条的方式引种栽培，长势良好。当地已建立保护区，已开展种苗繁育等研究。

保护建议

　　加强科普宣传、教育；扩大潜在分布地的调查，尽可能降低基因丧失率；加强就地保护，加强对幼苗、幼树的抚育管理，促进种群更新和恢复；鼓励迁地引种和合理开发利用，加大人工繁育力度，提高回归引种技术。

主要参考文献

［1］杨科明，陈新兰，龚洵，等.中国迁地栽培植物志 (木兰科)[M].北京：科学出版社，2015.

［2］余泽智，陈翔翔，卢璐，等.景宁玉兰种群分布与群落结构研究 [J].浙江林业科技，2015，35(03)：47-52.

［3］周秀兰，季必浩，金民忠，等.景宁木兰原生地植物多样性及其保护现状评价 [J].福建农业科技，2015(12)：66-67.

景宁玉兰［1.花枝（植物园栽培）；2.开花植株（植物园栽培）；3.聚合蓇葖果；4.枝条］

国家保护	红色名录	极小种群	华东特有
二级	极危（CR）	是	是

木兰科　玉兰属

宝华玉兰

Yulania zenii (W. C. Cheng) D. L. Fu

条目作者
叶康

生物特征

落叶乔木，高 2.5~13 m；树皮灰白色至灰褐色；嫩枝绿色，疏被短柔毛，后无毛，老枝深灰色、灰褐色或灰绿色。叶薄纸质，倒卵状长圆形、椭圆形或长圆形，长 6~20 cm，宽 3~12 cm；叶柄被毛，托叶痕为叶柄长的 1/5~2/3。花芳香，单生于枝顶，先叶开放。花被片 9 枚，近匙形，上部白色，盛开时中部以下呈淡紫红色。聚合蓇葖果长圆柱形，常扭曲。花期 2~4 月，果期 8~10 月。

种群状态

产于江苏（句容宝华山）。生于山坡杂木疏林中，海拔约 220 m。江苏特有种。红色名录评估为极危 CR D，即指本种成熟个体数量少于 50 株。

濒危原因

种群过小，自然分布区极小，生境受到人工砍伐和毛竹林侵蚀的威胁。红色名录评估为极危（CR）B1ab（ⅱ）+2ab（ⅱ）；D，野生种群成熟个体数少于 50，分布区仅 1 处且极小，占有面积处于剧烈衰退状态。

应用价值

科研、科普、绿化、观赏。

保护现状

已建立就地保护小区，部分母树采取了挂牌、围土、建护栏等措施。上海辰山植物园、上海植物园、华南国家植物园、国家植物园等已通过种子、种苗及枝条的方式引种栽培，生长良好。已开展濒危机制、人工繁殖及园林应用等研究。

保护建议

加强就地保护，促进种群更新和恢复；在宁镇山脉紫金山、栖霞山、茅山等相似生境近地保护；鼓励迁地引种，增加其在园林、绿化中的应用。

主要参考文献

［1］陈兵,任全进,刘兴剑.南京地区 8 种木兰属植物的特性及其园林应用 [J].现代农业科技,2015(10): 176,178.

［2］ 王剑伟,张光富,陈会艳.特有珍稀植物宝华玉兰种群分布格局和群落特征[J].广西植物,2008(04):489-494.

［3］ 薛晓明,阚芯蕊,张晶.江苏省特有植物宝华玉兰的濒危状况及其保护对策研究[J].科技情报开发与经济,2010,20(35):137-139.

［4］ 杨科明,陈新兰,龚洵,等.中国迁地栽培植物志(木兰科)[M].北京:科学出版社,2015.

［5］ 印红.中国珍稀濒危植物图鉴[M].北京:中国林业出版社,2013.

［6］ 宗树斌,鲍荣静,段春玲.宝华玉兰扦插繁殖技术研究[J].山东林业科技,2008,38(06):39-41.

宝华玉兰（1.花期植株；2.雌、雄蕊；3.果实；4.枝叶；5.花枝）

国家保护	红色名录	极小种群	华东特有
二级	无危（LC）		是

蜡梅科　夏蜡梅属

夏蜡梅

Calycanthus chinensis (W. C. Cheng & S. Y. Chang)
W. C. Cheng & S. Y. Chang ex P. T. Li

条目作者

张庆费

生物特征

落叶灌木，高 1~3 m；树皮灰白色或灰褐色，皮孔凸起；小枝对生，无毛或幼时疏被微毛。叶宽卵状椭圆形、卵圆形或倒卵形，基部两侧略不对称，叶全缘或有不规则细齿，叶面有光泽，略粗糙，无毛，叶背幼时沿脉被褐色硬毛，后渐无毛。花无香气，直径 4.5~7 cm；花梗长 2~2.5 cm，有时达 4.5 cm，着生苞片 5~7 枚，苞片早落，落后有疤痕。雄蕊 18~19 枚，长约 8 mm，花药密被短柔毛，药隔短尖；退化雄蕊 11~12 枚，被微毛。瘦果长圆形，被绢毛。花期 5 月中、下旬，果期 10 月上旬。

种群状态

产于安徽（绩溪县龙须山）、浙江（安吉九亩村、东阳东江源、临安清凉峰镇、天台大雷山）。生于我国东部中亚热带局部的常绿阔叶林或常绿、落叶阔叶混交林下，沟谷或阴坡，海拔 600~1 100 m。浙江省重点保护野生植物。

濒危原因

夏蜡梅遗传多样性相当贫乏，分布区狭窄，居群数目少；在林缘开敞山坡生长良好，随着封山育林，林分郁闭，夏蜡梅成为下层灌木，在郁闭林下逐渐退出，甚至消亡。

应用价值

花大色艳，花形奇特，优良花灌木；夏蜡梅是第三纪孑遗植物，分类及系统进化、地理学位置独特，具有科研价值。

保护现状

夏蜡梅主要分布区已建立自然保护区，得到就地保护；野生植株面临其他树种竞争，上层乔木生长影响夏蜡梅生存；华东地区各植物园普遍引种，在上海、杭州等城市绿地已有栽植。

保护建议

在夏蜡梅集中分布地区建立保护区和保护小区。夏蜡梅为耐阴品种，强光下生长不良，而在林荫下、溪边则生长茂盛。较耐寒，稍加保护即可安全越冬。江南各地植物园可引种栽培。

主要参考文献

［1］陈香波,田旗,张启翔.夏蜡梅种群结构与分布格局研究 [J].热带亚热带植物学报,2012,20(01):66-71.
［2］陈香波,张丽萍,王伟,等.夏蜡梅在安徽首次发现 [J].热带亚热带植物学报,2008(03):277-278.
［3］刘华红,周莉花,黄耀辉,等.群落演替对夏蜡梅种群分布和数量的影响 [J].生态学报,2016,36(03):620-628.
［4］张方钢,陈征海,邱瑶德,等.夏蜡梅种群的分布数量及其主要群落类型 [J].植物研究,2001(04):620-623.
［5］郑万钧,章绍尧.蜡梅科的新属——夏蜡梅属 [J].植物分类学报,1964,9(2):135-138.
［6］周世良,叶文国.夏蜡梅的遗传多样性及其保护 [J].生物多样性,2002(01):1-6,135.

夏蜡梅（1.叶片与生境；2.花被；3.花被细节；4.果托；5.花被脱落之后的花托）

国家保护	红色名录	极小种群	华东特有
	易危（VU）		是

蜡梅科　蜡梅属

突托蜡梅

Chimonanthus grammatus M. C. Liu

条目作者
陈彬

生物特征

灌木或小乔木，高 4~6 m；常绿，小枝纤细，有棱，光滑无毛，具凸皮孔。叶柄长 0.7~1.7 cm，厚，无毛；叶片椭圆状卵形到宽椭圆形，革质，背面浅绿色、无毛，正面绿色、发亮，中脉每侧次脉 7~9。花单生，花被片 25~27 枚，淡黄色，外面被短柔毛；外部花被片卵状圆形至卵状椭圆形，（3~9）mm×（3~5）mm；中间花被片约 13 枚，线状披针形，（10~17）mm×（2~3）mm；内部花被片约 9 枚，长披针形，（6~10）mm×（1~2）mm。雄蕊 6~8 枚；退化雄蕊 14~16 枚，浅，短柔毛。果托钟状，（2.5~4）cm×（2~2.7）cm，环面厚，表面有明显突出的网状，顶端不收缩，顶端附属物木质。瘦果棕色，长圆形、椭圆形，（1~1.6）cm×（0.6~0.8）cm，被短柔毛。花期 10~12 月，果期 12 月至翌年 6 月。

种群状态

产于江西（安远县蔡坊乡的猫公发至东坑、会昌县清溪乡的象洞村至雷公坝）。生于沟谷、山麓的次生阔叶林、针阔混交林和灌木林中，海拔 250~450 m。江西特有种。红色名录评估为易危 VU D1，即指本种成熟个体数少于 1 000 棵。

濒危原因

种子萌芽困难，自然繁衍能力弱，容易受环境影响及滥伐所致，目前种群分布范围十分狭窄，濒临灭绝。

应用价值

突托蜡梅不仅叶形优雅、花黄香浓、果形奇特，还含有丰富的药用和芳香油成分，在园林绿化和医药、香料、油脂等轻化工业上有重要用途，在蜡梅属植物系统演化中有特殊位置，具有很高的经济和科研价值。

保护现状

江西省赣州市安远县国营葛坳采育林场建立了约 133 hm² 突托蜡梅种质资源保护区，实现了人工育苗。2017 年入选赣州市山水林田湖生态保护修复工程项目，规划建立 2 000 hm² 的突托蜡梅资源保护区，配套建设种子资源保护库、智能温室大棚、消防步道、步行栈道、观测铁塔等，对优化突托蜡梅生长环境、扩大突托蜡梅种群、加大突托蜡梅科学研究起到重要推动作用。

保护建议

继续加强突托蜡梅的保护和人工繁殖，促进园林应用。

主要参考文献

彭九生,肖忠优,刘光正,等.突托蜡梅群落结构与生物多样性初步研究[J].江西林业科技,2005(01):5-9.

突托蜡梅（1. 突托蜡梅植株；2. 果枝；3. 花；4. 人工繁育温室）

国家保护	红色名录	极小种群	华东特有
	易危（VU）		

樟科　樟属

沉水樟

Camphora micrantha (Hayata) Y. Yang，Bing Liu & Zhi Yang

条目作者
王正伟

生物特征

乔木，高 14~20 (30) m，胸径 (25) 40~50 (65) cm；顶芽，卵球形，芽鳞覆瓦状紧密排列，外被褐色绢状短柔毛；枝条圆柱形，无毛。**叶**互生，常生于幼枝上部，长圆形、椭圆形或卵状椭圆形，叶柄长 2~3 cm，腹平背凸，茶褐色，无毛。**圆锥花序**顶生及腋生，短簇，长 3~5 cm。**花**白色或紫红色，具香气，长约 2.5 mm；花梗长约 2 mm，基部稍增粗，无毛。**花被**外面无毛，内面密被柔毛，花被筒钟形，花被裂片 6 枚，长卵圆形。能育**雄蕊** 9 枚，长约 1 mm，花丝基部被柔毛，花药宽长圆形，第一、二轮雄蕊花丝扁平，稍长于花药，无腺体，花药 4 室，上 2 室较小，内向，下 2 室较大，侧内向，第三轮雄蕊长于花药，近基部有 1 对具短柄的近圆状肾形腺体，花药 4 室，上 2 室较小，外向，下 2 室较大，侧外向；退化雄蕊 3 枚，位于最内轮，连柄长 0.8 mm，三角状钻形，**子房**卵球形，柱头头状。**果**椭圆形，鲜时淡绿色，具斑点，光亮，无毛；果托壶形，自圆柱体基部向上骤然呈喇叭状增大，边缘全缘或具波齿。花期 7~8(10) 月，果期 10 月。

种群状态

产于**福建**（安溪、建瓯、清流、武夷山、永安等地）、**江西**（吉安、全南、信丰、永丰、资溪地）、**浙江**（丽水、温州）。生于山坡、山谷密林中，路边或河旁水边，海拔 300~650 m（在台湾可分布至 1 800 m）。分布于广东、广西、湖南、台湾等地。越南北部也有。红色名录评估为易危 VU A2c；B1ab(i,iii)，即指本种在 10 年或三个世代内因栖息地减少等因素，种群规模缩小了 30% 以上且仍在持续；分布区不足 20 000 km²，生境碎片化，分布区和栖息地的面积、范围持续性衰退。

濒危原因

自然分布区极其狭小，生境受到人工砍伐。

应用价值

沉水樟是我国台湾海岛与大陆的间断分布种，对探索植物区系有一定的科学意义。植株可提取芳香油，主含黄樟油素，是工业上的重要原料。

保护现状

本种多保存在乡村禁伐林中，有的被划入自然保护区内，可得到妥善保护。上海辰山植物园、南京中山植物园、杭州植物园、国家植物园等已有引种栽培。已开展濒危原因、人工繁殖及园林应用等研究。

保护建议

加强就地保护，促进种群更新和恢复；在宁镇山脉紫金山、栖霞山、茅山等相似生境近地保护；鼓励迁地引种，增加在园林、绿化中的应用。尚未采取措施的各分布点，建议有关部门加强对母树的管理，合理开展抚育和扩繁。

主要参考文献

［1］陈远征，马祥庆，冯丽贞，等.濒危植物沉水樟的濒危机制研究 [J].西北植物学报，2006(07): 1 401–1 406.
［2］罗坤水，罗忠生，叶金山，等.珍稀树种沉水樟嫩枝扦插技术研究 [J].南方林业科学，2016, 44(05): 21–23, 34.
［3］岳军伟，骆昱春，黄文超，等.沉水樟种质资源及培育技术研究进展 [J].江西林业科技，2011(03): 43–45.

沉水樟（1. 花）

沉水樟（2. 树干；3. 花期枝条；4. 枝叶；5. 果枝）

国家保护	红色名录	极小种群	华东特有
二级	易危（VU）		

樟科　桂属

条目作者

普陀樟

葛斌杰

Cinnamomum japonicum var. *chenii* (Nakai) G. F. Tao

生物特征

乔木，高 10~15 m。小枝绿色，嫩时具钝棱，无毛。**叶**对生或近对生；叶片革质，卵形至长卵形，正面深绿色，有光泽，背面绿色，无毛，离基三出脉，脉腋无泡状隆起及腺窝。**花序**腋生，呈伞形，具 5~14 花，无毛。**果序**常具 1~3 果。**果**椭球形，直径约 1cm，熟时蓝黑色，有光泽。花期 5~6 月，果期 11~12 月。

种群状态

产于**上海**（大金山岛）、**浙江**（普陀、嵊泗、象山）。生于岛屿或滨海山坡林中，海拔 200 m 以下。红色名录评估为易危 VU A2c，即指本种在 10 年或三个世代内因栖息地减少等因素，种群规模缩小了 30% 以上且仍在持续。

濒危原因

除早期人为砍伐外，随着气候变暖，当前分布区已逐渐不适宜本种生存。

保护现状

上海辰山植物园、中山植物园、杭州植物园、国家植物园等已有引种栽培。已开展濒危原因、人工繁殖等研究。

保护建议

除浙江普陀岛以外的已知分布点建立保护小区，加强保护，严禁砍伐。加强就地保护，促进种群更新和恢复；鼓励迁地引种，增加在园林、绿化中的应用。

主要参考文献

［1］ HAN–YANG LIN, YUE YANG, WEN–HAO LI, et al. Species boundaries and conservation implications of Cinnamomum japonicum, an endangered plant in China[J]. J Syst Evol, 2024, 62(1): 73–83.

［2］ 李根有. 樟科. 浙江植物志（新编）. 第二卷. 杭州：浙江科学技术出版社，2021: 220.

普陀樟（1.群落；2.花序；3.花）

4

5

普陀樟（4.花枝；5.果序）

国家保护	红色名录	极小种群	华东特有
	无危（LC）		

樟科　木姜子属

天目木姜子

Litsea auriculata S. S. Chien & W. C. Cheng

条目作者

王正伟

生物特征

落叶**乔木**，高 10~20 m，胸径 40~60 cm；小枝紫褐色，无毛。**叶**互生，椭圆形、圆状椭圆形、近心形或倒卵形，长 9.5~23 cm，宽 5.5~13.5 cm，先端钝或钝尖或圆形，基部耳形，纸质，上面深绿色，有光泽，下面苍白绿色，有短柔毛，叶柄长 3~8 cm，无毛。**伞形花序**无总梗或具短梗，先叶开花或同时开放；苞片 8 枚，开花时尚存，每一花序有雄花 6~8 朵；**花被裂片** 6 枚，有时 8 枚，黄色，长圆形或长圆状倒卵形，外面被柔毛，内面无毛。**能育雄蕊** 9 枚，花丝无毛，第三轮基部腺体有柄；**退化雌蕊**卵形，无毛。**雌花**较小，花梗长 6~7 mm，花被裂片长圆形或椭圆状长圆形，长 2~2.5 mm；退化雄蕊无毛；子房卵形，无毛，花柱近顶端略有短柔毛，柱头 2 裂或顶端平。**果**卵形，成熟时黑色；果托杯状。花期 3~4 月，果期 7~8 月。

种群状态

产于**安徽**（霍山、绩溪、舒城、歙县、岳西等地）、**浙江**（安吉、德清、临安、庆元、天台等地）。生于山坡、沟谷阔叶林中，海拔 500~1 000 m。分布于湖北。越南北部也有。

濒危原因

生境退化或丧失，直接采挖或砍伐。

应用价值

木材带黄色，重而致密，可供家具等用；民间用果实和根皮治寸白虫，叶外敷治伤筋。

保护现状

上海辰山植物园、南京中山植物园、杭州植物园等已有引种栽培。已开展濒危原因、人工繁殖及园林应用等研究。

保护建议

加强就地保护，促进种群更新和恢复；鼓励迁地引种，增加在园林、绿化中的应用。

主要参考文献

［1］　王昌腾.浙江省34种珍贵植物的分布现状及保护对策 [J].安徽农业科学,2005(01):79-81.

［2］　章银柯,李志炎,鲍淳松,等.浙江省珍稀濒危植物资源及其保护策略 [J].山东林业科技,2006(06):64-67.

［3］　浙江省林业局.浙江林业自然资源(野生植物卷)[M].北京:中国农业科学出版社,2002.

天目木姜子(1.叶片;2.生境;3.花枝;4.种子;5.果序)

国家保护	红色名录	极小种群	华东特有
	濒危（EN）		是

樟科　润楠属

茫荡山润楠

Machilus mangdangshanensis Q. F. Zheng

条目作者
王正伟

生物特征

灌木或小乔木，高约 4 m，当年生枝紫褐色，老时黑褐色，干时有纵向皱纹，当年生及二、三年生枝顶均有顶芽芽鳞痕 5~6 环。叶革质，倒卵状长圆形或倒披针状椭圆形，长 12~20 cm，宽 3.8~7 cm，顶端渐尖至尾状，基部楔形或稍钝，上面绿色，下面粉绿色，上面无毛，下面疏被灰黄色绢状微柔毛至几无毛，中脉在上面稍凹，下面明显凸起，侧脉 10~12 对，在两面凸起；叶柄长 1.4~2.6 cm。圆锥花序顶生，长 5~8 cm，疏被灰黄色短柔毛，近顶部分枝。花绿黄色；花梗长 4~5 mm，花被片长圆形，长 6~7 mm，宽约 4 mm，外轮的较狭，两面疏被灰黄色微绢毛。第三轮雄蕊基部具有两个有柄腺体，花丝基部无毛，退化雄蕊箭头形。子房卵球形，长约 1.5 mm，花柱为子房 2 倍长。核果球形，直径 0.8~1 cm，鲜时绿带红色，干时黑色；果梗稍增粗，长约 5 mm，具宿存花被片。

种群状态

产于福建（南平市后坪村，已知仅 1 个分布点）。生于山地阔叶林，海拔 400 m。福建特有种。红色名录评估为濒危 EN A2c+3c；D1，即指本种在 10 年或三个世代内因栖息地减少等因素，种群规模缩小了 50% 以上且仍在持续，预计种群数量也将因此减少；成熟个体数量不足 1 000 棵（实际调查了解中，确切的野外个体已多年未见）。

濒危原因

原生境已经破坏，原种群消亡，是否野外绝灭尚未可知。

应用价值

树身高大，枝条粗壮，叶四季青翠，可作绿化树种。

保护现状

未见相关研究。

保护建议

加强就地保护，促进种群更新和恢复；鼓励迁地引种，增加在园林、绿化中的应用。

主要参考文献

福建省科学技术委员会《福建植物志》编写组 . 福建植物志第二卷 [M]. 福州 : 福建科学技术出版社 , 1985.

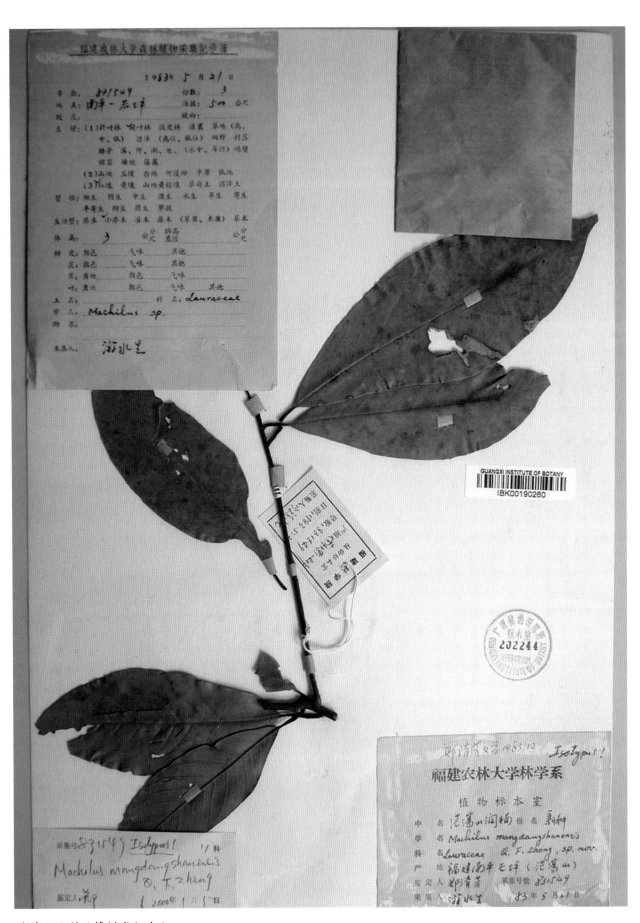

茫荡山润楠（等模式标本）

国家保护	红色名录	极小种群	华东特有
	濒危（EN）		是

樟科　润楠属

雁荡润楠

Machilus minutiloba S. K. Lee

条目作者
王正伟

生物特征

小乔木，树皮黑色；除花被裂片两面、叶下面和小枝节上外，各部无毛。枝黑褐色，当年生及二、三年生枝基部的芽鳞疤痕形成肿大的高 7~10 mm 的节，仅当年生枝基部和节有棕色茸毛，皮孔小，散生，椭圆形，纵裂；顶芽球形，除下部几片芽鳞外有棕色茸毛。叶聚生枝梢，长椭圆形，长 6~10 cm，宽 1.5~2.8 cm，先端钝，基部楔形，革质，下面有微柔毛，在放大镜下可见，中脉上面稍凹下，下面明显凸起；叶柄纤细，长 8~12 mm。花未见。果序圆锥状，在当年生枝下端腋生，长 5.5~9.5 cm，约在中部分枝。果扁球形，未熟时绿色，干后变黑色，直径约 1.2 cm，宿存花被裂片部分脱落，因而显得较小；果梗纤细，长 6~8 mm。果期 6 月。

种群状态

特产于**浙江**（乐清、永嘉）。生于山坡房屋边或山沟林中，海拔 300 m 以下。浙江特有种。红色名录评估为濒危 EN B1ab(i,iii,v)；C1，即指本种分布区面积少于 5 000 km²，分布点少于 5 个，且彼此分割，分布区面积、栖息地面积与成熟个体数量持续衰减；成熟个体数量不足 2 500 棵，种群规模将在二个世代内缩小 20%。

濒危原因

生境退化或丧失；生境受到人类活动剧烈的影响。

应用价值

可作绿化树种。

保护现状

已开展濒危原因、人工繁殖及园林应用等研究。

保护建议

加强就地保护，促进种群更新和恢复；鼓励迁地引种，增加在园林、绿化中的应用。

主要参考文献

马其侠，李燕．科研·辰山植物园 [J]．生命世界，2011(08)：30-34．

雁荡润楠（1.新叶；2.枝叶；3.芽鳞疤痕肿大具节；4.果枝）

国家保护	红色名录	极小种群	华东特有
	濒危（EN）		

樟科　润楠属

龙眼润楠

Machilus oculodracontis Chun

条目作者

王正伟

生物特征

乔木，高 10~18 m；幼嫩枝、叶有很快脱落的微柔毛；当年生**小枝**平滑，干后变黑，老时褐色，有显著的浅色皮孔。**叶**椭圆状倒披针形或椭圆状披针形，长 11~16 cm，宽 2~4 cm，先端钝至短阔急尖，基部楔形，沿叶柄下延，薄革质，果时略加厚，中脉在上面凹下，在下面凸起；叶柄稍粗壮，长 1~1.5 cm，上面有槽。**花序** 3~7，伞房式排列在小枝的顶部，全体有粉质微柔毛。花梗细，长约 8 mm，花黄绿色；花被裂片长圆状椭圆形，不等大，内轮的长 5.5 mm，宽 2 mm，外轮的短 1/3，长约 3 mm，顶端略急尖，有透明油腺，第三轮雄蕊的腺体长不超过花丝的 1/2；退化雄蕊柄短，略粗，先端三角状卵形，顶突尖，基部心形；子房卵状，无毛。**果**球形，直径 1.8~2 cm，蓝黑色；果梗长约 5 mm。

种群状态

产于**江西**（崇义、大余、龙南、寻乌）。生于山坡混交林中，海拔 800 m 以下。分布于广东、海南。中国特有种。红色名录评估为濒危 EN B1ab(i,iii,v)；C1+2a(i)，即指本种分布区面积少于 5 000 km^2，分布点少于 5 个，且彼此分割，分布区面积、栖息地面积与成熟个体数量持续衰减；成熟个体数量不足 2 500 棵，种群规模将在二个世代内缩小 20%，且无超过 250 棵的亚种群。

濒危原因

生境退化或丧失，自然分布区极其狭小，生境受林区内砍伐作业的破坏。

应用价值

株形壮观，叶四季青翠，可作绿化树种。

保护现状

需要开展濒危原因、人工繁殖及园林应用等研究。

保护建议

加强就地保护，促进种群更新和恢复；鼓励迁地引种，增加在园林、绿化中的应用。

主要参考文献

张建,薛洪富,赵振军,等.12种润楠属植物叶柄解剖学特征研究[J].西南林业大学学报:自然科学版,2018,38(02):16-22.

龙眼润楠(1. 花期枝条；2. 花序)

国家保护	红色名录	极小种群	华东特有
二级	濒危（EN）		

樟科　新木姜子属

舟山新木姜子

Neolitsea sericea (Blume) Koidz.

条目作者

王正伟

生物特征

乔木，高达 10 m，胸径达 30 cm；树皮灰白色，平滑；嫩枝密被金黄色丝状柔毛，老枝紫褐色，无毛；顶芽圆卵形，鳞片外面密被金黄色丝状柔毛。**叶**互生，椭圆形至披针状椭圆形，长 6.6~20 cm，宽 3~4.5 cm，幼叶两面密被金黄色绢毛，老叶上面毛脱落呈绿色而有光泽，下面粉绿，有贴伏黄褐色或橙褐色绢毛，离基三出脉；叶柄长 2~3 cm，颇粗壮，初时密被金黄色丝状柔毛，后毛渐脱落变无毛。伞形**花序**簇生叶腋或枝侧，无总梗；每一花序有花 5 朵。**花**梗长 3~6 mm，密被长柔毛；**花被**裂片 4，椭圆形，外面密被长柔毛，内面基部有长柔毛。**雄花**：能育雄蕊 6 枚，花丝基部有长柔毛，第三轮基部腺体肾形，有柄；具退化雌蕊。**雌花**：退化雄蕊基部有长柔毛；子房卵圆形，无毛，花柱稍长，柱头扁平。**果**球形，直径约 1.3 cm；果托浅盘状；果梗粗壮，长 4~6 mm，有柔毛。花期 9~10 月，果期翌年 1~2 月。

种群状态

产于**上海**（崇明）、**浙江**（舟山）。生于山坡林中，海拔 400 m 以下。朝鲜半岛和日本也有。红色名录评估为濒危 EN A3c；B1ab(i,iii,v)；D，即指本种在 10 年或三个世代内因栖息地减少等因素，种群数量将减少 50% 以上；分布区不足 5 000 km²，生境严重碎片化，占有面积、栖息地的面积与范围，以及成熟个体数持续性衰退；成熟个体数量不足 250 棵。

濒危原因

直接采挖或砍伐。

应用价值

叶背具金色绢毛，挂果期长，观赏性强。间断分布于日本、朝鲜和我国东部沿海地区，对研究上述地区的植物区系和保存种质资源有一定意义。

保护现状

上海辰山植物园、南京中山植物园、杭州植物园、国家植物园等已有引种栽培。已开展濒危原因、人工繁殖及园林应用等研究。普陀岛已划为自然风景保护区，已重视珍稀植物的保护。为防止游人攀折，已对部分植株围护管理。本种在桃花岛已由当地负责保护。

保护建议

加强就地保护，促进种群更新和恢复；鼓励迁地引种，增加在园林、绿化中的应用。

主要参考文献

[1] 高浩杰,王国明,高平仕.浙江沿海地区舟山新木姜子群落及种群结构特征分析[J].植物资源与环境学报,2016,25(01): 94–101.

[2] 李修鹏,赵慈良,俞慈英,等.舟山新木姜子保存技术研究[J].浙江海洋学院学报：自然科学版,2009,28(01): 81–85.

[3] 王中生,安树青,冷欣,等.岛屿植物舟山新木姜子居群遗传多样性的RAPD分析[J].生态学报,2004(03): 414–422.

舟山新木姜子（1.花期枝叶；2.叶背面；3.芽鳞；4.花序；5.果序；6.种子）

国家保护	红色名录	极小种群	华东特有
二级	易危（VU）		

樟科　楠属

闽楠

Phoebe bournei (Hemsl.) Yen. C. Yang

条目作者

王正伟

生物特征

大乔木，高达 15~20 m，树干通直，分枝少；小枝有毛或近无毛。叶革质或厚革质，披针形或倒披针形，长 7~13 (15) cm，宽 2~3 (4) cm，先端渐尖或长渐尖，基部渐狭或楔形，上面发亮，下面有短柔毛，脉上被伸展长柔毛，有时具缘毛，叶柄长 5~11 (20) mm。圆锥花序生于新枝中、下部，被毛，长 3~7 (10) cm，通常 3~4 个，为紧缩不开展的圆锥花序，最下部分枝长 2~2.5 cm。花被片卵形，长约 4 mm，宽约 3 mm，两面被短柔毛。雄蕊第一、二轮花丝疏被柔毛，第三轮密被长柔毛，基部的腺体近无柄，退化雄蕊三角形，具柄，有长柔毛。子房近球形，柱头帽状。果椭圆形或长圆形，宿存花被片被毛，紧贴。花期 4 月，果期 10~11 月。

种群状态

产于福建（大田、南靖、建阳、延平等地）、江西（安远、崇义、大余、井冈山、宜丰等地）、浙江（丽水、温州及衢州）。生于山地沟谷阔叶林中，海拔 1 000 m 以下。分布于广东、广西北部及东北部、贵州东南及东北部、海南、湖北。中国特有种。红色名录评估为易危 VU A2c，即指本种在 10 年或三个世代内因栖息地减少等因素，种群规模缩小了 30% 以上且仍在持续。

濒危原因

人类长期过度采伐及生境的破坏，野生资源已近枯竭。

应用价值

木材纹理直，结构细密，芳香，不易变形及虫蛀，也不易开裂，为良好木材。

保护现状

上海辰山植物园、南京中山植物园、杭州植物园、国家植物园等已有引种栽培。已开展濒危原因、人工繁殖及园林应用等研究。

保护建议

加强就地保护，促进种群更新和恢复；鼓励迁地引种，增加在园林、绿化中的应用。

主要参考文献

［1］ 安常蓉, 韦小丽, 叶嘉俊, 等. 温湿度交互作用对闽楠幼苗形态和生理生化的影响 [J]. 西北林学院学报, 2015, 30(05): 20–27.

［2］ 葛永金, 王军峰, 方伟, 等. 闽楠地理分布格局及其气候特征研究 [J]. 江西农业大学学报, 2012, 34(04): 749–753, 761.

［3］ 何应会, 梁瑞龙, 蒋燚, 等. 珍贵树种闽楠研究进展及其发展对策 [J]. 广西林业科学, 2013, 42(04): 365–370.

［4］ 江香梅, 温强, 叶金山, 等. 闽楠天然种群遗传多样性的 RAPD 分析 [J]. 生态学报, 2009, 29(01): 438–444.

［5］ 李生文. 闽楠不同培育模式的综合评价 [J]. 江西农业大学学报, 2003(S1): 100–103.

［6］ 李玉洪. 珍贵树种闽楠栽培技术与发展前景探讨 [J]. 农业与技术, 2019, 39(03): 74–75.

［7］ 吴大荣, 王伯荪. 濒危树种闽楠种子和幼苗生态学研究 (英文)[J]. 生态学报, 2001(11): 1 751–1 760.

1

闽楠（1. 生境）

闽楠（2.花枝；3.花序；4.果枝－叶正面；5.果枝－叶背面；6.果实）

国家保护	红色名录	极小种群	华东特有
二级	易危（VU）		是

樟科　楠属

浙江楠

条目作者

王正伟

Phoebe chekiangensis C. B. Shang

生物特征

大乔木，树干通直，高达 20 m，胸径达 50 cm；小枝有棱，密被黄褐色或灰黑色柔毛或茸毛。叶革质，倒卵状椭圆形或倒卵状披针形，少为披针形，长 7~17 cm，宽 3~7 cm，先端突渐尖或长渐尖，基部楔形或近圆形，上面初时有毛，后变无毛或完全无毛，下面被灰褐色柔毛，脉上被长柔毛，中、侧脉上面下陷，侧脉每边 8~10 条；叶柄长 1~1.5 cm，密被黄褐色茸毛或柔毛。圆锥花序长 5~10 cm，密被黄褐色茸毛。花长约 4 mm，花梗长 2~3 mm；花被片卵形，两面被毛。雄蕊第一、二轮花丝疏被灰白色长柔毛，第三轮密被灰白色长柔毛，退化雄蕊箭头形，被毛。子房卵形，无毛，花柱细，直或弯，柱头盘状。果椭圆状卵形，长 1.2~1.5 cm，熟时外被白粉；宿存花被片革质，紧贴。种子两侧不等，多胚性。花期 4~5 月，果期 9~10 月。

种群状态

产于福建（松溪、延平）、江西（崇义、黎川、石城、玉山、资溪等地）、浙江（安吉、开化、丽水、宁波、武义等地）。生于丘陵山谷或是红壤土山坡常绿阔叶林内，海拔 1 000 m 以下。红色名录评估为易危 VU A2c，即指本种在 10 年或三个世代内因栖息地减少等因素，种群规模缩小了 30% 以上且仍在持续。

濒危原因

天然野生资源稀少、人为采伐、生境破碎化，在郁闭条件下幼苗种内竞争激烈。

应用价值

材质坚硬，可作建筑、家具等用材。树身高大，可作绿化树种。

保护现状

上海辰山植物园、南京中山植物园、杭州植物园、国家植物园等已有引种栽培。已开展濒危原因、人工繁殖及园林应用等研究。

保护建议

加强就地保护，促进种群更新和恢复；鼓励迁地引种，增加在园林、绿化中的应用。

主要参考文献

［1］李冬林，金雅琴，向其柏．珍稀树种浙江楠的栽培利用研究 [J]．江苏林业科技，2004(01)：23–25．

［2］李冬林，向其柏．光照条件对浙江楠幼苗生长及光合特性的影响 [J]．南京林业大学学报：自然科学版，2004(05)：27–31．

［3］吴显坤，南程慧，汤庚国，等．珍稀濒危植物浙江楠种群结构分析 [J]．安徽农业大学学报，2015, 42(06)：980–984．

［4］向其柏．桢楠属一新种——浙江楠 [J]．植物分类学报，1974, 12(3)：295–297．

［5］向其柏，季春峰．浙江楠后选模式标本的重新指定 [J]．南京林业大学学报：自然科学版，2013, 37(4)：163–164．

浙江楠（1. 花序；2. 花期枝叶；3. 花；4. 花序；5. 果序）

浙江楠（6. 果枝；7. 果）

国家保护	红色名录	极小种群	华东特有
二级	濒危（EN）		

泽泻科　毛茛泽泻属

长喙毛茛泽泻

Ranalisma rostrata Stapf

条目作者

葛斌杰

生物特征

水生小型草本，具短缩茎和纤匍茎。叶多数，基生，全缘，叶柄长 12~32 cm；沉水叶披针形，长 3~7 cm，宽 1~1.5 cm；浮水叶或挺水叶卵圆形至卵状椭圆形，长 3~4.5 cm，宽 3~3.5 cm，基部浅心形，先端钝尖。花 1~3 朵，着生于花葶顶端；苞片 2 枚，匙形，长约 7 mm；两性花；花萼 3，绿色，阔椭圆形，长约 5 mm；花瓣 3，卵状椭圆形，长 7~8 mm，较花萼长。雄蕊 5~9 枚，长约 2.5 mm；花药椭圆形。心皮多数 (55~76)，花柱顶生，宿存；花托突起，呈椭圆柱状。瘦果两侧压扁，偏斜的倒卵形至正圆形，具腺体，顶端具喙，长 3~5 mm，向上渐尖呈芒状。花果期 8~9 月。

种群状态

据记载曾产于江西（永修、庐山）、浙江（莲都），但近年来这些分布点均已宣告绝迹。生于浅水池沼中。分布于湖南（湖南茶陵湖里沼泽有一野生种群）。马来西亚、印度、越南也有。红色名录评估为濒危 EN A2c+3c+4c；B2ab(iii)，即指本种在 10 年或三个世代内因栖息地减少等因素，种群规模缩小了 50% 以上且仍在持续，预计种群数量也将因此减少并仍将持续；占有面积不足 500 km^2，分布点不足 5 个，生境破碎化严重，栖息地的面积持续性衰退。

濒危原因

繁殖生物学角度不存在异常，可通过有性和无性两种途径进行繁殖，但种子成熟过程中出现老化和劣变；幼苗生长慢，死亡率高；种群扩散存在薄弱环节，如无性繁殖体通过不定根固着地面、聚合果成熟后不开裂等，都导致无法远距离传播。这些因素使得长喙毛茛泽泻应对水生环境中不确定的水位变化、种间竞争时处于弱势。此外，蓄水养鱼、开荒种地、修堤筑坝等人为活动，也会加速居群萎缩直至消失。

应用价值

具有开发为水生观赏植物的潜力。

保护现状

武汉植物园、武汉大学、浙江人文园林股份有限公司、杭州天景水生植物园在开展迁地保护和回归引种试验工作。

保护建议

　　建议围绕湖南茶陵沼泽建设科研基地，采用保护小区的方式将原生境先保护起来。选择具有保护条件的适生生境，开展野外回归引种，扩大种群规模。

主要参考文献

［1］陈中义,何国庆,陈家宽.濒危植物长喙毛茛泽泻生物学特性观察 [J].武汉大学学报：自然科学版,1997(02): 66–69.

［2］王建波,陈家宽,利容千,等.长喙毛茛泽泻的生活史特征及濒危机制 [J].生物多样性,1998(03): 3–5.

［3］赵勋,周世荣,苏燕.长喙毛茛泽泻迁地扩繁技术研究 [J].湿地科学与管理,2018,14(04): 42–43.

长喙毛茛泽泻（1. 植株；2. 花；3. 果）

国家保护	红色名录	极小种群	华东特有
	濒危（EN）		

泽泻科　慈姑属

冠果草

Sagittaria guayanensis subsp. *lappula* (D. Don) Bogin

条目作者

葛斌杰

生物特征

多年生水生浮叶草本。叶沉水或浮水；沉水叶条形、条状披针形或叶柄状；浮水叶广卵形、椭圆形或圆形，基部深裂呈深心形；叶片长 1.5~10.5 cm，宽 1~9 cm，先端钝圆，末端稍尖；叶脉 4~8 条向前伸展，3~6 条向后延伸；叶柄长 15~50 cm，或更长。花葶直立，挺出水面，高 5~60 cm。花序总状，长 2~20 cm，具花 1~6 轮，每轮 (2~) 3 朵花；苞片 3 枚，基部多少合生。花两性或单性，通常生于花序下部 1~3 轮者为两性。心皮多数，分离，两侧压扁，花柱自腹侧伸出，斜上。雄花数轮，位于花序上部，花梗细弱，长 2~5 cm；花被片鲜时内轮长于外轮，但干后内轮失水严重皱缩而短于外轮，外轮花被片广卵形，宿存，花后包果实下部，内轮花被片白色，基部淡黄色，稀在基部具紫色斑点，倒卵形，早落。雄蕊 6 枚至多数，花丝长短不一。瘦果两侧压扁，果皮厚纸质，倒卵形或椭圆形，基部具短柄，背腹部具鸡冠状齿裂；果喙自腹侧斜出。种子褐色，长 1~1.5 mm。花果期 5~11 月。

种群状态

产于安徽（贵池）、福建（长乐、福州）、江西（全省分布）、浙江（景宁、平阳、松阳）。生于池塘、湖泊浅水沼泽。分布于广东、广西、贵州、海南、湖北、湖南、台湾、云南等地。尼泊尔、印度、越南、泰国、马来西亚及热带非洲也有。红色名录评估为濒危 EN A2ac+3c，即指直接观察到本种野生种群因分布区、栖息地缩减而存在持续衰退，种群规模在 10 年或三个世代内缩小 50% 以上，预计种群数量也将因此减少。

濒危原因

原生境水系用途的改变。

应用价值

在水生植物种子胚胎发育研究中具有参考价值。

保护现状

开展过种子萌发生理特性和胚胎学研究。

保护建议

通过分子遗传学研究理清冠果草种群间和种群内遗传多样性，对个体少的种群就地建立保护小区。

主要参考文献

[1] 王建波,陈家宽,利容千,等.冠果草种子萌发过程的组织化学动态 [J]. 西北植物学报,1997(01): 13–19.

[2] 王建波,陈家宽,利容千.冠果草的胚胎学研究 [J]. 植物分类学报,1997(04): 297–302,389–392.

[3] 王金旺,邹颖颖,魏馨.温州水生维管束植物分布新记录 [J]. 温州大学学报：自然科学版,2016,37(04): 40–45.

冠果草 (1. 生境；2. 栽培条件下的植株；3. 聚合瘦果；4.瘦果)

国家保护	红色名录	极小种群	华东特有
	无危（LC）		

大叶藻科　大叶藻属

大叶藻

Zostera marina L.

条目作者

葛斌杰

生物特征

多年生草本，生于浅海区域；根茎匍匐，节间伸长，每节生有 1 枚先出叶和多数须根；营养枝短，具叶 3~8 枚，叶片线形，长可达 50 cm 以上，宽 3~6 mm，全缘。生殖枝长可达 100 cm，疏生分枝；佛焰苞多数；佛焰苞苞鞘顶端叶片长 5~20 cm，较营养叶狭，具 5~7 脉。肉穗花序长 4~6 cm，穗轴扁平。雄蕊花药长 4~5 mm，宽约 1 mm。雌蕊子房长 2~3 mm，柱头 2 裂，刚毛状。果实椭圆形至长圆形，长约 4 mm，具喙。种子暗褐色，具清晰的纵肋。花果期 3~7 月。

种群状态

产于山东（长岛、荣成、石岛、乳山、青岛等地）。生于近岸边浅海中。分布于河北、辽宁。广布于北半球温带和亚热带地区。

濒危原因

沿海的人为活动，如养殖业、港口贸易等造成营养盐富集、海草床生境严重退化；全球气候变化，海水升温和极端气候的出现，影响大叶藻种群的正常繁殖；海生黏菌（*Labyrinthula zosterae*）常造成大叶藻的大面积死亡。

应用价值

沿海生态效应，如净化水质、提供海洋生物栖息地与食物等。

保护现状

沿海多个省市积极开展大叶藻种子萌发、幼苗培育和种植方法研究，推进海岸带生态系统恢复。

保护建议

建立大叶藻草场的长期动态监测项目，持续关注其种群的发展趋势和生长状态；加强利用种子进行大叶藻海草床的修复研究；进行移植修复时，要特别留意外来新基因型植株对本地植株可能造成的严重竞争压力，优先考虑本地植株移植。

主要参考文献

［1］ 陈治军, 孔凡娜. 大叶藻 (*Zostera marina* L.) 生态学研究进展 [J]. 科技资讯, 2013(16): 206–208.

［2］ 刘坤, 刘福利, 王飞久, 等. 山东半岛大叶藻不同地理种群遗传多样性和遗传结构分析 [J]. 上海海洋大学学报, 2013, 22(03): 334–340.

［3］ 王伟伟, 李晓捷, 潘金华, 等. 大叶藻资源动态及生态恢复面临的问题 [J]. 海洋环境科学, 2013, 32(02): 316–320.

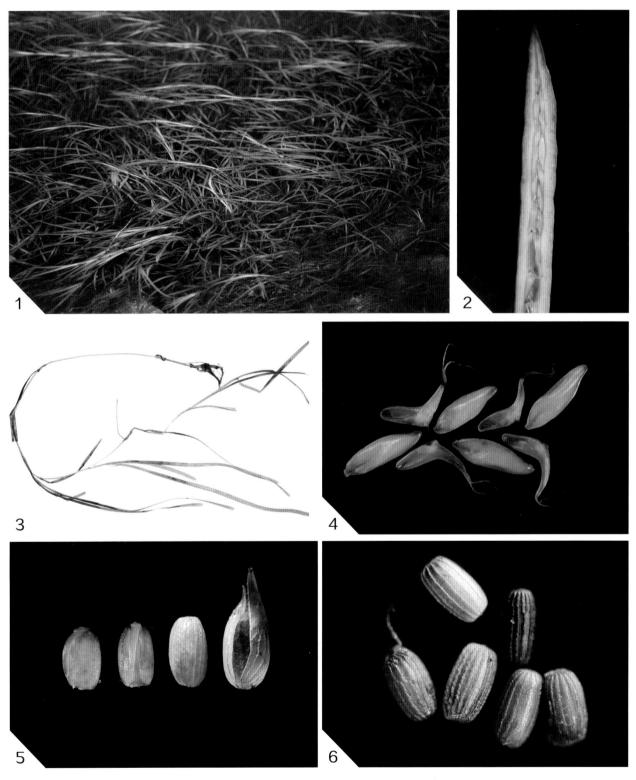

大叶藻（1. 种群；2. 肉穗花序；3. 植株；4. 雌花；5. 果实解剖；6. 种子）

国家保护	红色名录	极小种群	华东特有
	易危（VU）		

水玉簪科　水玉簪属

透明水玉簪

Burmannia cryptopetala Makino

条目作者

钟鑫

生物特征

一年生腐生草本；茎高6~17 cm，纤细，通常不分枝，白色；无叶绿素；无基生叶。茎生叶退化呈鳞片状，紧贴或开展，披针形，长3~4.5 mm。花2~7朵排成二歧聚伞花序或单朵，直立，具短梗或近无梗；翅白色；花被裂片黄色，外轮的卵形，锐尖，长约1.5 mm，内轮的极小或无，花被管长2~3 mm；药隔顶端突起呈圆锥状，基部无距；子房卵形，长约5 mm；翅狭，长8~11 mm，宽约1.5 mm；花柱粗线形，顶端分三叉，柱头圆球形。蒴果倒卵形，长约6 mm，不规则开裂。花期8月。

种群状态

产于江西（宜春）、浙江（遂昌）。生于腐殖质较厚的林下枯叶丛，海拔200~800 m。分布于广东、海南、台湾。日本也有。红色名录评估为易危VU B1ab(i,iii,v)，即指本种分布区面积不足20 000 km²，生境碎片化，分布区、栖息地面积和成熟个体数持续性衰退。

濒危原因

生境破坏；水玉簪科植物植株寄生于特定真菌菌丝，环境变化影响真菌生存即影响种群。

应用价值

作为菌媒介导的异养植物有重要科研价值。

保护现状

位于浙江的原产地部分区域（大西坑）未归入附近的九龙山国家级自然保护区中。

保护建议

增加保护区面积；减少林下疏伐频率。

主要参考文献

［1］ OGURA–TSUJITA Y., UMATA H., YUKAWA T. High mycorrhizal specificity in the mycoheterotrophic Burmannia nepalensis and B. itoana (Burmanniaceae)[J]. Mycoscience, 2013, 54(6): 444–448.

[2] 韦直,张韵冰,张方刚.浙江被子植物新资料 [J].植物研究,1989(02):33-41.

透明水玉簪(1.生境;2.植株;3.花)

国家保护	红色名录	极小种群	华东特有
	濒危（EN）		

百部科　黄精叶钩吻属

黄精叶钩吻

Croomia japonica Miq.

条目作者

钟鑫

生物特征

　　根状茎匍匐，节多而密，每个节上具短的茎残留物；根肉质，粗约 2 mm；茎通常单一，直立，不分枝，高 14~45 cm，具纵槽，基部具 4~5 枚膜质鞘。**叶**通常 3~5 枚；互生于茎上部；叶片卵形或卵状长圆形，顶端急尖或短尖，基部微心形，并稍向叶柄下延，边缘稍粗糙，主脉 7~9 条。**花**小，单朵或 2~4 朵排成总状花序；总花梗丝状，下垂；花梗长 8~15 mm；苞片丝状，具 1 条偏向一侧的脉；花被片黄绿色，呈"十"字形展开，宽卵形至卵状长圆形，大小近相等或内轮长于外轮，边缘反卷，具小乳突，在果时宿存。**雄蕊** 4 枚；花丝粗短，具微乳突；花药长圆状拱形。**子房**具数枚胚珠；柱头小，头状，无柄。**蒴果**稍扁，成熟时 2 片裂。花期 3~5 月，果期 5~8 月。

种群状态

　　产于**安徽**（黄山）、**福建**（建宁、泰宁）、**江西**（资溪）、**浙江**（临安区天目山、天台县天台山、衢州、温州）。生于山谷杂木林下，海拔 830~1 200 m。日本也有。红色名录评估为濒危 EN A2c；B1ab(i,iii)；C1，即指本种在 10 年或三个世代内因栖息地减少等因素，种群规模缩小了 50% 以上且仍在持续；分布区不足 5 000 km²，生境严重碎片化，分布区和栖息地的面积、范围持续性衰退；成熟个体数量不足 2 500棵，种群规模将在 5 年内缩小 20%。

濒危原因

　　栖息地破坏；过度采挖。

应用价值

　　作为百部科及东亚 — 北美间断分布的黄精叶钩吻属植物，具系统学和生物地理学研究价值；植株和花具观赏价值；有潜在的药用价值。

保护现状

　　目前已有组织培养繁育相关研究。

保护建议

　　通过分子遗传学研究理清黄精叶钩吻种群间和种群内遗传多样性，对个体少的种群就地建立保护小区。

主要参考文献

[1] 李恩香.黄精叶钩吻属的亲缘地理学及其近缘类群的系统进化研究 [D].杭州：浙江大学,2006.

[2] 李温平,陈贝贝,蒋明,等.黄精叶钩吻愈伤组织诱导研究 [J].江苏农业科学,2012,40(06): 43-44, 79.

[3] 林文翰,蔡孟深,应百平,等.金刚大化学成分的研究 [J].药学学报,1993(03): 202-206.

黄精叶钩吻 (1. 植株与生境；2. 花期植株与生境；3. 花；4. 果)

国家保护	红色名录	极小种群	华东特有
二级	易危（VU）		

藜芦科　重楼属

金线重楼

Paris delavayi Franch.

条目作者
葛斌杰

生物特征

根状茎粗壮，长达 3~5 cm；茎高 30~60 cm。叶常 6~8 枚，膜质，狭披针形、线状长圆形至卵状披针形，长 5~7 cm，宽 2~4 cm。花萼片 3~6 片，紫色或蓝色，披针形，常较狭小，反折；花瓣常暗紫色，稀黄绿色，狭线形，长仅 0.5~1.1 cm，明显短于萼片与雄蕊。雄蕊 2 枚，花药黄色，药隔突出部分紫色。子房略为圆锥状，绿色，1 室。果圆锥状，成熟时绿色，从花柱基横裂。种子具红色假种皮完全包裹。

种群状态

产于安徽（金寨）、江西（庐山）。生于林内、竹林或灌丛中，海拔 1 300~2 000 m。分布于贵州、湖北、湖南、四川、云南等地。越南也有。红色名录评估为易危 VU A4cd，即指本种在 10 年或三个世代内可能因栖息地减少、外来生物竞争等因素，种群数量将减少 30% 以上，且仍将持续。

濒危原因

作为传统药材遭到挖掘。

应用价值

药用、科研。

保护现状

不明。

保护建议

增加人工种植规模，降低野生资源破坏。

主要参考文献

刘耀武, 王军, 方成武, 等. 安徽省重楼属药用植物地理新记录、资源现状及其保护对策 [J]. 皖西学院学报, 2016, 32(02): 4-7.

1

金线重楼（1. 花部特写）

2

金线重楼（2. 植株）

国家保护	红色名录	极小种群	华东特有
二级	易危（VU）		

藜芦科　重楼属

具柄重楼

Paris fargesii var. *petiolata* (Baker ex C. H. Wright) F. T. Wang & Tang

条目作者

葛斌杰

生物特征

根状茎直径粗达 1~2 cm。叶 4~6 枚，宽卵形，长 9~20 cm，宽 4.5~14 cm，基部近圆形，稀心形。花梗长 20~40 cm。外轮花被片通常 5 枚，极少（3~）4 枚，卵状披针形，先端具长尾尖，基部变狭成短柄；内轮花被片通常长 4.5~5.5 cm。雄蕊 12 枚，长 1.2 cm，药隔突出部分为小尖头状，长 1~2 mm。花期 5 月。

种群状态

产于江西（安福、井冈山、庐山、遂川、玉山等地）。生于林下阴湿环境，海拔 1 300~1 800 m。分布于广西、贵州和四川。越南也有。红色名录评估为易危 VU A4cd，即指本种在 10 年或三世代内可能因栖息地减少、外来生物竞争或水体污染等因素，种群数量将减少 30% 以上，且仍将持续。

濒危原因

作为传统药材遭到挖掘。

应用价值

药用、科研。

保护现状

不明。

保护建议

增加人工种植规模，降低野生资源破坏。

主要参考文献

高嘉宁,张丹,何海燕,等.海螺沟野生重楼资源调查 [J]. 西南农业学报,2019,32(06): 1 241–1 247.

具柄重楼（1.花期植株与生境；2.植株；3.花侧面观；4.花正面观）

国家保护	红色名录	极小种群	华东特有
二级	易危（VU）		

藜芦科　重楼属

华重楼

Paris polyphylla var. *chinensis* (Franch.) H. Hara

条目作者

葛斌杰

生物特征

植株高 35~100 cm，无毛；**根状茎**粗厚，直径达 1~2.5 cm，密生多数环节和许多须根；茎通常带紫红色，基部有灰白色干膜质的鞘 1~3 枚。**叶** 5~8 枚轮生，倒卵状披针形、矩圆状披针形或倒披针形，基部通常楔形；叶柄明显，长 2~6 cm，带紫红色。外轮**花被片**绿色，4~6 枚，狭卵状披针形，长 4.5~7 cm；内轮花被片狭条形，通常中部以上变宽，长为外轮的 1/3 至近等长或稍超过。**雄蕊** 8~10 枚，花药长 1.2~1.5(~2) cm，长为花丝的 3~4 倍，药隔突出部分长 1~1.5(~2) mm。**子房**近球形，具棱，顶端具一盘状花柱基。**蒴果**紫色，直径 1.5~2.5 cm，3~6 瓣裂。花期 5~7 月，果期 8~10 月。

种群状态

产于**安徽**（广布全省山区）、**福建**（广布全省山区）、**江苏**（宜兴）、**江西**（广布全省山区）、**浙江**（广布全省山区）。生于林下阴湿处或沟谷边草丛中，海拔 600~2 000 m。分布于广东、广西、贵州、湖北、湖南、四川、台湾、云南。老挝、缅甸、泰国和越南也有。红色名录评估为易危 VU A4cd，即指本种在 10 年或三个世代内可能因栖息地减少、外来生物竞争或水体污染等因素，种群数量将减少 30% 以上，且仍将持续。

濒危原因

作为名贵药材遭到严重采挖。

应用价值

药用、科研。

保护现状

不明。

保护建议

继续开展华重楼繁育体系研究，让人工种植材料逐步替代野生资源入药；指导药农对野生资源进行合理采收，杜绝毁灭性采挖，政府积极研究多渠道创收模式，增加当地农民收入来源的多样性。

主要参考文献

谷海燕 . 药用植物华重楼的资源现状及其繁育研究进展 [J]. 四川林业科技 , 2014, 35(04): 56-59.

华重楼（1. 花；2. 植株与生境；3. 幼叶，单叶呈心形；4. 果实开裂）

国家保护	红色名录	极小种群	华东特有
二级	濒危（EN）		

百合科　百合属

青岛百合

Lilium tsingtauense Gilg

条目作者

钟鑫

生物特征

鳞茎近球形，高 2.5~4 cm；鳞片披针形，白色，无节。茎高 40~85 cm，无小乳头状突起。叶轮生，1~2 轮，每轮具叶 5~14 枚，矩圆状倒披针形，长 10~15 cm，宽 2~4 cm，先端急尖，基部宽楔形，具短柄，两面无毛，除轮生叶外还有少数散生叶，披针形。花单生或 2~7 朵排列成总状花序；苞片叶状，披针形。花梗长 2~8.5 cm；花橙黄色或橙红色，有紫红色斑点；花被片长椭圆形，蜜腺两边无乳头状突起。花丝长 3 cm，无毛，花药橙黄色。子房圆柱形，花柱长为子房的 2 倍，柱头膨大，常 3 裂。花期 6 月，果期 8 月。

种群状态

产于安徽、山东（青岛）。生于山坡阳处杂木林中或高大草丛中，海拔 100~400 m。朝鲜半岛也有。红色名录评估为濒危 EN B1ab(i,iii)，即指本种分布区面积少于 5 000 km^2，分布点少于 5 个，且彼此分割，分布区及栖息地面积持续衰退。

濒危原因

栖息地开发；生境破碎；过度采集。

应用价值

花大而美丽，极具观赏和园艺育种价值；鳞茎具潜在的食用价值。

保护现状

部分种群位于山东省青岛市崂山风景区内，当地风景区管理局已开展繁殖相关研究。

保护建议

限制、禁止鳞茎采挖；对于较大种群建议就地建立保护小区。

主要参考文献

［1］张璐敏, 王仁卿, 张治国. 青岛百合生境特点和分布现状研究 [J]. 湖北农业科学, 2010, 49(06): 1404–1406, 1410.

［2］张治国. 青岛百合 (*Lilium tsingtauense*) 复合种群研究 [D]. 武汉: 华东师范大学, 2002.

青岛百合（1. 生境；2. 花期植株；3. 花序；4. 花冠）

国家保护	红色名录	极小种群	华东特有
	无危（LC）		

兰科　坛花兰属

锥囊坛花兰

Acanthephippium striatum Lindl.

条目作者

黄卫昌、倪子轶

生物特征

地生，**假鳞茎长卵形**，顶生 1~2 枚叶。**叶椭圆形**，两面无毛，具 5 条在背面隆起的折扇状脉。总状**花序稍弯垂**。**花白色带红色脉纹**；中萼片椭圆形，先端钝；侧萼片较大，先端近急尖，基部歪斜并贴生在蕊柱足上；萼囊向末端延伸而呈距状的狭圆锥形；花瓣藏于萼筒内，近长圆形，先端钝；**唇瓣**具长约 1 cm 的爪，3 裂；唇盘中央具 1 条黄色、宽厚的龙骨状脊。花期 4~6 月。

种群状态

产于**福建**（南靖）。生于沟谷、溪边或密林下阴湿处，海拔 400~1 350 m。分布于广西、台湾与云南。尼泊尔、不丹、印度、越南、泰国、马来西亚及印度尼西亚也有。

濒危原因

人为过度采挖，山地开发，生境受到威胁。

应用价值

花形奇特，花朵美丽，具观赏价值。

保护现状

已建立南靖虎伯寮自然保护区、五指山国家级自然保护区等自然保护区；已开展野外种群调查。

保护建议

加强宣传及林政执法，禁止对生境的破坏；开展迁地或就地保护，促进种群更新和恢复。

主要参考文献

［1］吉占和，陈心启.云南西双版纳兰科植物 [J].植物分类学报，1995(03)：281-296.

［2］秦卫华，蒋明康，徐网谷，等.中国 1334 种兰科植物就地保护状况评价 [J].生物多样性，2012,20(02)：177-183.

［3］邵伟丽.福建省野生兰科植物种质资源调查与保育策略研究 [D].福州：福建农林大学，2008.

［4］田怀珍，邢福武.中国兰科植物省级分布新记录 [J].中南林业科技大学学报，2008(01)：162-164.

［5］王毅.五指山区野生兰花资源分布及保护利用 [J].琼州学院学报，2008(05)：60-62.

锥囊坛花兰（1.植株；2.花序；3.花冠）

国家保护	红色名录	极小种群	华东特有
二级	濒危（EN）		

兰科　金线兰属

金线兰

Anoectochilus roxburghii (Wall.) Lindl.

条目作者

黄卫昌、倪子轶

生物特征

地生，根状茎匍匐，肉质；**茎**直立，肉质，圆柱形，具 3~4 枚叶。**叶**片卵圆形，暗紫色，具金红色带有绢丝光泽的网脉，背面淡紫红色，基部近截形或圆形。总状**花**序。花白色或淡红色；萼片背面被柔毛，中萼片卵形，凹陷呈舟状，与花瓣黏合呈兜状；侧萼片张开，偏斜的近长圆形；花瓣质地薄，近镰刀状；**唇瓣**呈 "Y" 形，基部具圆锥状距，中部两侧各具流苏状细裂条，前部 2 裂。花期 9~10 月。

种群状态

产于**福建**（全省习见）、**江西**（安福、黎川、龙南、铅山、资溪等地）、**浙江**（临安、瑞安、松阳、遂昌、象山等地）。生于常绿阔叶林下或沟谷阴湿处，海拔 50~1 600 m。分布于湖南、广东、海南、广西、四川、云南和西藏（墨脱）。日本、泰国、老挝、越南、印度、不丹、尼泊尔和孟加拉国也有。红色名录评估为濒危 EN B1ab(ii)+ 2ab(ii)，即指本种分布区面积少于 5 000 km²，分布点少于 5 个，且彼此分割，占有面积不足 500 km² 且持续衰退。

濒危原因

该种种子的发芽率低，且对生态环境要求苛刻，生长缓慢。鸟兽喜食、人为采摘、山地开发，导致生态资源被破坏。

应用价值

全草均可入药，具药用价值；叶脉具有金色美丽条纹，是室内观叶珍品，具有观赏价值。

保护现状

已开展森林、山林、野外种群监测，浙江等地已有引种栽培。

保护建议

加强宣传及林政执法，开展野生资源的就地与迁地保存。开展组织培养快速繁育技术的研究。

主要参考文献

［1］侯小琪, 王明川, 于子文, 等. 贵州兰科植物新分布记录 [J]. 贵州农业科学, 2018, 46(12): 96–99, 173.

[2] 汤欢. 兰科重要药用植物 DNA 条形码鉴定及其生态适宜性 [D]. 雅安：四川农业大学, 2016.
[3] 熊小萍, 向继云, 鲁才员, 等. 余姚野生兰科植物资源的分布与生境调查 [J]. 福建林业科技, 2011, 38(03): 152–157.
[4] 熊小萍, 向继云, 鲁才员, 等. 余姚野生兰花种质资源调查 [J]. 浙江林业科技, 2011, 31(04): 35–39.

金线兰（1. 植株；2. 叶；3. 花）

国家保护	红色名录	极小种群	华东特有
二级	濒危（EN）		

兰科　金线兰属

浙江金线兰

Anoectochilus zhejiangensis Z. Wei & Y. B. Chang

条目作者

黄卫昌、倪子轶

生物特征

地生，根状茎匍匐；茎肉质，被柔毛，下部集生 2~6 枚叶。叶片稍肉质，宽卵形，边缘微波状，全缘，呈鹅绒状绿紫色，具金红色带绢丝光泽的网脉，背面略带淡紫红色。总状花序具 1~4 朵花；花萼片淡红色，背面被柔毛，中萼片卵形，凹陷呈舟状，与花瓣黏合呈兜状；侧萼片长圆形；花瓣白色，倒披针形；唇瓣白色，呈"Y"形，基部具圆锥状距，中部两侧各具鸡冠状褶片且其边缘具爪，前部 2 深裂。花期 7~9 月。

种群状态

产于福建（建阳、将乐）、江西（宜春）、浙江（遂昌）。生于山坡或沟谷的密林下阴湿处，海拔 700~1 200 m。分布于广西，中国特有种。红色名录评估为濒危 EN A2c+3c；B1ab(iii,v)，即指本种在 10 年或三个世代内因栖息地减少等因素，种群规模缩小了 50% 以上且仍在持续，预计种群数量也将因此减少；分布区不足 5 000 km²，生境严重碎片化，占有面积、栖息地的面积与范围，以及成熟个体数持续性衰退。

濒危原因

分布点十分狭窄，野外种子的发芽率低，山地开发，生态资源被破坏。

应用价值

叶脉具有金红色网脉，是室内观叶珍品，具有观赏价值。

保护现状

已开展离体快繁技术研究，在江西、浙江宁波开展了野外种群动态监测和野外种群保护。

保护建议

加强宣传及林政执法，开展浙江金线兰资源的迁地保育和回归保育，开展人工繁育技术研究。

主要参考文献

［1］陈菁瑛, 刘保财. 浙江金线兰种苗的快速繁殖方法 [P]. 福建省农业科学院农业生物资源研究所, 2015.

［2］兰淑英. 金线莲植物组织培养体系的建立及其分子标记开发初探 [D]. 福州：福建农林大学, 2014.

［3］刘巧霞. 中国广义金线兰属（*Anoectochilus* s.l.）（兰科）植物的系统分类研究 [D]. 武汉：华东师范大学, 2015.

[4] 彭焱松,詹选怀,周赛霞,等.江西省种子植物3种新记录[J].亚热带植物科学,2018,47(03):266-268.

[5] 吴火和.森林生物多样性资产价值评估研究[D].福州:福建农林大学,2006.

浙江金线兰(1.花;2.花期植株;3.果序)

国家保护	红色名录	极小种群	华东特有
	濒危（EN）		

兰科　白及属

小白及

Bletilla formosana (Hayata) Schltr.

条目作者

黄卫昌、倪子轶

生物特征

地生，假鳞茎扁卵球形，具荸荠似的环带。叶较狭，狭披针形至狭长圆形，先端渐尖。总状花序具1~6朵花。花较小，淡紫色或粉红色，罕白色；萼片和花瓣狭长圆形；萼片先端近急尖；花瓣先端稍钝；唇瓣椭圆形，中部以上3裂；侧裂片直立，斜的半圆形；中裂片近圆形，边缘微波状；唇盘上具5条纵脊状褶片；褶片从基部至中裂片上面均为波状。花期4~5月。

种群状态

产于江西（井冈山、石城）。生于常绿阔叶林、栎林、针叶林下及路边、沟谷草地或草坡、岩石缝中，海拔600~3 100 m。分布于陕西南部、甘肃东南部、台湾、广西、四川、贵州、云南中部至西北部和西藏东南部。日本琉球群岛也有。红色名录评估为濒危 EN A4c，即指观察到本种野生种群数量因分布区、栖息地缩减而存在持续减少，种群规模在10年或三个世代内减小50%以上。

濒危原因

野生小白及的药用价值和市场价格的逐年升高，造成野生种群被过度采挖。

应用价值

具有清热化湿、祛风止痛的功效，具有药用价值。花朵美丽，具有园林及园艺观赏价值。

保护现状

上海辰山植物园等已有引种栽培。已开展濒危原因、人工繁殖及园林应用等研究。

保护建议

加强宣传及林政执法，开展野生资源的就地与迁地保存。鼓励迁地引种，增加在园林、绿化中的应用。

主要参考文献

［1］陈旭，曾茜，刘璞玉，等.贵州小白及内生真菌多样性与产抗病活性物质菌株的筛选［J］.西南农业学报，2017, 30(01): 111–117.

［2］高燕,姜艳,李薇莎,等.紫花三叉小白及组培快繁技术研究 [J].安徽农业科学,2018,46(05):114–116,175.

［3］韩明升,王翔,陈朝红,等.8个云南省小白及种源生长差异比较与评价 [J].广东农业科学,2019,46(02):23–31.

［4］刘有菊,尹国梅.保山市野生小白及资源调查与人工栽培的可行性分析 [J].保山学院学报,2014,33(05):25–27.

［5］马正,马宏坤.中药材白及与小白及的区别 [J].农业与技术,2016,36(04):250.

［6］任风鸣,刘艳,李滢,等.白及属药用植物的资源分布及繁育 [J].中草药,2016,47(24):4 478–4 487.

小白及（1. 植株与生境；2. 植株；3. 假鳞茎；4. 花；5. 果实）

国家保护	红色名录	极小种群	华东特有
二级	濒危（EN）		

兰科　白及属

白及

Bletilla striata (Thunb.) Rchb. f.

条目作者

黄卫昌、倪子轶

生物特征

地生，假鳞茎扁球形，具荸荠似的环带。叶4~6枚，狭长圆形或披针形，先端渐尖。花序具3~10朵花。花大，紫红色或粉红色；萼片和花瓣狭长圆形；花瓣较萼片稍宽；唇瓣较萼片和花瓣稍短，倒卵状椭圆形，白色带紫红色，具紫色脉；唇盘上面具5条纵褶片，从基部伸至中裂片近顶部，仅在中裂片上面为波状。花期4~5月。

种群状态

产于安徽（黄山、祁门、铜陵、岳西等地）、福建（福清）、江苏（句容、溧阳、连云港、宜兴、镇江等地）、江西（贵溪、庐山、武宁、婺源、资溪等地）、浙江（杭州、丽水、宁波、普陀、武义等地）。生于常绿阔叶林下、栎树林或针叶林下、路边草丛或岩石缝中，海拔100~3 200 m。分布于陕西、甘肃、湖北、湖南、广东、广西、四川和贵州。日本、朝鲜半岛和缅甸也有。红色名录评估为濒危 EN B1ab(iii)，即指本种分布区面积少于5 000 km²，分布点少于5个，且彼此分割，栖息地面积持续衰退。

濒危原因

长久以来，白及药材主要以野生为主，长期的人工过度采挖是造成白及濒危的主要原因。白及自身的生物学特性的限制，使自然更新困难。

应用价值

较高的药用价值和园艺、观赏价值。可作为化工工业原料、食品、烟草添加物，具有较高的经济价值。

保护现状

已开展无菌萌发、人工繁殖技术研究。已开展白及产业化生产和园林应用研究。

保护建议

制定更具针对性的保护策略，加快人工繁育关键技术研究，加强资源和繁育的基础研究，提高保护和利用效率。鼓励迁地引种，增加在园林、绿化中的应用。

主要参考文献

［1］仇硕,赵健,唐凤鸾,等.白及产业的发展现状、存在问题及展望 [J].贵州农业科学,2017,45(04):96-98.

［2］刘京宏,周利,钟晓红,等.白及资源研究现状及长产业链开发策略 [J].中国现代中药,2017,19(10):1 485-1 494,1 504.

［3］潘胤池,李林,肖世基,等.白及繁育技术研究进展 [J].中成药,2018,40(05):1 142-1 149.

［4］韦坤华,梁莹,林杨,等.白及的保育研究 [J].中国现代中药,2019,21(05):689-693.

［5］颜智,刘刚,刘育辰,等.白及化学成分、药理活性及质量评价研究进展 [J].广州化工,2018,46(16):42-44,48.

［6］赵媚,杜晓泉.白及资源现状与临床新用 [J].亚太传统医药,2017,13(19):70-72.

白及（1. 植株与生境；2. 花；3. 花序）

国家保护	红色名录	极小种群	华东特有
	易危（VU）		

兰科　石豆兰属

城口卷瓣兰

Bulbophyllum chondriophorum (Gagnep.) Seidenf.

条目作者
黄卫昌、倪子轶

生物特征

附生，**根状茎**匍匐，每相距约 1 cm 处生 1 个假鳞茎；假鳞茎卵形，顶生 1 枚叶。叶革质，倒卵状长圆形，先端钝且稍凹入。总状**花序**缩短呈伞状，常具 2~3 朵花。**花黄色**；中萼片凹，卵状长圆形，边缘除基部以外密生疣肿状的颗粒；侧萼片斜卵形，两侧萼片的下侧边缘彼此黏合；花瓣卵状长圆形，边缘密生疣肿状的颗粒；**唇瓣**肉质，舌状，向外下弯，先端钝。花期 6 月。

种群状态

产于福建（武夷山）、浙江（临安、泰顺）。生于山坡疏林中树干上，海拔约 1 200 m。分布于重庆、陕西和四川，中国特有种。红色名录评估为易危 VU B2ab(ii,iii,v)，即指本种占有面积不足 2 000 km²，生境碎片化，占有面积和栖息地的面积均持续性衰退。

濒危原因

栖息地锐减导致野生兰科植物分布范围越来越窄。人为活动频繁，乱采滥挖现象严重。

应用价值

花形奇特，具观赏价值。

保护现状

陕西已成立化龙山国家级自然保护区，华东种群部分位于天目山、清凉峰国家级自然保护区内，已开展野外种质资源调查。

保护建议

加大执法力度，严厉打击盗采的违法行为，开展野外自然条件下的迁地保护。

主要参考文献

［1］ 高旭珍 . 秦岭兰科植物区系研究 [D]. 咸阳：西北农林科技大学 , 2018.

［2］ 荣海，陈余朝，赵宝鑫，等 . 安康市野生兰科植物资源调查分析及保护 [J]. 陕西林业科技 , 2018, 46(02): 44-48.

［3］ 宋要强，蒲小龙，袁海龙，等 . 化龙山保护区兰科植物调查和保护 [J]. 陕西农业科学 , 2019, 65(03): 91-94, 104.

［4］袁海龙.汉中市野生兰科植物资源现状及保护开发策略 [J]. 北方园艺 , 2011(09): 100–102.
［5］袁海龙.陕西秦巴山区野生兰科植物资源分布及保护对策 [J]. 林业调查规划 , 2011, 36(04): 66–70.

城口卷瓣兰（1. 植株与生境；2. 花期植株；3. 群体；4. 假鳞茎；5. 花序）

国家保护	红色名录	极小种群	华东特有
	易危（VU）		

兰科　石豆兰属

直唇卷瓣兰

Bulbophyllum delitescens Hance

条目作者

黄卫昌、倪子轶

生物特征

附生，**根状茎**匍匐，每间隔 3~11 cm 处生 1 个假鳞茎；假鳞茎卵形，顶生 1 枚叶。**叶**薄革质，椭圆形。伞形**花序**常具 2~4 朵花。**花**茄紫色；中萼片卵形，凹下呈舟状，先端截形并凹缺，在凹处中央具芒，全缘；侧萼片狭披针形，基部上方扭转而两侧萼片的上下侧边缘彼此黏合，先端长渐尖；花瓣镰状披针形，先端截形而凹缺，凹口中央具芒，全缘；**唇瓣**肉质，舌状，向外下弯，先端钝，基部具凹槽。花期 4~11 月。

种群状态

产于**福建**（同安、龙海、诏安）。生于山谷溪边岩石上和林中树干上。海拔约 1 000 m。分布于广东、海南、云南和西藏。印度和越南也有。红色名录评估为易危 VU A2ac；B1ab(iii)，即指直接观察到本种野生种群因分布区、栖息地缩减而存在持续衰退，种群规模在 10 年或三个世代内缩小 30% 以上；分布区不足 20 000 km²，生境碎片化，栖息地的面积、范围持续性衰退。

濒危原因

生境的破坏和丧失及人为过度采集。

应用价值

可入药，具有药用价值。

保护现状

已建立海南五指山省级自然保护区、贵州茂兰国家级自然保护区等。开展野外种质资源调查及检测。

保护建议

开展引种驯化及其生物学特性观察，开展栽培繁殖技术和生理特性研究。

直唇卷瓣兰（1. 花期植株）

主要参考文献

［1］董全英.海南五指山国家级自然保护区附生兰科植物生态习性研究 [D].武汉：华东师范大学,2013.

［2］刘江枫.福州野生兰科植物观赏评价 [J].南方农业,2011,5(02):29–32.

［3］汤欢.兰科重要药用植物 DNA 条形码鉴定及其生态适宜性 [D].雅安：四川农业大学,2016.

［4］王毅.五指山区野生兰花资源分布及保护利用 [J].琼州学院学报,2008(05):60–62.

［5］魏鲁明,刘绍飞,余登利,等.贵州茂兰保护区兰科植物新记录 [J].安徽农业科学,2009,37(22):10 474–10 475.

直唇卷瓣兰（2.花冠特写）

国家保护	红色名录	极小种群	华东特有
二级	濒危（EN）		

兰科　独花兰属

独花兰

Changnienia amoena S. S. Chien

条目作者

黄卫昌、倪子轶

生物特征

地生，**假鳞茎**近宽卵球形，肉质，近淡黄白色。**叶** 1 枚，宽卵状椭圆形，背面紫红色。花大，白色而带肉红色或淡紫色晕，唇瓣有紫红色斑点；萼片长圆状披针形；侧萼片稍斜歪；花瓣狭倒卵状披针形，略斜歪；**唇瓣**略短于花瓣，3 裂，基部有距；唇盘上在两枚侧裂片之间具 5 枚褶片状附属物。花期 4 月。

种群状态

产于**安徽**（岳西）、**江苏**（句容宝华山为模式产地）、**江西**（柴桑、井冈山、靖安、庐山、资溪）、**浙江**（奉化、临安、宁海）。生于疏林下腐殖质丰富的土层中或沿山谷荫蔽处，海拔 400~1 800 m。分布于陕西、湖北、湖南和四川，中国特有种。红色名录评估为濒危 EN A2c，即指本种在 10 年或三个世代内因栖息地减少等因素，种群规模缩小了 50% 以上且仍在持续。

濒危原因

适生范围狭窄，自身生物学因素，药帽大且紧、花粉柄、粘盘不发达导致繁殖困难。人为活动频繁导致生境被破坏，受经济利益驱使，造成过度采挖。

应用价值

全株入药，具药用价值。花朵美丽，具观赏价值。

保护现状

分布范围内已建立自然保护区，如甘肃白水江国家级自然保护区等。已开展传粉生物学、濒危原因的研究，已有组织培养扩繁研究。

保护建议

推广人工授粉技术，提高其种群密度。加强宣传及林政执法。

主要参考文献

［1］桂先群. 珍稀濒危植物独花兰人工授粉、致危因素分析及保育对策 [J]. 安徽林业科技, 2015, 41(02): 73-75.

［2］郝日明，黄致远，刘兴剑，等.中国珍稀濒危保护植物在江苏省的自然分布及其特点 [J].生物多样性，2000(02): 153–162.

［3］琚煜熙，刘国顺，哈登龙，等.鸡公山自然保护区珍稀植物独花兰物候·繁殖及分布的群落特征 [J].安徽农业科学，2019，47(07): 139–140, 143.

［4］刘赛思，张树宝.独花兰组织培养研究 [J].绿色科技，2013(11): 36, 39.

［5］刘贤旺，赖学文.独花兰 [J].植物杂志，1999(02): 8–9.

［6］王年鹤，吕晔，金久宁.独花兰的繁殖与保护 [J].植物杂志，1999(02): 9.

独花兰（1.生境；2.花期植株；3.果期植株；4.花冠正面；5.花冠侧面；6.果）

国家保护	红色名录	极小种群	华东特有
	易危（VU）		

兰科　隔距兰属

广东隔距兰

Cleisostoma simondii var. *guangdongense* Z. H. Tsi

条目作者

黄卫昌、倪子轶

生物特征

附生，茎细圆柱形，通常分枝，具多数叶。叶二列互生，肉质，深绿色，细圆柱形，斜立，先端稍钝。花序侧生；总状花序或圆锥花序具多数花。花近肉质，黄绿色带紫红色脉纹；萼片和花瓣稍反折，具3条脉；中萼片长圆形，先端圆形；侧萼片稍斜长圆形，基部约1/2贴生于蕊柱足；花瓣相似于萼片而较小，先端钝；唇瓣3裂，中裂片浅黄白色，距近球形，内背壁上方的胼胝体为中央凹陷的四边形，其四个角呈短角状均向前伸。花期9月。

种群状态

产于福建（光泽、南靖、平和、云霄、诏安）。生于河岸疏林树干上，海拔约1 100 m。分布于广东、香港、海南，中国特有种。红色名录评估为易危 VU A2c，即指本种在10年或三个世代内因栖息地减少等因素，种群规模缩小了30%以上且仍在持续。

濒危原因

自然状态下自我繁殖能力低，对生长环境的要求较苛刻，同时人类对森林的过度采伐导致其生境被严重干扰。

应用价值

株形优美飘逸，叶形奇特，具观赏价值。

保护现状

部分分布区域已建立保护区，上海辰山植物园已有引种栽培。已开展濒危原因、人工繁殖及园林应用等研究。

保护建议

加强对保护区兰科植物生态学、居群生物学的研究。积极开展组织培养快速繁育技术研究。

主要参考文献

［1］和太平，彭定人，黎德丘，等.广西雅长自然保护区兰科植物多样性研究［J］.广西植物，2007(04):590–595,580.

［2］ 吉占和.国产隔距兰属植物的修订 [J]. 植物研究 , 1983(04): 71–86.

［3］ 李静静.海南霸王岭拟石斛附生特性及其根部内生菌多样性的研究 [D]. 海口 : 海南大学 , 2016.

［4］ 莫饶,冷青云,黄明忠,等.兰科 11 属 14 种植物核型分析 [J]. 云南植物研究 , 2009, 31(06): 504–508.

［5］ 吴健梅.深圳梧桐山野生兰花记录 (二)[J]. 南方农业 : 园林花卉版 , 2011, 5(02): 10–11.

广东隔距兰（1. 植株；2. 花枝；3. 花序；4. 花冠；5. 蒴果）

国家保护	红色名录	极小种群	华东特有
	极危（CR）		

兰科　杜鹃兰属

斑叶杜鹃兰

Cremastra unguiculata (Finet) Finet

条目作者

黄卫昌、倪子轶

生物特征

地生，**假鳞茎**卵球形，疏离，有节。**叶** 2 枚，狭椭圆形，具紫斑，先端渐尖。总状**花序**，具 7~9 朵花；花外面紫褐色，内面绿色而有紫褐色斑点；侧萼片稍斜歪；花瓣狭倒披针形；**唇瓣**白色，3 裂，下部有长爪；侧裂片线形；中裂片倒卵形，反折，与爪交成直角，边缘皱波状，有不规则齿缺，先端钝或有齿缺，基部在两枚侧裂片之间具 1 枚肉质突起。花期 5~6 月。

种群状态

产于**江西**（井冈山、庐山）。生于混交林下，海拔 950 m。日本和朝鲜半岛也有。红色名录评估为极危 CR B1ab(iii,v)，即指本种的分布区不足 100 km²，生境严重碎片化，栖息地的面积和成熟个体数持续性衰退。

濒危原因

分布狭窄，物种繁殖速度限制的综合因素造成其濒危现状。

应用价值

叶有斑，特点明显，花朵美丽，具较高的观赏价值。

保护现状

已建立保护区，开展野外资源调查。

保护建议

开展繁殖周期短、繁殖系数高的组织培养繁殖技术研究。

主要参考文献

［1］孔令杰. 江西省野生兰科植物区系的组成及特征 [D]. 南昌：南昌大学, 2011.

［2］毛俊宽. 伏牛山区园林绿化植物资源调查及其保护开发利用 [J]. 现代农业科技, 2012(04): 250–251, 255.

［3］田华民. 陕西省黄柏塬自然保护区种子植物资源与区系特征分析 [D]. 咸阳：西北农林科技大学, 2009.

［4］吴明开.贵州药用兰科植物资源 [A].中国植物学会.生态文明建设中的植物学：现在与未来——中国植物学会第十五
　　　届会员代表大会暨八十周年学术年会论文集——第4分会场：资源植物学 [C].中国植物学会：中国植物学会，2013：3.
［5］俞群.江西重点保护野生植物的分布格局与热点地区研究 [D].南昌：江西农业大学，2016.

斑叶杜鹃兰（模式标本）

国家保护	红色名录	极小种群	华东特有
二级	易危（VU）		

兰科　兰属

冬凤兰

Cymbidium dayanum Rchb. f.

条目作者

黄卫昌、倪子轶

生物特征

附生，**假鳞茎**近梭形，稍压扁。**叶**4~9 枚，带形，坚纸质，暗绿色，先端渐尖，侧脉较中脉更为凸起。总状**花序**具 5~9 朵花；花瓣狭卵状长圆形，萼片与花瓣白色或奶油黄色，中央有 1 条栗色纵带或偶见整个瓣片淡枣红色，侧裂片密具栗色脉，褶片白色或奶油黄色；萼片狭长圆状椭圆形，**唇瓣**近卵形，基部和中裂片中央为白色，其余均为栗色，3 裂；唇盘具 2 条纵褶片，有密集的腺毛。花期 8~12 月。

种群状态

产于**福建**（南部）。生于疏林中树上或溪谷旁岩壁上，海拔 300~1 600 m。分布于广东、广西、海南、台湾、云南。不丹、柬埔寨、印度、印度尼西亚、日本、老挝、马来西亚、缅甸、菲律宾、泰国、越南也有。红色名录评估为易危 VU A2c；B1ab(ii,iii,v)，即指本种在 10 年或三个世代内因栖息地减少等因素，种群规模缩小了 30% 以上且仍在持续；分布区不足 20 000 km^2，生境碎片化，占有面积、栖息地面积和成熟个体数持续性衰退。

濒危原因

立地生境要求特殊，风把种子带到理想生境的概率极小。人为影响导致山林群落的演替，使该种适宜的生境稀少。

应用价值

花期持久，适于公园和庭院、室内栽种，具有极高的观赏价值。

保护现状

已开展繁育技术研究。厦门、安徽及上海辰山植物园、国家植物园等地已有引种栽培。

1

冬凤兰（1. 花序）

保护建议

加强就地保护，建立保护区，加强有关法律法规宣传教育，提高民众保护意识。通过杂交育种、市场化、产业体系推动保育和市场需求的双赢，建立可持续发展的产业。

主要参考文献

[1] 陈恒彬,张永田,陈丽云.福建兰花植物资源[J].亚热带植物通讯,1989(01):48-49.

[2] 董晓娜,徐佩玲,陈培,等.冬凤兰组织培养与快繁技术研究[J].热带农业科学,2017,37(10):50-53.

[3] 黄子复.冬凤兰的引种栽培[J].福建果树,1986(01):37-38.

[4] 林浒君.冬凤兰工厂化快速繁殖和移栽技术研究[J].北方园艺,2011(12):116-117.

[5] 罗远华,冷青云,莫饶,等.冬凤兰非共生萌发和低温离体保存[J].安徽农业科学,2008(19):8 068-8 069,8 119.

冬凤兰（2. 花）

国家保护	红色名录	极小种群	华东特有
二级	濒危（EN）		

兰科　兰属

落叶兰

Cymbidium defoliatum Y. S. Wu & S. C. Chen

条目作者

黄卫昌、倪子轶

生物特征

地生，假鳞茎常数个聚生成不规则的根状茎。叶 2~4 枚，带状，斜立或近直立，除中脉在叶面凹陷外，其余均在两面浮凸。总状花序具 2~4 朵花。花小，具香气，色泽变化较大，白色、淡绿色、浅红色、淡黄色或淡紫色均可看到；中萼片近直立，近狭长圆形；侧萼片平展；花瓣近狭卵形，近直立于蕊柱两侧；唇瓣近长圆状卵形，不明显 3 裂；唇盘具 2 条纵褶片。花期 6~8 月。

种群状态

产于福建（南部）、浙江（温州）。生于山坡上，海拔 600~800 m。分布于贵州、四川和云南，中国特有种。红色名录评估为濒危 EN A2c；B1ab(ii,iii,v)，即指本种在 10 年或三个世代内因栖息地减少等因素，种群规模缩小了 50% 以上且仍在持续；分布区不足 5 000 km^2，生境严重碎片化，占有面积、栖息地的面积与范围以及成熟个体数持续性衰退。

濒危原因

人为过度采挖。原生地被开垦为耕地或苗圃，人为活动频繁导致生境被破坏。

应用价值

花朵美丽，花色丰富并具香气，具有较高的园艺观赏价值。

保护现状

已开展繁育技术研究。浙江林学院（现浙江农林大学）、上海辰山植物园、国家植物园等地已有引种栽培。已建立自然保护区，如邵武将石省级自然保护区。

保护建议

加强保护区建立，并与高校等科研单位合作，促进资源的有效保护和合理开发利用。通过杂交育种、市场化、产业体系推动保育和市场需求的双赢，建立可持续发展的产业。

主要参考文献

［1］　柳新红,胡绍庆,周关清,等.浙江兰属植物新记录 [J].浙江林学院学报,1998(03): 3–5.

［2］　吴应祥,陈心启.中国兰属两新种 [J].植物分类学报,1991,29(6): 549–552.

［3］　谢少和.邵武将石省级自然保护区兰科植物多样性及保护利用 [J].福建林业科技,2008(01): 145–149.

落叶兰（生境）

国家保护	红色名录	极小种群	华东特有
二级	易危（VU）		

兰科　兰属

建兰

Cymbidium ensifolium (L.) Sw.

条目作者

黄卫昌、倪子轶

生物特征

地生，假鳞茎卵球形。叶 2~6 枚，带形，有光泽，前部边缘有时有细齿。总状花序具 3~9 朵花。花色泽变化较大，通常为浅黄绿色而具紫色斑，具香气；萼片近狭长圆形；侧萼片常向下斜展；花瓣狭椭圆形，近平展；唇瓣近卵形，略 3 裂；侧裂片直立，多少围抱蕊柱，上面有小乳突；中裂片较大，卵形，外弯，边缘波状，亦具小乳突；唇盘具 2 条纵褶片。花期 6~10 月。

种群状态

产于安徽（广德、宁国、祁门、歙县、绩溪等地）、福建（建阳、上杭、尤溪）、江西（山区广布）、浙江（苍南、庆元、文成、鄞州、余姚等地）。生于疏林下、灌丛中、山谷旁或草丛中，海拔 600~1 800 m。分布于广东、广西、贵州、海南、湖北、湖南、四川、台湾、西藏和云南。柬埔寨、印度、印度尼西亚、日本、老挝、马来西亚、巴布亚新几内亚、菲律宾、斯里兰卡、泰国和越南也有。红色名录评估为易危 VU A4c；B1ab(ii,iii,v)，即指本种在 10 年或三世代内可能因栖息地减少等因素，种群数量将减少 30% 以上，且仍将持续；分布区面积不足 20 000 km²，生境碎片化，占有面积、栖息地面积和成熟个体数持续性衰退。

濒危原因

人为过度采挖。原生地被开垦为耕地或苗圃，人为活动频繁导致生境被破坏。

应用价值

具药用价值，花朵清新高雅并具香气，优良的庭院观赏植物和阳台、客厅、花架的陈设佳品。

保护现状

已开展繁育技术、共生分子机制等方面的研究，并建立了人工栽培基地。发展商业利用和产业化生产。

保护建议

加强就地保护和有关法律法规宣传、教育，提高民众保护意识，禁止盗挖、采挖等违法行为。通过杂交育种、市场化、产业体系推动保育和市场需求的双赢，建立可持续发展的产业。

主要参考文献

［1］陈春.建兰'岭南奇蝶'种子无菌萌发与离体繁殖技术 [J].亚热带农业研究,2016,12(02):125–129.

［2］侯佳,王占义,刘金泉,等.建兰蜜腺的显微结构及释香研究 [J].热带作物学报,2018,39(06):1 108–1 113.

［3］黄佩璐.六个建兰品种的叶绿素荧光特性与园林应用研究 [D].福州:福建农林大学,2016.

［4］向林,陈跃,陈丽萍,等.建兰花发育相关 B、C 和 E 类 MADS–box 基因的表达分析 [J].园艺学报,2018,45(08):1 595–1 604.

［5］杨前宇.兰科菌根真菌多样性研究及其对兰科植物的影响 [D].北京:中国林业科学研究院,2018.

建兰（1. 花期植株和生境；2. 花；3. 花序）

国家保护	红色名录	极小种群	华东特有
二级	无危（LC）		

兰科　兰属

蕙兰

Cymbidium faberi Rolfe

条目作者

黄卫昌、倪子轶

生物特征

地生，假鳞茎不明显。叶 5~8 枚，带形。总状花序具 5~11 朵或更多的花；花浅黄绿色，具香气；萼片近披针状长圆形；花瓣与萼片相似，常略短而宽；唇瓣具紫红色斑，长圆状卵形；侧裂片直立，具小乳突或细毛；中裂片较长，强烈外弯，有明显、发亮的乳突，边缘常皱波状；唇盘具 2 条纵褶片。花期 3~5 月。

种群状态

产于安徽（金寨、铜陵、芜湖、岳西）、福建（芗城、泰宁）、江西（山区广布）、浙江（淳安、临安、龙泉、遂昌、永嘉等地）。生于湿润排水良好的透光处，海拔 700~3 000 m。分布于甘肃、广东、广西、贵州、河南、湖北、湖南、陕西、四川、台湾、云南和西藏。印度北部和尼泊尔也有。

濒危原因

因该种的商业利益巨大，导致野生植株被过度挖掘。人为活动频繁，生境被破坏。

应用价值

色彩艳丽且花色多，花期较长，具香气。可盆栽或供作鲜切花，具有较高的观赏价值。

保护现状

已建立化龙山国家级自然保护区等保护区。已开展繁育技术研究和应用。浙江林业学校、上海辰山植物园、国家植物园等已有引种栽培。

保护建议

加强执法力度和宣传、教育，提高保护级别与受关注度。就地建立保护区。通过杂交育种、市场化、产业体系推动保育和市场需求的双赢，建立可持续发展的产业。

主要参考文献

［1］付秀芹,周海琳,方中明,等.蕙兰组培快繁体系的研究 [J].北方园艺,2018(24):104–109.

［2］梁红艳,姜效雷,孔玉华,等.气候变暖背景下春兰和蕙兰的适生区分布预测 [J].生态学报,2018,38(23):8 345–8 353.

［3］宋要强,蒲小龙,袁海龙,等.化龙山保护区兰科植物调查和保护 [J]. 陕西农业科学, 2019, 65(03): 91−94, 104.

［4］熊小萍,向继云,鲁才员,等.余姚野生兰花种质资源调查 [J]. 浙江林业科技, 2011, 31(04): 35−39.

［5］张昃.采挖野生蕙兰是否符合非法采伐国家重点保护植物罪的客观要件 [J]. 人民检察, 2018(14): 49−50.

蕙兰（1.花期植株；2.花序；3.花序正面；4.花序背面）

国家保护	红色名录	极小种群	华东特有
二级	易危（VU）		

兰科　兰属

多花兰

Cymbidium floribundum Lindl.

条目作者

黄卫昌、倪子轶

生物特征

附生，**假鳞茎**近卵球形。叶通常 5~6 枚，带形，坚纸质，先端钝或急尖，中脉较侧脉更为凸起。花较密集；萼片与花瓣红褐色或偶见绿黄色，极罕灰褐色；萼片狭长圆形；花瓣狭椭圆形，萼片近等宽；**唇瓣**白色近卵形，侧裂片与中裂片上有紫红色斑；侧裂片直立，具小乳突；中裂片稍外弯，亦具小乳突；唇盘上具 2 条纵黄色褶片。花期 4~8 月。

种群状态

产于**福建**（光泽、泰宁、武夷山、延平）、**江西**（山区广布）、**浙江**（黄岩、江山、丽水、武义等地）。生于林中或林缘树上，或溪谷旁透光的岩壁上，海拔 100~3 300 m。分布于广东、广西、贵州、湖北、湖南、四川、台湾、云南和西藏。越南也有。红色名录评估为易危 VU A2cd，即指本种野生种群因分布区、栖息地缩减及开发基建而存在持续衰退，种群规模在 10 年或三个世代内缩小 30% 以上。

濒危原因

人为活动频繁，炸山修路、耕地扩张导致生境受到威胁。

应用价值

株丛丰茂，叶质稍厚且柔润有光泽，着花繁密，花色红艳，抗逆性强，易于栽培，具较高的园林应用和观赏价值。

保护现状

上海辰山植物园、国家植物园、湖南师范大学等已有引种栽培。已开展濒危原因、人工繁殖及园林应用等研究。

保护建议

建立种质资源保存基地，开展种质资源调查、搜集、栽培和保育工作。加大执法力度，加强宣传教育。通过杂交育种、市场化、产业体系推动保育和市场需求的双赢，建立可持续发展的产业。

主要参考文献

［1］陈恒彬,张永田,陈丽云.福建兰花植物资源 [J].亚热带植物通讯,1989(01):48-49.

［2］李敏.江西原产花卉考 [J].江西园艺,2004(02):33-34.

［3］刘克明,刘林翰,胡光万.湖南野生兰花资源的开发利用及其保护与发展 [J].湖南师范大学自然科学学报,1999(01):3-5.

［4］王郑昊,赵琦,王传光,等.多花兰种子繁育技术研究 [J].山东林业科技,2013,43(01):22-24,71.

［5］吴梅.多花兰的组培繁殖 [J].四川林勘设计,2006(03):60-61.

多花兰 (1.花序;2.生境;3.植株;4.假鳞茎;5.花和花序;6.花部细节;7.果)

国家保护	红色名录	极小种群	华东特有
二级	易危（VU）		

兰科　兰属

春兰

Cymbidium goeringii (Rchb. f.) Rchb. f.

条目作者

黄卫昌、倪子轶

生物特征

地生，假鳞茎较小，卵球形。叶4~7枚，带形，通常较短小。花序具单朵花，极罕2朵。花色泽变化较大，绿色或淡褐黄色而有紫褐色脉纹，具香气；萼片近长圆形；花瓣倒卵状椭圆形；唇瓣近卵形，不明显3裂；侧裂片直立，具小乳突，在内侧靠近纵褶片处各1个肥厚的皱褶状物；中裂片较大，强烈外弯，具乳突，边缘略波状；唇盘具2条纵褶片。花期1~3月。

种群状态

产于安徽（大别山区、皖南山区）、福建（安溪、南靖、顺昌、延平）、江苏（常熟、宜兴）、江西（山区广布）、浙江（安吉、德清、杭州、丽水、舟山等地）。生于多石山坡、林缘、林中透光处，海拔300~2 200 m，在台湾可上升到3 000 m。分布于甘肃、广东、广西、贵州、河南、湖北、湖南、陕西、四川、台湾和云南。不丹、印度西北部、日本和朝鲜半岛也有。红色名录评估为易危 VU A4c；B1ab(iii)，即指本种在10年或三个世代内可能因栖息地减少等因素种群数量将减少30%以上，且仍将持续；分布区面积不足20 000 km²，生境碎片化，栖息地面积、范围持续性衰退。

濒危原因

人为活动频繁，炸山修路、耕地扩张导致生境受到威胁；受市场利益驱使，导致盲目过度采挖。

应用价值

根、叶、花均可入药，具药用价值。作为室内观赏用，开花时有特别幽雅的香气，为室内布置的佳品，有观赏价值。

保护现状

已开展繁育技术的研究，并建立了人工栽培基地。发展商业利用和产业化生产。

保护建议

建立种质资源保存基地，开展种质资源调查、搜集、栽培和保育工作。通过杂交育种、市场化、产业体系推动保育和市场需求的双赢，建立可持续发展的产业。对非法采挖加大执法力度，加强宣传教育。

主要参考文献

［1］陈君梅,宋军阳,韩王亚,等.秦岭野生春兰和蕙兰的形态多样性研究 [J].西北农林科技大学学报:自然科学版,2017,45(02):143-150.

［2］洪霞,米敏,刘也楠,等.国兰组织培养研究进展 [J].安徽农业科学,2018,46(24):20-22.

［3］孙叶,包建忠,刘春贵,等.中国兰人工育种研究进展及产业发展的思考 [J].江苏农业科学,2016,44(03):1-4.

［4］王晓英,张林,李承秀,等.春兰授粉和种子无菌萌发研究 [J].农学学报,2017,7(01):69-72.

［5］熊小萍,向继云,鲁才员,等.余姚野生兰花种质资源调查 [J].浙江林业科技,2011,31(04):35-39.

［6］闫忠林,于文海.观赏植物春兰人工栽培技术 [J].中国林副特产,2012 (03):48-49.

春兰（1. 生境；2. 植株；3. 花）

国家保护	红色名录	极小种群	华东特有
二级	易危（VU）		

兰科　兰属

寒兰

Cymbidium kanran Makino

条目作者

黄卫昌、倪子轶

生物特征

地生，**假鳞茎**狭卵球形。**叶** 3~5 枚，带形，薄革质，暗绿色，略有光泽。总状**花序**疏生 5~12 朵花。花淡黄绿色，也有其他色泽，具浓烈香气；萼片近线状狭披针形，先端渐尖；花瓣狭卵形，**唇瓣**淡黄色，近卵形，不明显的 3 裂；侧裂片直立，多少围抱蕊柱，具乳突状短柔毛；中裂片较大，外弯，具乳突状短柔毛，边缘稍有缺刻；唇盘具 2 条纵褶片。花期 8~12 月。

种群状态

产于**安徽**（金寨、铜陵）、**福建**（建阳、平和、顺昌）、**江西**（山区广布）、**浙江**（景宁、松阳、遂昌、鄞州、余姚等地）。生于林下、溪谷旁或稍荫蔽、湿润、多石之土层上，海拔 400~2 400 m。分布于广东、贵州、海南、湖南、四川、台湾、西藏和云南。朝鲜群岛和日本也有。红色名录评估为易危 VU A2cd，即指本种野生种群因分布区、栖息地缩减及开发基建而存在持续衰退，种群规模在 10 年或三个世代内缩小 30% 以上。

濒危原因

人为活动频繁，炸山修路、耕地扩张导致生境受到威胁；受市场利益驱使，导致盲目过度采挖。

应用价值

株形健美，叶姿俊秀，花色瑰丽多变，香味浓烈，具观赏价值。

保护现状

已开展繁育技术的研究，并建立了人工栽培基地。发展商业利用和产业化生产。

保护建议

建立保护区，开展不同地域野生寒兰的遗传变异和遗传结构方面的研究。通过杂交育种、市场化、产业体系推动保育和市场需求的双赢，建立可持续发展的产业。

主要参考文献

［1］段艳岭,范义荣,敖素燕,等.寒兰种质资源表型性状多样性分析 [J].中国农学通报,2014,30(16):143-147.

［2］黄海翔.中国兰花经济价值与文化价值研究 [D].福州:福建农林大学,2012.

［3］李春华,李柯澄.国兰种苗繁殖与温室生产 [J].中国花卉园艺,2018(04):20-25.

［4］凌晓祺.国兰花期调控与组培快繁技术优化的研究 [D].杭州:浙江大学,2016.

［5］杨静秋.江西省野生寒兰分布和保护现状 [J].南方农业,2017,11(27):40-41.

寒兰（1. 花序；2. 绿色型花；3. 生境和花期植株；4. 紫色型花）

国家保护	红色名录	极小种群	华东特有
	无危（LC）		

兰科　兰属

兔耳兰

Cymbidium lancifolium Hook.

条目作者

黄卫昌、倪子轶

生物特征

半附生，假鳞茎近扁圆柱形，顶端聚生 2~4 枚叶。叶倒披针状长圆形，先端渐尖，上部边缘有细齿。花序具 1~6 朵花，或具更多的花。花白色至淡绿色，花瓣上有紫栗色中脉；萼片倒披针状长圆形；花瓣近长圆形；唇瓣具紫栗色斑，近卵状长圆形，稍 3 裂；侧裂片直立，多少围抱蕊柱；中裂片外弯；唇盘具 2 条纵褶片。花期 5~8 月。

种群状态

产于福建（南靖、上杭、永泰）、浙江（龙泉、泰顺、文成）。生于疏林下、竹林下、林缘、阔叶林下或溪谷旁的岩石上、树上或地上，海拔 300~2 200 m。分布于广东、广西、贵州、海南、湖南、四川、台湾、西藏和云南。不丹、柬埔寨、印度、印度尼西亚、日本、老挝、马来西亚、缅甸、尼泊尔、巴布亚新几内亚、泰国和越南也有。

濒危原因

人为活动频繁，炸山修路、耕地扩张导致生境受到威胁；受市场利益驱使，导致盲目过度采挖。

应用价值

全草入药，具药用价值。叶形奇特，花朵秀雅，具栽培、园艺观赏价值。

保护现状

已建立保护区开展繁育技术的研究，并建立了人工栽培基地。发展商业利用和产业化生产。

保护建议

建立种质资源保存基地，开展种质资源调查、搜集、栽培和保育工作。对非法采挖加大执法力度，加强宣传教育。通过杂交育种、市场化、产业体系推动保育和市场需求的双赢，建立可持续发展的产业。

主要参考文献

［1］邓朝仪．贵州兰属植物资源 [J]. 植物杂志，1994(06): 15–16.

［2］ 黄广宾，俸宇星.兔耳兰 [J]. 广西植物，1993(04): 295–296.

［3］ 黄智明.广东南昆山野生花卉资源 (四)——种类丰富的兰科植物续报 [J]. 广东园林，1991(03): 14–16.

［4］ 田英翠，杨柳青.兔耳兰组织培养快繁技术研究 [J]. 江苏农业科学，2007(02): 106–108.

［5］ 赵运林.湖南兰科兰属植物的研究 [J]. 湘潭师范学院学报：社会科学版，1992(06): 46–51.

兔耳兰（1.花期植株；2.果）

国家保护	红色名录	极小种群	华东特有
二级	易危（VU）		

兰科　兰属

墨兰

Cymbidium sinense (Andrews) Willd.

条目作者

黄卫昌、倪子轶

生物特征

地生，**假鳞茎**卵球形。**叶** 3~5 枚，带形，近薄革质，暗绿色，有光泽。总状**花序**具 10~20 朵或更多的花。**花**的色泽变化较大，暗紫色或黄绿色、桃红色或白色，具较浓香气；**萼片**狭长圆形；花瓣近狭卵形；**唇瓣**近卵状长圆形，不明显 3 裂；侧裂片直立，多少围抱蕊柱，具乳突状短柔毛；中裂片较大，外弯，具乳突状短柔毛，边缘略波状；唇盘具 2 条纵褶片。花期 10 月至翌年 3 月。

种群状态

产于**安徽**（广德、铜陵、宣城）、**福建**（全省广布）、**江西**（资溪、井冈山、遂川）。生于林下、灌木林中或溪谷旁湿润但排水良好的荫蔽处，海拔 300~2 000 m。分布于广东、广西、贵州、海南、四川、台湾和云南。印度、日本、缅甸、泰国和越南也有。红色名录评估为易危 VU A2cd；B1ab(iii,v)，即指本种野生种群因分布区、栖息地缩减及开发基建而存在持续衰退，种群规模在 10 年或三个世代内缩小 30% 以上；分布区不足 20 000 km^2，生境碎片化，栖息地面积、范围和成熟个体数量持续性衰退。

濒危原因

人为活动频繁，炸山修路、耕地扩张导致生境受到威胁；受市场利益驱使，导致盲目过度采挖。

应用价值

株形挺拔，花形高雅，香味浓郁，具较高的园艺观赏价值。

保护现状

已建立保护区，已开展繁育技术的研究，并建立了人工栽培基地。针对花香开展了精油成分研究，发展商业利用和产业化生产。

保护建议

建立种质资源保存基地，开展种质资源调查、搜集、栽培和保育工作。对非法采挖加大执法力度，加强宣传、教育。通过杂交育种、市场化、产业体系推动保育和市场需求的双赢，建立可持续发展的产业。

主要参考文献

［1］ 程芬芳,陈新荣,陈莹莹,等.墨兰的组织培养研究进展 [J].黑龙江农业科学,2015(03): 155-159.

［2］ 郭仁德.国兰栽培技术研究 [J].吉林蔬菜,2019(01): 48-49.

［3］ 郭晓芳.墨兰——中国传统美学文化于绘画艺术中的体现 [D].中国美术学院,2017.

［4］ 李杰.墨兰'小香'花蕾的精油成分分析 [A].中国园艺学会观赏园艺专业委员会、国家花卉工程技术研究中心.中国观赏园艺研究进展2015[C].中国园艺学会观赏园艺专业委员会、国家花卉工程技术研究中心:中国园艺学会,2015:5.

［5］ 许申平,袁秀云,王默霏,等.墨兰 (*Cymbiduim sinense*) 组培快繁技术体系研究 [J].热带作物学报,2018,39(05): 926-930.

墨兰（1. 花冠正面；2. 植株与生境；3. 花部细节；4. 花序和花）

国家保护	红色名录	极小种群	华东特有
二级	濒危（EN）		

兰科 杓兰属

紫点杓兰

Cypripedium guttatum Sw.

条目作者

黄卫昌、倪子轶

生物特征

地生，**根状茎**细长而横走，顶端具叶。**叶** 2 枚，对生，罕见 3 枚互生，椭圆形，背面脉上疏被短柔毛或近无毛。单花**花序**顶生。**花**白色，具淡紫红色或淡褐红色斑；中萼片卵状椭圆形，背面基部微柔毛；合萼片狭椭圆形，先端 2 浅裂；花瓣近匙形或提琴形，先端近浑圆，内表面基部具毛；**唇瓣**深囊状，钵形，具宽阔的囊口，囊底有毛；花期 5~7 月。

种群状态

产于**山东**（崂山）。生于林下、**灌丛**中或草地上，海拔 500~4 000 m。分布于河北、黑龙江、吉林、辽宁、内蒙古、宁夏、陕西、山西、四川、西藏和云南。不丹、朝鲜半岛、俄罗斯远东地区及西伯利亚、欧洲和北美也有。红色名录评估为濒危 EN A2ac，即指直接观察到本种野生种群因分布区、栖息地缩减而存在持续衰退，种群规模在 10 年或三个世代内缩小 50% 以上。

濒危原因

地带局限性很强，分布范围狭窄，种群和分布区域受人为开发和城市扩张影响。以医药、园艺用途为目的的过度采集。

应用价值

花色鲜艳，花形奇特，具有很高的观赏价值。

保护现状

已建立河北、云南等地自然保护区，开展离体繁殖等人工繁育技术研究。

保护建议

确定保护核心区，重点保护，确保植株个体数量，加强管控和监察，严防各类入山人员乱采滥挖及牛羊践踏现象的发生。扩大引种栽培，用栽培代替野生，减少对珍贵野生资源的依赖。

主要参考文献

［1］黄家林，胡虹. 紫点杓兰的离体繁殖 [J]. 植物生理学通讯，2002(01): 42.

［2］ 李云,张仲举.六盘山自然保护区生物多样性的研究 [J].宁夏农林科技,2013,54(08):24-26.

［3］ 宋义凤,杨会民.黑龙江省观赏植物资源及利用 [J].国土与自然资源研究,2002(01):79-80.

［4］ 赵焕生.小五台山自然保护区紫点杓兰分布现状及保护对策 [J].河北林业科技,2014(01):68-69.

［5］ 赵欣宇,缪福俊,李璐,等.云南杓兰和紫点杓兰菌根真菌 rDNA ITS 序列及共生专一性分析 [J].西部林业科学,2014,43(03):57-61.

紫点杓兰（1.花冠；2.花冠侧面；3.植株；4.果实）

国家保护	红色名录	极小种群	华东特有
二级	无危（LC）		

兰科　杓兰属

扇脉杓兰

Cypripedium japonicum Thunb.

条目作者

黄卫昌、倪子轶

生物特征

地生，**根状茎**细长而横走，顶端具叶。**叶**2枚，近对生，罕见3枚互生，扇形，两面近基部均被长柔毛，边缘具细缘毛。单花**花序**顶生；花俯垂；萼片淡黄绿色，基部具紫色斑点；中萼片狭椭圆形；合萼片先端2浅裂；花瓣淡黄绿色，斜披针形，内表面基部具长柔毛；**唇瓣**淡黄绿色至淡紫白色，具紫红色斑点和条纹，下垂，囊状，近倒卵形；囊口略狭长，具凹槽呈波浪状齿缺。花期4~5月。

种群状态

产于**安徽**（金寨、潜山、歙县、休宁、岳西等地）、**江西**（崇义、井冈山、庐山、上犹）、**浙江**（安吉、临安、淳安）。生于林下、灌木林下、林缘、溪谷旁、荫蔽山坡等湿润和腐殖质丰富的土壤上，海拔 1 000~2 000 m。分布于甘肃、贵州、湖北、湖南、陕西和四川。日本也有。

濒危原因

由于盗采、盗挖与生境的破坏，导致其分布范围缩小，加之扇脉杓兰的传粉属于无回报的欺骗型传粉，受粉率普遍偏低。种子萌发率极低的特性及生境的片段化使得有效散播的距离极其有限，因此在人为破坏下，其数量十分稀少。

应用价值

花色鲜艳，花形奇特，具有很高的观赏价值。

保护现状

已建立自然保护区，包括湖北七姊妹山、湖南八大公山的国家级自然保护区，贵州大沙河省级自然保护区。

保护建议

实施就地保护和迁地保护策略。采用人工授粉以提高野外结实率。开展组织培养、快速繁殖技术研究，开展再引入技术对扇脉杓兰的居群进行复壮。

主要参考文献

［1］兰德庆，刘盼，刘虹，等.花舞者——扇脉杓兰[J].生物资源，2018，40(02)：192.

［2］李全健,王彩霞,田敏,等.浙江扇脉杓兰野生居群的表型性状变异及其与地理－土壤养分因子的相关性[J].植物资源与环境学报,2012,21(02):45-52.

［3］李星霖.东亚特有珍稀兰科植物扇脉杓兰的遗传多样性与谱系地理学研究[D].上海:华东师范大学,2014.

［4］闫晓娜,田敏,王彩霞,等.野生扇脉杓兰植株生长特性及大孢子超微结构的研究[J].植物研究,2016,36(06):838-845.

［5］颜凤霞,李乔明,冯育才,等.贵州野生扇脉杓兰居群的物种多样性[J].贵州农业科学,2016,44(03):165-167.

扇脉杓兰（1.生境；2.花期植株；3.花冠；4.花冠侧面；5.花冠背面；6.果实）

国家保护	红色名录	极小种群	华东特有
二级	濒危（EN）		

兰科　杓兰属

大花杓兰

Cypripedium macranthos Sw.

条目作者

黄卫昌、倪子轶

生物特征

地生，**根状茎粗短**，具 3~4 枚叶。**叶片椭圆形**，先端渐尖，边缘有细缘毛。单花**花序**顶生，极罕 2 花；花大，紫色、红色或粉红色，具暗色脉纹，极罕白色；中萼片宽卵状椭圆形；合萼片卵形，先端 2 浅裂；花瓣披针形，先端渐尖，内表面基部具长柔毛；**唇瓣深囊状**，近球形；囊口较小，囊底有毛。花期 6~7 月。

种群状态

产于**山东**。生于林下、林缘或草坡上腐殖质丰富和排水良好区域，海拔 400~2 400 m。分布于河北、黑龙江、吉林、辽宁、内蒙古和台湾。朝鲜半岛、日本、俄罗斯也有。红色名录评估为濒危 EN A3c，即指本种在 10 年或三个世代内因栖息地减少等因素，种群数量将减少 50% 以上。

濒危原因

自然生长环境要求较严格，分布范围小。人类为经济和观赏目的而进行的大量无序采挖活动。

应用价值

花形奇特，花色多样、艳丽，具有很高的观赏价值。

保护现状

已建立自然保护区，已开展人工繁殖及其应用的研究。

保护建议

加强生境保护，开展就地保护和监测；加强宣传教育，提高社会公众保护生物多样性的自觉意识，注重科研院所与高校合作研究，加强科研攻关，进行大花杓兰植物传粉、种子扩散等机理研究。

主要参考文献

［1］付亚娟, 乔洁, 侯晓强. 珍稀濒危药用植物大花杓兰的研究现状 [J]. 江苏农业科学, 2015, 43(10): 328–331.

［2］纪玉山, 孙立娟, 王红. 敦化地区大花杓兰资源调查及人工栽培技术研究 [J]. 特种经济动植物, 2017, 20(12): 22–24.

［3］景袭俊, 胡凤荣. 兰科植物研究进展 [J]. 分子植物育种, 2018, 16(15): 5 080–5 092.

［4］刘景强. 濒危植物大花杓兰的野外生存现状调查与保护对策 [J]. 防护林科技, 2016(12): 67, 78.

［5］ 孙叶迎，陈丽飞，刘树英，等.长白山区不同花色杓兰属植物遗传多样性的 ISSR 分析 [J]. 西北农林科技大学学报：自然科学版，2014，42(09): 137-143.

大花杓兰（1. 花冠；2. 花期植株；3. 花冠侧面；4. 果实）

国家保护	红色名录	极小种群	华东特有
	易危（VU）		

兰科　肉果兰属

直立山珊瑚

Cyrtosia falconeri (Hook. f.) Aver.

条目作者

黄卫昌、倪子轶

生物特征

　　菌根异养植物，**茎**直立，黄棕色，高 1 m 以上，下部近无毛，上部疏被锈色短毛。圆锥**花序**由顶生与侧生总状花序组成；总状花序基部的不育苞片狭卵形。**花黄色**；萼片椭圆状长圆形，背面密被锈色短茸毛；**唇瓣**宽卵形，凹陷，下部两侧多少围抱蕊柱，近基部处变狭并缢缩而形成小囊，边缘有细流苏与不规则齿，内面密生乳突状毛。花期 6~7 月。

种群状态

　　产于**安徽**（金寨）、**浙江**（淳安、莲都、遂昌）。生于林中透光处、竹林下、阳光强烈的伐木迹地，海拔 800~2 300 m。分布于湖南、湖北、广东、西藏和台湾。不丹、印度、泰国也有。红色名录评估为易危 VU B2ac(ii,iii,iv)，即指本种占有面积不足 2 000 km²，生境破碎化，占有面积、亚种群数量和成熟个体数在短期内发生极端波动。

濒危原因

　　分布狭窄，人为山地开发，生态环境被破坏。

应用价值

　　对于菌根异养兰科植物的生理生态与系统演化具有科学研究价值。

保护现状

　　已建立广东南岭国家级自然保护区，开展营养需求等方面的科学研究。

保护建议

　　建立自然保护区，加强就地保护，加强有关法律法规宣传教育，提高民众保护意识。

主要参考文献

［1］胡一民. 安徽省兰科植物资源、栽培历史、保育和可持续利用对策 [J]. 安徽林业科技, 2009(02): 11–15.

［2］孙悦, 李标, 郭顺星. 腐生型兰科植物研究进展 [J]. 广西植物, 2017, 37(02): 191–203.

［3］田怀珍,陈林,邢福武.广东南岭国家级自然保护区兰科植物物种多样性及其保护[J].生物多样性,2013,21(02):224-234.

［4］杨林森,王志先,王静,等.湖北兰科植物多样性及其区系地理特征[J].广西植物,2017,37(11):1 428-1 442.

［5］翟俊文,彭东辉,邓传远,等.台湾岛和海南岛兰科植物区系特征比较[J].植物资源与环境学报,2016,25(04):87-95,109.

直立山珊瑚（1.生境；2.花序；3.花冠；4.果序）

国家保护	红色名录	极小种群	华东特有
	易危（VU）		

兰科　肉果兰属

血红肉果兰

Cyrtosia septentrionalis (Rchb. f.) Garay

条目作者

黄卫昌、倪子轶

生物特征

腐生，**根状茎**粗壮，近横走。**花序**顶生和侧生；侧生总状花序具 4~9 朵花。**花**黄色，多少带红褐色；萼片椭圆状卵形，背面密被锈色短茸毛；花瓣与萼片相似，略狭，无毛；**唇瓣**近宽卵形，短于萼片，边缘有不规则齿缺或呈啮蚀状，内面沿脉上有毛状乳突或偶见鸡冠状褶片。花期 5~7 月。

种群状态

产于**安徽**（金寨、岳西）、**浙江**（景宁、临安、遂昌、泰顺）。生于林下，海拔 1 000~1 300 m。分布于河南、湖南和云南。琉球群岛也有。红色名录评估为易危 VU B2ab(ii,iii,v)，即指本种占有面积不足 2 000 km²，生境碎片化，占有面积、栖息地的面积和成熟个体数均持续性衰退。

濒危原因

分布狭窄，人为山地开发，生态环境被破坏。

应用价值

作为特殊生态类型的菌异养兰花，具生态及演化生物学研究价值。

保护现状

已开展对该种授粉机理的研究。

保护建议

建立自然保护区，加强就地保护，建立保护区加强有关法律法规宣传教育，提高民众保护意识。

主要参考文献

［1］ SUETSUGU K. Autogamous fruit set in a mycoheterotrophic orchid Cyrtosia septentrionalis[J]. Plant Systematics and Evolution, 2013, 299(3): 481–486.

［2］ 谭运洪, 李剑武, 刘强, 等. 云南省兰科植物新记录 [J]. 植物资源与环境学报, 2014, 23(01): 119–120.

血红肉果兰（1.生境与花期植株；2.花；3.果实；4.果序）

国家保护	红色名录	极小种群	华东特有
二级	未评估		

兰科 石斛属

黄石斛

Dendrobium catenatum Lindl. (=*D. officinale* Kimura & Migo, *D. huoshanense* C. Z. Tang & S. J. Cheng)

条目作者

黄卫昌、倪子轶

生物特征

附生，茎直立，圆柱形，具多节，中部以上互生 3~5 枚叶。叶二列，纸质，长圆状披针形，边缘和中肋常带淡紫色。总状花序，具 2~3 朵花，具香气；萼片和花瓣黄绿色，长圆状披针形；侧萼片基部较宽阔；萼囊圆锥形，末端圆形；唇瓣白色，基部具 1 个绿色或黄色的胼胝体，卵状披针形，中部反折，先端急尖，不裂或不明显 3 裂，中部以下两侧具紫红色条纹，边缘多少波状；唇盘密布细乳突状的毛，并且在中部以上具 1 个紫红色斑块。花期 3~6 月。

种群状态

产于安徽（大别山区）、福建（武夷山）、浙江（临安、鄞州、象山、洞头、永嘉等地）。生于山地半阴湿的岩石上，海拔 1 600 m。分布于广西、四川、台湾和云南。日本也有。

濒危原因

声称药用价值较高，导致常年遭人为过度采挖。

应用价值

花姿优雅，玲珑可爱，花色鲜艳，具淡香，具有极高的观赏价值。

保护现状

已建立种子生产、组织培养和设施栽培等人工繁育关键技术体系，并应用于生产。

保护建议

建立种质资源保存基地，种质资源调查、搜集、栽培和保育工作。通过杂交育种、市场化、产业体系推动保育和市场需求的双赢，建立可持续发展的产业。对非法采挖加大执法力度，加强宣传教育。

主要参考文献

［1］曹永康.朱家山国家森林公园铁皮石斛林下仿野生种植技术 [J]. 安徽农学通报, 2018, 24(24): 25-26.

[2] 邓云贵.铁皮石斛种苗繁育及栽培技术 [J].农业与技术,2018,38(24):145.

[3] 李朝锋,张向军,陈晨,等.广西铁皮石斛产业发展现状及对策 [J].现代农业科技,2019(06):57-59.

[4] 李泽生,李桂琳,白燕冰,等.铁皮石斛仿野生栽培技术规程 [J].中国热带农业,2017(05):62-67.

[5] 田明,房军.中国保健食品原料管理基本现状及改进建议 [J].食品与机械,2019,35(01):12-14,119.

黄石斛（1.植株与生境；2.花序；3.花期植株；4.花冠；5.枝叶）

国家保护	红色名录	极小种群	华东特有
二级	近危（NT）		

兰科　石斛属

重唇石斛

Dendrobium hercoglossum Rchb. f.

条目作者

黄卫昌、倪子轶

生物特征

附生，茎下垂，圆柱形，具少数至多数节。**叶**薄革质，狭长圆形，先端钝且不等侧 2 圆裂。总状**花序**具 2~3 朵花；花开展，具香气；中萼片淡粉红色，卵状长圆形；侧萼片稍斜卵状披针形，与中萼片等大，萼囊短；**花瓣**淡粉红色，倒卵状长圆形；**唇瓣**白色，直立，长约 1 cm，分前后唇；后唇半球形，前端密生短流苏，内面密生短毛；前唇淡粉红色，较小，三角形，先端急尖，无毛。花期 5~6 月。

种群状态

产于**安徽**（霍山）、**江西**（资溪、龙南、全南）。生于山地密林中树干上和山谷湿润岩石上，海拔 590~1 260 m。分布于广东、广西、贵州、海南、湖南和云南。老挝、马来西亚、泰国和越南也有。

濒危原因

生境狭窄，自然繁殖率低；长期以来，因其药用价值野生植株遭到过度采挖。

应用价值

花色鲜艳，具淡香，具有较高的观赏价值。

保护现状

已建立广西雅长兰科自然保护区，开展组织培养、种子繁殖等人工繁殖技术研究。

保护建议

建立种质资源保存基地，种质资源调查、搜集、栽培和保育工作。对非法采挖加大执法力度，加强宣传教育。

主要参考文献

［1］ 龚建英，王华新，龙定建，等. 我国石斛属植物资源及其主要种类观赏特性 [J]. 江苏农业科学，2015, 43(10): 233–235, 261.

［2］ 李振坚，元秀萍，王雁，等. 重唇石斛传粉生物学与显微动态研究 [J]. 西北植物学报，2009, 29(09): 1 804–1 810.

［3］ 林少芳. 广西雅长兰科自然保护区石斛属植物种质资源及美花石斛内生真菌研究 [D]. 南宁：广西大学，2008.

［4］ 刘勇，刘贤旺. 重唇石斛种子试管苗培养简报 [J]. 江西中医学院学报，2004(01): 54.

[5] 王一诺,李林轩,韦莹,等.不同浓度激素配比对重唇石斛组织培养的影响 [J].北方园艺,2016(10):148-151.

重唇石斛（1.生境；2.花序 ）

国家保护	红色名录	极小种群	华东特有
二级	数据缺乏（DD）		

兰科　石斛属

细茎石斛

Dendrobium moniliforme (L.) Sw.

条目作者

黄卫昌、倪子轶

生物特征

附生，茎直立，细圆柱形，具多节。叶数枚，二列，互生，披针形或长圆形，先端钝并且稍不等侧 2 裂。总状花序 2 至数个，具 1~3 朵花。花黄绿色、白色，具香气；萼片卵状长圆形；侧萼片基部歪斜而贴生于蕊柱足；萼囊圆锥形；花瓣稍宽；唇瓣白色、淡黄绿色，带紫红色至浅黄色斑块，卵状披针形，基部楔形，3 裂；唇盘在两侧裂片之间密布短柔毛，近中裂片基部具 1 个紫红色或浅黄色斑块。花期 3~5 月。

种群状态

产于安徽（祁门、歙县、休宁等地）、福建（武夷山）、江西（井冈山、靖安、九江、遂川、资溪等地）和浙江（德清、临安、龙泉、泰顺、鄞州等地）。生于阔叶林中树干上或山谷岩壁上，海拔 590~3 000 m。分布于甘肃、广东、广西、贵州、河南、湖南、陕西、四川、台湾和云南。不丹、印度、日本、朝鲜半岛、缅甸、尼泊尔和越南也有。

濒危原因

因自身的药用价值和被作为铁皮石斛的伪品，被过度采挖。

应用价值

全株入药，具有药用价值。株形优雅，花朵美丽，具清香，具有较高的园艺观赏价值。

保护现状

已建立自然保护区，开展组织培养和设施栽培等人工繁育关键技术研究。

保护建议

建立种质资源保存基地，开展种质资源调查、搜集、栽培和保育工作。对非法采挖加大执法力度，加强宣传教育。

主要参考文献

［1］黄晓洁. 不同产地细茎石斛的 HPLC 特征图谱研究及应用 [D]. 广州：广州中医药大学, 2014.
［2］金效华, 黄璐琦. 中国石斛类药材的原植物名实考 [J]. 中国中药杂志, 2015, 40(13): 2 475–2 479.

［3］　林爱英. 福建 3 种野生兰科植物繁殖生物学的初步研究 [D]. 福州：福建师范大学, 2015.

［4］　田雪琪, 张铁. 细茎石斛组织培养研究 [J]. 文山师范高等专科学校学报, 2007(03): 114–116.

［5］　王再花, 涂红艳, 叶庆生. 细茎石斛的快速繁殖和试管开花诱导 [J]. 植物生理学通讯, 2006(06): 1 143–1 144.

细茎石斛（1. 植株；2. 花枝；3. 花－淡红；4. 花－白色）

国家保护	红色名录	极小种群	华东特有
二级	易危（VU）		

兰科　石斛属

剑叶石斛

Dendrobium spatella Rchb. f.

条目作者

黄卫昌、倪子轶

生物特征

附生，茎直立，近木质，扁三棱形。叶二列，斜立，稍疏松地套叠或互生，厚革质，两侧压扁呈短剑状，先端急尖。花序具1~2朵花。花很小，白色；中萼片近卵形；侧萼片斜卵状三角形；萼囊狭窄；花瓣长圆形；唇瓣白色带微红色，贴生于蕊柱足末端，近匙形，前端边缘具圆钝的齿，唇盘中央具3~5条纵贯的脊突。花期3~6月。

种群状态

产于福建（南靖）。生于山地林缘树干上和林下岩石上，海拔200~300 m。分布于广西、海南、香港和云南。不丹、柬埔寨、印度、老挝、缅甸、泰国和越南也有。红色名录评估为易危 VU A2c；B2ab(ii,iii,v)，即指本种在10年或三个世代内因栖息地减少等因素，种群规模缩小了30%以上且仍在持续；占有面积不足 2 000 km²，生境碎片化，占有面积、栖息地面积和成熟个体数持续性衰退。

濒危原因

原生环境遭到人为活动影响，生态被破坏。

应用价值

株形、叶形奇特，花朵小巧可爱，具有观赏价值。

保护现状

已建立自然保护区，引种栽培技术研究。

保护建议

建立种质资源保存基地，开展组织培养和设施栽培等人工繁育关键技术研究。

主要参考文献

［1］李满飞, 徐国钧, 徐珞珊, 等. 中药石斛显微鉴定研究Ⅲ [J]. 南京药学院学报, 1986(03): 183–185, 241–242.

［2］林建丽. 福建省野生石斛属植物分布及生境调查研究 [J]. 林业勘察设计, 2009(02): 13–16.

［3］袁茜, 唐小兰, 宋希强, 等. 海南岛俄贤岭喀斯特地貌野生花卉资源及园林应用 [J]. 热带生物学报, 2016, 7(02): 185–189.

剑叶石斛（1.花枝；2.花冠正面；3.花冠侧面）

国家保护	红色名录	极小种群	华东特有
	易危（VU）		

兰科　火烧兰属

尖叶火烧兰

Epipactis thunbergii A. Gray

条目作者

黄卫昌、倪子轶

生物特征

地生，茎直立。叶 6~8 枚，互生；叶片卵状披针形，先端渐尖或尾状渐尖。总状花序具 3~10 朵花；中萼片卵状椭圆形，先端急尖；侧萼片卵状椭圆形，先端急尖；花瓣宽卵形，稍歪斜，先端急尖；唇瓣上下唇以一极短的关节相连；下唇楔形，两侧各具 1 枚直立的耳状裂片；上唇匙形，先端近圆形，边缘稍呈波状，在近基部有 4~5 条鸡冠状突起直贯下唇，外侧的 2 条较短。花期 6~7 月。

种群状态

产于浙江（临海、景宁、青田、天台）。生于山坡灌丛中、草丛中、河滩阶地或冲积扇等处。日本和朝鲜半岛也有。红色名录评估为易危 VU A2c，即指本种在 10 年或三世代内因栖息地减少等因素，种群规模缩小了 30% 以上，且仍在持续。

濒危原因

分布狭窄，山地人为开发，生态环境被破坏。

应用价值

花朵美丽，具观赏价值。

保护现状

华东分布区域已建立浙江省景宁望东垟高山湿地自然保护区、大仰湖湿地群自然保护区。

保护建议

深入开展野生种群调查与监测工作，同时加快引种驯化过程中的组织培养等关键技术研发。

主要参考文献

［1］ CHUNG M Y, CHUNG M G. Extremely low levels of genetic diversity in the terrestrial orchid Epipactis thunbergii (Orchidaceae) in South Korea: implications for conservation[J]. Botanical Journal of the Linnean Society, 2007, 155(2).

［2］ SUGIURA N. Pollination of the orchid Epipactis thunbergii by syrphid flies (Diptera: Syrphidae)[J]. Ecological Research, 1996, 11(3).

［3］ 刘日林, 梅中海, 谢文远, 等 . 景宁望东垟、大仰湖自然保护区珍稀濒危植物调查 [J]. 浙江林业科技 , 2016, 36(04): 68–74.

尖叶火烧兰（1.花序；2.花期植株；3.蒴果；4.果期植株）

国家保护	红色名录	极小种群	华东特有
	易危（VU）		

兰科　美冠兰属

长距美冠兰

Eulophia dabia (D. Don) Hochr.

条目作者

黄卫昌、倪子轶

生物特征

地生，**假鳞茎**近不规则三角形，横卧地下。**叶** 2~3 枚，线形，先端渐尖。总状**花序**直立，疏生 6~10 朵花。花红色，略张开，开展；萼片长圆形，先端具短尖，侧萼片略斜歪；花瓣近狭倒卵状长圆形，先端具短尖；**唇瓣**宽长圆状倒卵形，3 裂；侧裂片宽卵形，多少围抱蕊柱；中裂片扁圆形；唇盘具 3 条纵褶片，从唇盘上部至中裂片上褶片均分裂成流苏状。花期 4~5 月。

种群状态

产于江**苏**（大丰、东台、南通）。生于草坡或荒地，海拔 100 m 以下。分布于贵州、湖北、湖南、四川和云南。阿富汗、孟加拉国、不丹、印度、克什米尔、尼泊尔、巴基斯坦、塔吉克斯坦、土库曼斯坦、乌兹别克斯坦也有。红色名录评估为易危 VU B2ab(ii,iii,v)，即指本种占有面积不足 2 000 km^2，生境碎片化，占有面积、栖息地的面积和成熟个体数均持续性衰退。

濒危原因

土地开发导致的生境破坏。

应用价值

植株挺拔，花朵艳丽，具观赏价值。

保护现状

未见相关报道。

保护建议

建立种质资源保存基地，开展种质资源调查、搜集、栽培和保育工作。鼓励迁地引种，增加在园林、绿化中的应用。

主要参考文献

［1］ 陈心启，罗毅波．长距美冠兰及其近缘种的研究 [J]．植物分类学报，2002(02)：147–150．

［2］ 黎斌,李思锋,袁永明,等.秦岭种子植物区系新记录 [J].西北植物学报,2013,33(06):1 258−1 261.

［3］ 刘群,徐中福,张明和,等.湖南植物分布新资料 [J].云南师范大学学报:自然科学版,2020,40(05):53−57.

［4］ 许为斌,盘波,梁永延,等.广西植物区系新资料 [J].广西植物,2010,30(04):448−450,537.

长距美冠兰（1.生境；2.花序；3.花冠）

国家保护	红色名录	极小种群	华东特有
	极危（CR）		

兰科　盆距兰属

中华盆距兰

Gastrochilus sinensis Z.H. Tsi

条目作者

黄卫昌、倪子轶

生物特征

附生，茎细长匍匐状。叶绿色带紫红色斑点，二列，互生，椭圆形，先端锐尖并稍3裂。总状花序缩短成伞状，具2~3朵花。花小，开展，黄绿色带紫红色斑点；中萼片近椭圆形；侧萼片长圆形；花瓣近倒卵形；前唇肾形，先端宽凹缺，边缘和上面密布短毛，中央具增厚的垫状物；后唇近圆锥形，末端圆钝且向前弯曲；口缘的前端具宽的凹口，内侧密被髯毛。花期10月。

种群状态

产于福建、江苏、浙江。生于山地林中树干上或山谷岩石上，海拔800~3 200 m。分布于贵州和云南。中国特有种。红色名录评估为极危 CR B1ab(i,iii,v)，即指本种的分布区不足100 km²，生境严重碎片化，分布区、栖息地的面积和成熟个体数持续性衰退。

濒危原因

种群分布狭窄，受城市扩张干扰。

应用价值

花朵小巧玲珑，具观赏价值。

保护现状

有部分种群分布于武夷山自然保护区。

保护建议

加强生境保护，开展就地保护和监测；开展人工繁育技术研究。

主要参考文献

［1］吉占和.兰科植物新分类群[J].植物研究,1989(02):21–31.

［2］覃海宁,杨永,董仕勇,等.中国高等植物受威胁物种名录[J].生物多样性,2017,25(07):696–744.

［3］张春英,洪伟,吴承祯,等.武夷山自然保护区珍稀动植物空间分布特征研究[J].北华大学学报:自然科学版,2009,10(03):258–264.

［4］张玉,李灵,郭进辉,等.武夷山自然保护区兰科植物及区系特点[J].九江学院学报,2008,27(06):61–63,95.

中华盆距兰（1. 生境；2. 花枝；3. 花；4. 植株）

国家保护	红色名录	极小种群	华东特有
	易危（VU）		

兰科　天麻属

南天麻

Gastrodia javanica (Blume) Lindl.

条目作者

黄卫昌、倪子轶

生物特征

菌根异养植物，**根状茎**略肥厚，近圆柱形，具较密的节。**茎**直立，无绿叶。总状**花序**具 4~18 朵花。花浅灰褐色或黄绿色，中脉处有紫色条纹，内面浅褐黄色；萼片和花瓣合生成的花被筒长约 1 cm，近斜卵状圆筒形；花被裂片宽卵状圆形；**唇瓣**以基部的爪贴生于蕊柱足末端；上面有 2 枚胼胝体；唇瓣上部卵圆形。花期 6~7 月。

种群状态

产于福建（武夷山）。生于林下。分布于台湾。日本、印度尼西亚、马来西亚、菲律宾和泰国也有。红色名录评估为易危 VU B2ab(iii)，即指本种占有面积不足 2 000 km²，生境碎片化或分布点不足 10 个，栖息地的面积持续性衰退。

濒危原因

分布范围狭窄。作为多年生异养植物，野生植株生存完全依赖于森林中蜜环菌的存在，独特的生存机制，致使其对生境变化极为敏感。

应用价值

球茎具有很高的药用和保健价值。

保护现状

已纳入全国兰科植物调查范围；已开展人工繁育技术、引种栽培技术研究。

保护建议

进行种质资源调查和鉴定，建立原产地自然保护区。

主要参考文献

［1］丁家玺,陈世丽,周天华.天麻种质资源研究进展 [J].现代农业科技,2017(06):100–101,107.

［2］天萌.杂交天麻引种需知 [J].农家参谋,1998(06):25.

［3］余昌俊,王绍柏,刘雪梅.论天麻种质资源及其保护 [J].中国食用菌,2009,28(02):56–58.

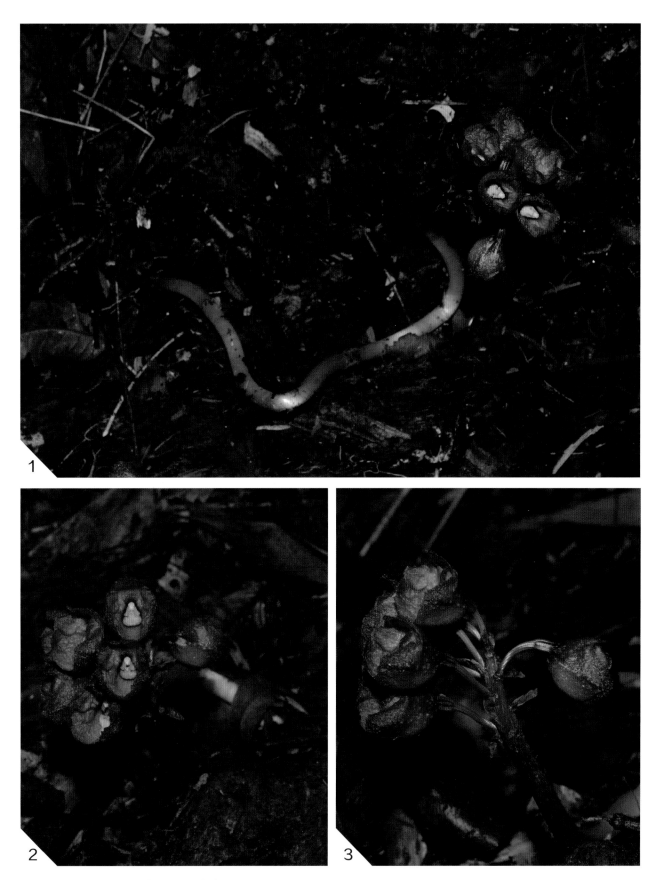

南天麻（1.植株；2.花冠；3.花序）

国家保护	红色名录	极小种群	华东特有
	易危（VU）		

兰科　斑叶兰属

光萼斑叶兰

Goodyera henryi Rolfe

条目作者

黄卫昌、倪子轶

生物特征

地生，茎直立，绿色，具 4~6 枚叶。叶片斜卵形至长圆形，绿色，先端急尖，基部钝。总状花序具 3~9 朵密生的花。花中等大，白色，或略带浅粉红色，半张开；萼片背面无毛，具 1 脉，中萼片长圆形，凹陷，与花瓣黏合呈兜状；侧萼片斜卵状长圆形，凹陷；花瓣菱形；唇瓣白色，卵状舟形，基部囊状，前部舌状，狭长，先端急尖。花期 8~9 月。

种群状态

产于福建（德化）、江西（井冈山、上犹、资溪）、浙江（瑞安、泰顺）。生于林下阴湿处，海拔 400~2 400 m。分布于甘肃、广东、广西、贵州、湖北、湖南、四川、台湾和云南。日本和朝鲜半岛也有。红色名录评估为易危 VU A2c；B1ab(iii,v)，即指本种在 10 年或三个世代内因栖息地减少等因素，种群规模缩小了 30% 以上且仍在持续；分布区不足 20 000 km²，生境碎片化，栖息地面积、范围和成熟个体数量持续性衰退。

濒危原因

受人工林扩张影响，适生环境减少、片段化。家畜在山坡上或林下活动也会影响混生于草丛中该种的生长。

应用价值

暂无相关应用报道。

保护现状

部分区域种群已处在国家级自然保护区保护范围内，斑叶兰属已开展系统学研究。

保护建议

加强生境保护，开展就地保护和监测；开展人工繁育技术研究。

主要参考文献

［1］ 程志全. 福建戴云山国家级自然保护区兰科植物物种多样性及其保护与中国线柱兰属的分类学研究 [D]. 上海 : 华东师范大学, 2015.

［2］蒋明，郭志平，章燕如，等．斑叶兰属7种药用植物rDNA ITS序列的克隆与分析 [J].中草药，2016，47(23)：4 242–4 246.

［3］覃海宁，杨永，董仕勇，等．中国高等植物受威胁物种名录 [J].生物多样性，2017，25(07)：696–744.

［4］张殷波，杜昊东，金效华，等．中国野生兰科植物物种多样性与地理分布 [J].科学通报，2015，60(02)：179–188.

［5］周晓旭．斑叶兰组Sect. Goodyera（兰科）分类学与谱系地理学研究 [D].上海：华东师范大学，2017.

光萼斑叶兰（1.花枝；2.植株；3.花冠正面；4.花冠侧面）

国家保护	红色名录	极小种群	华东特有
	濒危（EN）		

兰科　玉凤花属

小巧玉凤花

Habenaria diplonema Schltr.

条目作者

黄卫昌、倪子轶

生物特征

地生，**块茎**肉质，长圆形；茎纤细，被短柔毛，基部具 2 枚近对生的叶。**叶片**近圆形。总状**花序**具 4~14 朵花。花小，绿色，直立或近直立伸展；中萼片直立，宽卵形；侧萼片反折，斜卵状椭圆形；花瓣直立，斜镰状卵形，基部前侧边缘明显膨大鼓出；**唇瓣**基部之上 3 裂；侧裂片丝状；中裂片线状舌形，先端近急尖。花期 8 月。

种群状态

产于**福建**（地点不详）。生于山坡林下或覆有土的岩石上，海拔 2 800~3 500 m。分布于四川和云南。中国特有种。红色名录评估为濒危 EN B1ab(i,iii,v)，即指本种分布区面积少于 5 000 km²，分布点少于 5 个，且彼此分割，分布区面积、栖息地面积与成熟个体数量持续衰减。

濒危原因

受人工林扩张影响，适生环境减少、片段化。家畜在山坡上或林下活动也会影响该种生长。

应用价值

花朵美丽，具观赏价值。

保护现状

部分种群位于保护区内；已纳入全国兰科植物调查范围。

保护建议

进行种质资源调查和鉴定，建立保护小区。开展人工繁育技术研究。

主要参考文献

［1］张殿波, 杜昊东, 金效华, 等. 中国野生兰科植物物种多样性与地理分布 [J]. 科学通报, 2015, 60(02): 179–188.
［2］张晓龙. 中国野生兰科植物地理分布格局研究 [D]. 太原：山西大学, 2014.
［3］覃海宁, 杨永, 董仕勇, 等. 中国高等植物受威胁物种名录 [J]. 生物多样性, 2017, 25(07): 696–744.

小巧玉凤花（模式标本）

国家保护	红色名录	极小种群	华东特有
	易危（VU）		

兰科　玉凤花属

十字兰

Habenaria schindleri Schltr.

条目作者

黄卫昌、倪子轶

生物特征

地生，**块茎**肉质，长圆形；**茎**圆柱形，具多枚疏生的叶，向上渐小呈苞片状。中下部的**叶** 4~7 枚；叶片线形，先端渐尖。总状**花序**具 10~20 朵花。**花**白色；中萼片卵圆形，直立，凹陷呈舟状，与花瓣靠合呈兜状；侧萼片强烈反折，斜长圆状卵形；花瓣直立，轮廓半正三角形，2 裂；**唇瓣**向前伸，基部线形，近基部的 1/3 处 3 深裂呈"十"字形。花期 7~9 月。

种群状态

产于**安徽**（金寨、岳西）、**福建**（建宁、建阳、武夷山、新罗、延平）、**江苏**（句容、连云港、苏州、宜兴、镇江等地）、**江西**（柴桑、靖安、庐山）、**浙江**（缙云、开化、临安、龙泉、泰顺等地）。生于山坡林下或沟谷草丛中，海拔 240~1 700 m。分布于广东、河北、湖南、吉林、辽宁。日本和朝鲜半岛也有。红色名录评估为易危 VU A2c；B1ab(iii,v)，即指本种在 10 年或三世代内因栖息地减少等因素，种群规模缩小了 30% 以上且仍在持续；分布区不足 20 000 km^2，生境碎片化，栖息地面积、范围和成熟个体数量持续性衰退。

濒危原因

分布范围狭窄，人工林的发展、生境的丧失与片段化、土地利用的改变导致适生环境减少。家畜在山坡上或林下活动也会影响混生于草丛中该种的生长。

应用价值

花形奇特，具观赏价值。

保护现状

部分种群位于保护区内；已纳入全国兰科植物调查范围；已初步开展系统学研究。

保护建议

建立原产地自然保护区。进行迁地保护，开展人工繁育技术研究。

主要参考文献

［1］韩巍, 高鹏, 陈育如. 哈尼湿地野生珍稀濒危观赏植物资源评价体系的初步研究 [J]. 南京师范大学学报 : 工程技术版, 2013, 13(01): 86–92.

［2］郎永生. 长白山区的野生花卉 [J]. 中国花卉园艺, 2012(08): 30–31.

［3］刘林. 十字兰成熟花粉的超微特征 [J]. 园艺学报, 2015, 42(09): 1 831–1 836.

十字兰（1. 生境；2. 花序；3. 花）

国家保护	红色名录	极小种群	华东特有
	近危（NT）		

兰科　舌喙兰属

二叶兜被兰

Hemipilia cucullata (L.) Y. Tang, H. Peng & T. Yukawa

条目作者

黄卫昌、倪子轶

生物特征

地生，茎近直立，基部具 1~2 枚圆筒状鞘，其上具 2 枚近对生的叶。叶近平展，叶片卵形或卵状披针形。总状花序具几朵至 10 余朵花。花紫红色或粉红色；萼片彼此紧密靠合呈兜状；中萼片先端急尖；侧萼片斜镰状披针形；花瓣披针状线形，与萼片贴生；唇瓣向前伸展，上面和边缘具细乳突，基部楔形，3 裂，侧裂片线形，中裂片先端渐狭，端钝。花期 8~9 月。

种群状态

产于安徽（金寨、祁门、歙县）、福建（武夷山）、江西（文献记载，未见标本）、浙江（临安、临海、龙泉、庆元、泰顺）。生于山坡林下或草地，海拔 400~4 100 m。分布于甘肃、贵州、河北、黑龙江、河南、湖北、吉林、辽宁、内蒙古、青海、陕西、山西、四川、西藏和云南。不丹、印度、日本、朝鲜半岛、蒙古、尼泊尔、俄罗斯及欧洲东部也有。

濒危原因

本种虽分布范围广，但各地种群规模很小。生境遭到采挖、放牧、特殊气候等综合因素干扰。

应用价值

花形奇特，具观赏价值。

保护现状

已纳入全国野生兰科植物资源专项调查；部分分布区内已建立保护区，如河北塞罕坝国家级自然保护区、兴隆山国家级自然保护区等；已开展引种栽培技术研究。

保护建议

建立自然保护区，就地保护。建立培育基地，开展人工繁育技术研究。

主要参考文献

［1］孟凡玲. 塞罕坝二叶兜被兰资源调查及引种栽培试验 [J]. 现代园艺, 2019(07): 22-23.

［2］祁军.兴隆山保护区资源本底调查遗漏植物物种 [J]. 甘肃林业科技 , 2013, 38(03): 18–19.

［3］张华海.贵州野生兰科植物地理分布研究 [J]. 贵州科学 , 2010, 28(01): 47–56.

［4］周繇.长白山野生兰花植物资源及其开发利用 [J]. 中国野生植物资源 , 2002, (2): 32–33

二叶兜被兰（1.基生叶；2.植株；3.花序；4.花部特写）

国家保护	红色名录	极小种群	华东特有
	易危（VU）		

兰科　槽舌兰属

短距槽舌兰

Holcoglossum flavescens (Schltr.) Z. H. Tsi

条目作者

黄卫昌、倪子轶

生物特征

附生，茎具数枚密生的叶。叶肉质或厚革质，二列，斜立而外弯，半圆柱形，先端锐尖。总状花序具 1~3 朵花。花开放，萼片和花瓣白色；中裂片椭圆形；侧萼片斜长圆形；花瓣椭圆形；唇瓣白色，3 裂；侧裂片直立，半卵形，内面具红色条纹，先端钝；中裂片宽卵状菱形，先端圆钝，边缘稍波状，基部具 1 个宽卵状三角形的黄色胼胝体。花期 5~6 月。

种群状态

产于福建（建阳）。生于常绿阔叶林中树干上，海拔 1 200~2 000 m。分布于湖北、四川和云南，中国特有种。红色名录评估为易危 VU A2c; B1ab(iii,v)，即指本种在 10 年或三个世代内因栖息地减少等因素，种群规模缩小了 30% 以上且仍在持续；分布区不足 20 000 km²，生境碎片化，栖息地面积、范围和成熟个体数量持续性衰退。

濒危原因

生存环境丧失、生长缓慢、人为过度采挖。

应用价值

形态优雅，叶形清秀，花色艳丽，带有淡雅清香，可植于浅盆或悬挂观赏，十分典雅。

保护现状

华东部分种群位于保护区内；已纳入全国兰科植物调查范围；已开展人工驯化栽培及与生殖有关的生物学特性，开展快繁技术的研究。

保护建议

建立种质资源保存基地，开展组织培养和设施栽培等人工繁育关键技术研究。

主要参考文献

[1]　金效华. 槽舌兰属的系统学研究 [A]. 中国植物学会. 第七届全国系统与进化植物学青年学术研讨会论文摘要集 [C]. 中国植物学会：中国植物学会，2002: 1.

［2］张永田.武夷山兰科植物资源 [J].武夷科学 , 1984, 4(00): 47–50.

［3］周丽, 徐正海, 谭成敏.短距槽舌兰的驯化栽培与快速繁殖 [J].植物生理学报 , 2014, 50(06): 792–796.

短距槽舌兰（1.植株；2.花冠正面；3.花冠侧面）

国家保护	红色名录	极小种群	华东特有
	极危（CR）		

兰科　羊耳蒜属

长苞羊耳蒜

Liparis inaperta Finet

条目作者

黄卫昌、倪子轶

生物特征

附生；**假鳞茎**卵形，顶端具1叶。**叶**倒披针状长圆形，纸质，先端渐尖。总状**花序**具数朵花。**花**淡绿色；中萼片近长圆形；侧萼片近卵状长圆形，斜歪；花瓣狭线形，先端钝圆；**唇瓣**近长圆形，向基部略收狭，先端近截形并具不规则细齿。花期9~10月，果期翌年5~6月。

种群状态

产于**福建**（建阳、上杭、武夷山、新罗）、**江西**（崇义、井冈山、石城、资溪）、**浙江**（泰顺、文成）。生于林下或山谷水旁的岩石上，海拔500~1 100 m。分布于广西、贵州和四川，中国特有种。红色名录评估为极危CR B1b(i)，即指本种的分布区不足100 km²，分布区面积持续性衰退。

濒危原因

人为开发导致的生境丧失、片段化。

应用价值

假鳞茎明显，叶片小巧玲珑，叶似生于果上，可做壁墙附生观赏。

保护现状

部分分布地位于国家级自然保护区内（如江西井冈山国家级自然保护区、齐云山国家级自然保护区等），已有涉及该种的种群调查研究。

保护建议

就地保护，恢复生态环境。引导林场、苗圃等场所建立兰科植物人工繁育基地，开展兰科植物人工扩繁、野外恢复和保育生物学研究。

主要参考文献

［1］范志刚,孔令杰,彭德镇,等.齐云山自然保护区兰科植物资源分布及其区系特点 [J].热带亚热带植物学报,2011,19(02):159–165.

［2］钱长江,赵熙黔,安明态,等.贵阳市野生兰科植物观赏种类资源调查及分析 [J].南方农业学报,2014,45(05):833–839.

［3］沈宝涛，罗火林，唐静，等.九连山兰科植物资源的调查与分析 [J].沈阳农业大学学报,2017,48(05):597-603.

［4］张玉洁.兰科植物专类园景观规划设计的研究 [D].南昌:南昌大学,2014.

［5］赵熙黔，严令斌，安明态，等.贵阳市野生兰科植物分布特征及其生态适应性研究 [J].种子,2013,32(12):60-64.

长苞羊耳蒜（1.花序；2.果实）

国家保护	红色名录	极小种群	华东特有
	易危（VU）		

兰科　羊耳蒜属

柄叶羊耳蒜

Liparis petiolata (D. Don) P. F. Hunt & Summerh.

条目作者

黄卫昌、倪子轶

生物特征

地生，根状茎细长，每相隔 2~4 cm 具**假鳞茎**，假鳞茎卵形。**叶** 2 枚，宽卵形，膜质或草质，先端近渐尖。总状**花序**具数朵至 10 余朵花。**花**绿白色；萼片线状披针形，先端钝；侧萼片略斜歪；花瓣狭线形；**唇瓣**带紫绿色，椭圆形至近圆形，先端具短尖，边缘略有不甚整齐的缺刻，近基部有 2 个胼胝体。花期 5~6 月。

种群状态

产于**江西**（崇阳、井冈山、庐山、遂川、资溪）。生于林下、溪谷旁或阴湿处，海拔 1 100~2 900 m。分布于广西、湖南、西藏和云南。不丹、印度、尼泊尔、泰国和越南也有。红色名录评估为易危 VU B1ab(iii)，即指本种分布区面积不足 20 000 km²，栖息地面积、范围持续性衰退。

濒危原因

人为大量无序采挖活动。

应用价值

具观赏和系统学研究价值。

保护现状

部分分布地位于国家级自然保护区内（如云南南滚河国家级自然保护区、江西齐云山国家级自然保护区等），已有涉及该种的种群调查研究。

保护建议

就地保护与迁地保护相结合，加强保护区管理的同时，有序开展种质资源引种、组织培养快繁技术研究。开展组织培养、快速繁殖技术研究。

主要参考文献

［1］ 常森有，杨耀海. 文山州药用兰科植物资源调查初报 [J]. 林业调查规划，2013，38(03)：61–67.
［2］ 范志刚，孔令杰，彭德镇，等. 齐云山自然保护区兰科植物资源分布及其区系特点 [J]. 热带亚热带植物学报，2011，19(02)：159–165.

［3］ 关佳洁, 余奇, 王娟, 等. 南滚河国家级自然保护区珍稀濒危植物的分布特征 [J]. 西部林业科学, 2014, 43(03): 99-109.

［4］ 张晓俊, 郑丽香, 范世明, 等. 福建省兰科植物 2 种新记录 [J]. 亚热带植物科学, 2018, 47(03): 269-272.

［5］ 张殷波, 杜昊东, 金效华, 等. 中国野生兰科植物物种多样性与地理分布 [J]. 科学通报, 2015, 60(02): 179-188, 1-16.

柄叶羊耳蒜（1. 花期植株；2. 假鳞茎；3. 叶片；4. 花序）

国家保护	红色名录	极小种群	华东特有
	易危（VU）		

兰科　芋兰属

毛叶芋兰

Nervilia plicata (Andrews) Schltr.

条目作者
黄卫昌、倪子轶

生物特征

地生，**块茎**圆球形。**叶** 1 枚，上面暗绿色，背面绿色或暗红色，较厚，先端急尖，基部心形，全缘，具 20~30 条在叶两面隆起的粗脉，两面的脉上、脉间和边缘均有粗毛；叶柄长 1.5~3 cm。**花**略下垂，半张开；萼片和花瓣棕黄色或淡红色，具紫红色脉，线状长圆形，先端渐尖；**唇瓣**带白色或淡红色，具紫红色脉，凹陷，3 浅裂；侧裂片小，先端钝圆，直立；中裂片近卵形。花期 5~6 月。

种群状态

产于**福建**（同安、长泰）。生于林下或沟谷阴湿处，海拔 500~1 000 m。分布于甘肃、广东、广西、四川、台湾和云南。孟加拉国、不丹、印度、印度尼西亚、老挝、马来西亚、缅甸、巴布亚新几内亚、菲律宾、泰国、越南、澳大利亚北部也有。红色名录评估为易危 VU A2c，即指本种在 10 年或三个世代内因栖息地减少等因素，种群规模缩小了 30% 以上，且仍在持续。

濒危原因

种群数量少。人为活动频繁，破坏原生环境。

应用价值

植株小巧玲珑，叶形秀丽，花朵艳丽，具较高的观赏价值。

保护现状

厦门已引种栽培，已开展物候学观测、引种栽培技术的研究；已纳入全国野生兰科植物资源专项调查。

保护建议

加强生境保护，开展就地保护和监测。开展无性快速繁殖技术的研究。

主要参考文献

［1］陈忠仁,张永田.毛叶芋兰的生物学特性和栽培技术 [J].亚热带植物通讯,1995(02): 26-30.
［2］何颖光,杨巧凤.广州白云山上的毛叶芋兰 [J].广东园林,1990(01): 17.

[3] 李晓芳. 北盘江喀斯特峡谷区"晴隆—关岭"段兰科植物种多样性及其保护研究 [D]. 贵阳：贵州大学, 2017.

[4] 杨焱冰, 魏海燕, 安明态, 等. 贵州省兰科植物新记录 [J]. 山地农业生物学报, 2017, 36(06): 74–76.

[5] 张永田. 药用植物"一粒癀"的初步研究 (二)[J]. 亚热带植物通讯, 1994(01): 56–59.

毛叶芋兰（1. 花序；2. 花冠侧面）

国家保护	红色名录	极小种群	华东特有
	易危（VU）		

兰科　齿唇兰属

条目作者

黄卫昌、倪子轶

全唇兰

Odontochilus chinensis (Rolfe) T. Yukawa

生物特征

茎纤细，直立，圆柱形，具数枚叶。**叶**小，较疏生，叶片圆形或卵圆形。**花**白色，不甚张开，花被片薄；萼片卵状披针形；中萼片凹陷呈舟状，与花瓣下部的大半部分黏合呈兜状；侧萼片稍偏斜；花瓣卵形，近顶部收狭；**唇瓣**白色，近卵状长圆形，中部收狭成短且无细乳突的爪，基部稍扩大，凹陷呈囊状，其囊内两侧各具 1 枚胼胝体。花期 7 月。

种群状态

产于**福建**（武夷山）。生于山坡或沟谷林下阴湿处，海拔 2 000~2 200 m。分布于湖北、四川，中国特有种。红色名录评估为易危 VU A2c；B1ab(iii,v)，即指本种在 10 年或三个世代内因栖息地减少等因素，种群规模缩小了 30% 以上且仍在持续；分布区不足 20 000 km^2，生境碎片化，栖息地面积、范围和成熟个体数量持续性衰退。

濒危原因

分布范围狭小，生境独特，人为活动频繁导致适宜生境范围变小。

应用价值

植株矮小，花朵玲珑可爱，具观赏价值。

保护现状

已开展其分布及群落的调查分析。

保护建议

就地保护，恢复生态环境。开展组织培养、快速繁殖技术研究。

主要参考文献

［1］宋军阳，张显，赵明德. 兰科花卉野生资源调查研究进展 [J]. 北方园艺，2009(10): 228–231.

［2］宋要强，蒲小龙，袁海龙，等. 化龙山保护区兰科植物调查和保护 [J]. 陕西农业科学，2019, 65(03): 91–94, 104.

［3］杨平厚，王万云，周灵国. 秦岭兰科一新记录属——全唇兰属 [J]. 西北植物学报，2003(11): 2 019.

全唇兰（1.花枝；2.花冠）

国家保护	红色名录	极小种群	华东特有
	易危（VU）		

兰科　齿唇兰属

旗唇兰

Odontochilus yakushimensis (Yamam.) T. Yukawa

条目作者

黄卫昌、倪子轶

生物特征

附生，茎直立，具 4~5 枚叶。叶片卵形，肉质，先端急尖。总状花序具 3~7 朵花。花小；萼片粉红色，背面基部被疏柔毛，中萼片长圆状卵形，凹陷，直立；侧萼片斜镰状长圆形，直立伸展，基部合生成 1 个 2 浅裂的囊包住唇瓣基部囊状距；花瓣白色，具紫红色斑块，近顶部突然收狭具钝的凸尖头，基部变狭窄，与中萼片紧贴呈兜状；唇瓣白色，呈"T"形。花期 8~9 月。

种群状态

产于安徽（分布点不详）、浙江（临安、遂昌、泰顺）。生于林中树上苔藓丛中、林下或沟边岩壁石缝中，海拔 450~1 600 m。分布于湖南、陕西、四川和台湾。日本和菲律宾也有。红色名录评估为易危 VU A2ac；B1ab(i,iii,v)，即指本种直接观察到本种野生种群因分布区、栖息地缩减而存在持续衰退，种群规模在 10 年或三个世代内缩小 30% 以上；分布区不足 20 000 km²，生境碎片化，分布区、栖息地的面积和成熟个体数持续性衰退。

濒危原因

分布范围狭窄，人工林的发展、生境的丧失与片段化、土地利用的改变导致适生环境减少。

应用价值

植株小巧，可观叶、观花，具观赏价值。

保护现状

华东部分种群位于保护区内，包括天目山国家级自然保护区；已纳入全国兰科植物调查范围。

保护建议

开展引种、繁殖研究。扩大种群量。加强保护区的自然保护管理工作，减少人为活动带来的不良影响。

主要参考文献

［1］刘严文. 中国齿唇兰属 (*Odontochilus*) 及其近缘属植物的系统分类研究 [D]. 上海：华东师范大学, 2018.

［2］荣海,陈余朝,赵宝鑫,等.安康市野生兰科植物资源调查分析及保护 [J].陕西林业科技,2018,46(02):44-48.

［3］宋要强,蒲小龙,袁海龙,等.化龙山保护区兰科植物调查和保护 [J].陕西农业科学,2019,65(03):91-94,104.

［4］袁海龙.安康市野生兰科植物资源调查研究 [J].中国林副特产,2009(03):78-80.

［5］詹敏,张水利,熊耀康,等.浙江天目山自然保护区旗唇兰的分布和生境群落学初步研究 [J].浙江林业科技,2011,
31(01):73-75.

旗唇兰（1.生境；2.植株；3.花）

国家保护	红色名录	极小种群	华东特有
	易危（VU）		

兰科　蝴蝶兰属

萼脊兰

Phalaenopsis japonica (Rchb.f.) Kocyan & Schuit.

条目作者

黄卫昌、倪子轶

生物特征

附生，叶 4~6 枚，长圆形。总状花序下垂，疏生 6 朵花；花具橘子香气，萼片和花瓣白绿色；萼片长圆形；侧萼片基部上方内面具 1~3 个污褐色横向斑点；花瓣长圆状舌形；唇瓣 3 裂；侧裂片小，近三角形，边缘紫丁香色；中裂片大，匙形，边缘具不规则的圆齿，上面凹下而背面隆起，具紫红色斑点，下部收狭成爪，而在爪上具 1 条上缘紫红色的纵向脊突。花期 6 月。

种群状态

产于浙江（文成）。生于疏林中树干上或山谷崖壁上，海拔 600~1 350 m。分布于云南。朝鲜半岛及日本也有。红色名录评估为易危 VU A4c，即指本种在 10 年或三个世代内可能因栖息地减少等因素，种群数量将减少 30% 以上，且仍将持续。

濒危原因

分布范围狭小，人为活动频繁，原生境被破坏。

应用价值

花色清丽，香味芬芳，观赏期长，养护简单且耐寒，具有较高的观赏和园艺价值。

保护现状

已见胚培养、快速繁殖技术、基因组表达特性等方面的研究。上海辰山植物园已引种栽培。已纳入全国野生兰科植物资源专项调查。

保护建议

就地建立保护区和培育基地。扩大引种栽培范围。

主要参考文献

［1］崔波，沈俊辉，马杰，等.萼脊兰胚培养与快速繁殖研究 [J].安徽农业科学，2009,37(13): 5 861-5 863.

［2］稻村博子.名护兰的无菌播种技术 [J].徐刚，译.中国西部科技，2006(21): 49.

［3］沈俊辉.萼脊兰胚培养和快速繁殖技术 [D].郑州：河南农业大学，2009.

［4］许申平,蒋素华,梁芳,等.萼脊兰光合特性的初步研究 [J].热带作物学报,2016,37(06):1 081–1 085.

［5］张国付.萼脊兰 AP1（APETALA1）基因的序列分析及表达特性研究 [D].郑州：河南农业大学,2013.

萼脊兰［1.花部特写；2.植株（栽培状态）］

国家保护	红色名录	极小种群	华东特有
	濒危（EN）		

兰科　蝴蝶兰属

短茎萼脊兰

Phalaenopsis subparishii (Z.H. Tsi) Kocyan & Schuit.

条目作者

黄卫昌、倪子轶

生物特征

附生，叶近基生，长圆形。总状花序疏生数朵花。花具香气，稍肉质，开展，黄绿色带淡褐色斑点；中萼片近长圆形；侧萼片较狭，在背面中肋翅状；花瓣近椭圆形，先端锐尖；唇瓣3裂，基部与蕊柱足末端结合而形成关节；侧裂片直立，半圆形，边缘稍具细齿；中裂片肉质，狭长圆形，基部具一圆锥形胼胝体，上面从基部至先端具1条纵向的高褶片。花期5月。

种群状态

产于福建（武夷山）、浙江（开化、临安、庆元、文成、新昌）。生于山坡林中树干上，海拔300~1 100 m。分布于广东、贵州、湖北、湖南和四川，中国特有种。红色名录评估为濒危 EN A4c，即指观察到本种野生种群数量因分布区、栖息地缩减而存在持续减少，种群规模在10年或三个世代内减小50%以上。

濒危原因

种群规模小，人为活动频繁，原生境被破坏。

应用价值

花色清丽，香味芬芳，具有较高的观赏和园艺价值。

保护现状

部分分布地位于自然保护区内（如钱江源国家公园、古田山国家级自然保护区、望东垟高山湿地自然保护区等），已有涉及该种的种群调查研究。

保护建议

在保护区内适当增加该种的固定样地，进行长期监测和保护。开展快速繁殖技术研究。

主要参考文献

［1］孔令杰.江西省野生兰科植物区系的组成及特征 [D].南昌：南昌大学,2011.

［2］林绍生,徐晓薇,周青疆,等.短茎萼脊兰种质特性研究 [J].中国林副特产,2010(03):18-20.

［3］田敏,王彩霞,牛晓玲,等.浙江省野生兰科植物区系分析 [J].植物资源与环境学报,2011,20(02):86-93.

［4］徐晓薇，林绍生，姚丽娟，等.短茎萼脊兰生境与特性初步研究 [J]. 浙江农业科学，2008(03): 297–298, 318.

［5］赵万义，刘忠成，张忠，等. 罗霄山脉东坡—江西省种子植物新记录 [J]. 亚热带植物科学，2016, 45(04): 365–368.

短茎萼脊兰（1. 植株；2. 花序；3. 合蕊柱；4. 果；5. 生境）

国家保护	红色名录	极小种群	华东特有
一级	近危（NT）	是	

兰科　蝴蝶兰属

象鼻兰

Phalaenopsis zhejiangensis (Z. H. Tsi) Schuit.

条目作者

黄卫昌、倪子轶

生物特征

附生，冬季落叶。**叶** 1~3 枚，扁平，薄，叶片斜卵形至长圆形，先端钝并且一侧稍钩转，绿色，背面或边缘通常具细密的暗紫色斑点。总状**花序**具 8~19 朵花。**花**质地薄；萼片和花瓣内面具紫色横纹；中萼片卵状椭圆形，凹；侧萼片歪斜的宽倒卵形，先端斜截形，基部收狭为短爪；花瓣白色倒卵形，基部具爪；**唇瓣** 3 裂；侧裂片白色狭长，先端紫色；中裂片狭长，舟状，基部具囊。花期 6 月。

种群状态

产于**安徽**（分布地不详）、**浙江**（淳安、临安、鄞州）。生于山地林中或林缘树枝上，海拔 350~900 m。分布于甘肃，中国特有种。

濒危原因

自然分布区极其狭小，原生地基建开发，森林被破坏。

应用价值

全草入药，具药用价值。花形优美奇特，在研究兰科植物系统发育上有重要意义，具有科学价值。

保护现状

已列为国家一级保护植物；已开展种群调查和人工繁育技术研究；部分植物园已引种栽培。

保护建议

加强自然保护区建设，对种群结构特征、受胁因素等进行系统性的长期监测。保护天然林，恢复退化植被。开展快繁技术的研究。

主要参考文献

［1］石昌魁, 刘晓娟, 孙学刚. 甘肃省兰科植物的 4 个新记录种 [J]. 甘肃农业大学学报, 2008(01): 130–132.

［2］石昌魁. 甘肃省兰科植物系统分类与区系地理 [D]. 兰州：甘肃农业大学, 2008.

［3］王祖良, 程爱兴, 赵明水, 等. 采自浙江临安的植物模式标本 [J]. 浙江林学院学报, 2000(03): 93–101.

［4］ 魏铮, 韩明春, 顾卿. 浙江省生物多样性特征分析 [J]. 生物技术世界 , 2014(06): 11–12, 14.

［5］ 安徽省林科院园林花卉研究所. 祁门发现极小种群保护物种象鼻兰 [J]. 安徽林业科技 , 2017, 43(04): 29.

象鼻兰（1. 生境；2. 花期植株；3. 花部细节；4. 花序）

国家保护	红色名录	极小种群	华东特有
	易危（VU）		

兰科　舌唇兰属

大明山舌唇兰

Platanthera damingshanica K. Y. Lang & H. S. Guo

条目作者

黄卫昌、倪子轶

生物特征

地生，茎较纤细，中部以下具大叶 1 枚，中上部具 1~3 枚向上逐渐变小成苞片状小叶。最大**叶**的叶片为线状长圆形。总状**花序**具 3~8 朵花。**花**黄绿色；中萼片宽卵形，直立，舟状，先端急尖；侧萼片反折，偏斜，狭长圆形；花瓣斜卵形，先端急尖，与中萼片靠合呈兜状；**唇瓣**向前伸，肉质，舌状线形，先端钝。花期 5 月。

种群状态

产于**福建**（将乐）、**浙江**（莲都、临安、临海、泰顺）。生于山坡密林下或沟谷阴湿处。分布于广东、广西和湖南，中国特有种。红色名录评估为易危 VU B2ab(ii,iii)，即指本种占有面积不足 2 000 km²，生境碎片化，占有面积和栖息地的面积均持续性衰退。

濒危原因

矿产开采、旅游开发、水资源开发等人为活动频繁，原生境被破坏。

应用价值

花形奇特，具观赏价值。

保护现状

分布区域内已建立广西大明山国家级自然保护区、广西元宝山国家级自然保护区等，已纳入全国野生兰科植物资源专项调查。

保护建议

加大宣传力度，加强法律法规保障体系的建设，就地建立培育基地。开展引种栽培技术研究。

主要参考文献

［1］黄启堂,游水生,叶功富.福建兰科植物地理分区物种多样性研究 [J].西南林学院学报,2009,29(02):6-12.

［2］李卓.中国濒危植物保护网络优化研究 [D].北京:北京林业大学,2016.

［3］吕月良,陈璋,庄西卿.福建省野生兰科植物区系研究 [J].南京林业大学学报:自然科学版,2009,33(06):162–165.

［4］田敏,王彩霞,牛晓玲,等.浙江省野生兰科植物区系分析 [J].植物资源与环境学报,2011,20(02):86–93.

［5］吴磊.广西大明山国家级自然保护区植物物种多样性研究 [D].桂林:广西师范大学,2012.

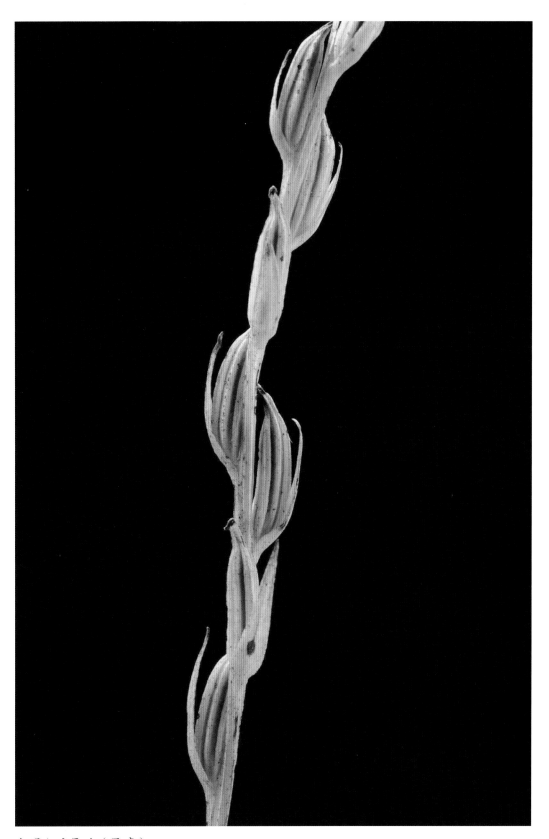

大明山舌唇兰（果序）

国家保护	红色名录	极小种群	华东特有
二级	易危（VU）		

兰科　独蒜兰属

台湾独蒜兰

Pleione formosana Hayata

条目作者

黄卫昌、倪子轶

生物特征

半附生或附生；**假鳞茎**卵球形，顶端具 1 枚叶。**叶**倒披针形，纸质。**花**白色至粉红色，唇瓣色泽常略浅于花瓣，上面具有黄色、红色或褐色斑；中萼片狭椭圆状倒披针形；侧萼片狭椭圆状倒披针形；花瓣线状倒披针形；**唇瓣**宽卵状椭圆形至近圆形，不明显 3 裂，先端微缺，上部边缘撕裂状，上面具 2~5 条褶片。花期 3~4 月。

种群状态

产于**福建**（连城、上杭、武夷山）、**江西**（崇阳、井冈山）、**浙江**（安吉、临安、磐安、遂昌、武义等地）。生于林下或林缘腐殖质丰富的土壤和岩石上，海拔 600~1 500 m，在台湾可分布至 2 500 m。分布于台湾，中国特有种。红色名录评估为易危 VU A2c；B1ab(i,iii,v)，即指本种在 10 年或三个世代内因栖息地减少等因素，种群规模缩小了 30% 以上，且仍在持续；分布区不足 20 000 km²，生境碎片化，分布区、栖息地面积和成熟个体数持续性衰退。

濒危原因

非法贸易，过度采挖，导致野生资源严重破坏。

应用价值

花色艳丽，花形优雅，具较高的园艺观赏价值。

保护现状

杭州植物园、上海辰山植物园等地引种栽培，已建立包括漳州南靖虎伯寮、龙岩武平梁野山、江西井冈山、福建省武夷山、福建省德化县戴云山等国家级自然保护区。

保护建议

保护区就地建立科研生产基地，应用组织培养、种子球茎繁殖技术生产母球，扩大栽培。鼓励迁地引种，增加在园林、绿化中的应用。

主要参考文献

［1］ 李春华, 李柯澄. 独蒜兰温室生产 [J]. 中国花卉园艺, 2017(06): 23–27.

［2］ 吴沙沙, 周育真, 兰思仁, 等. 福建省台湾独蒜兰分布及居群特征 [J]. 福建农林大学学报: 自然科学版, 2014, 43(04): 379–384.

［3］ 张燕, 李思锋, 黎斌. 独蒜兰属植物研究现状 [J]. 北方园艺, 2010(10): 232–234.

［4］ 郑改笑. 台湾独蒜兰组织培养的研究 [D]. 南昌: 南昌大学, 2017.

［5］ 周育真. 台湾独蒜兰 (*Pleione formosana*) 传粉与生殖策略研究 [D]. 福州: 福建农林大学, 2013.

台湾独蒜兰（1. 生境；2. 群落；3. 花期植株；4. 花）

国家保护	红色名录	极小种群	华东特有
	易危（VU）		

兰科　盾柄兰属

蛤兰

Porpax pusilla (Griff.) Schuit., Y. P. Ng & H. A. Pedersen

条目作者

黄卫昌、倪子轶

生物特征

附生，植株矮小，高 2~3 cm；**根状茎细长**，每隔 2~5 cm 着生 1 对假鳞茎，近半球形。叶 2~3 枚，倒卵形或近椭圆形，先端骤然收狭而成芒，具 5 条主脉，靠近中央的第 1 对侧脉在叶片顶端与中央脉连接。**花序纤细**，具 1~2 朵花；中萼片卵形；侧萼片三角形，基部与蕊柱足合生成萼囊；花瓣较窄；**唇瓣披针形**，边缘具细缘毛；唇盘上具 2 条线纹，延伸至近中部。花期 10~11 月。

种群状态

产于**福建**（平和）。生于密林中阴湿岩石上，海拔 600~1 500 m。分布于广东、广西、海南、西藏和云南。印度、缅甸、泰国和越南也有。红色名录评估为易危 VU A2c；B1ab(i,iii)，即指本种在 10 年或三个世代内因栖息地减少等因素，种群规模缩小了 30% 以上，且仍在持续；分布区不足 20 000 km²，生境碎片化，分布区和栖息地的面积、范围持续性衰退。

濒危原因

长期被人们当作石斛类药材的替代品而遭受过度采挖。

应用价值

整株小巧可爱，具有较高的微型园艺景观观赏价值。

保护现状

分布区内部分保护区开展了野外种群的调查工作。

保护建议

区分该种与中药石斛药理成分，加强宣传及林业执法。开展人工栽培和组织培养技术研究。

主要参考文献

［1］和太平, 谭伟福, 温远光, 等. 十万大山国家级自然保护区珍稀濒危植物的多样性 [J]. 广西农业生物科学, 2007(02): 125–131.

［2］兰宇翔, 陈颐, 林毅伟, 等. 兰科植物在福州市于山兰花圃中应用 [J]. 福建热作科技, 2016, 41(04): 43–47.

［3］ 翟明恬.广西雅长自然保护区优势兰科植物根部内生真菌鉴定及多样性研究 [D].北京:北京林业大学,2015.

［4］ 张晓龙.中国野生兰科植物地理分布格局研究 [D].太原:山西大学,2014.

［5］ 张殷波,杜昊东,金效华,等.中国野生兰科植物物种多样性与地理分布 [J].科学通报,2015,60(02):179-188.

蛤兰（1.花期植株；2.花；3.果实；4.果期植株；5.假鳞茎）

国家保护	红色名录	极小种群	华东特有
	极危（CR）		

兰科　时珍兰属

时珍兰（大花无柱兰）

Shizhenia pinguicula (Rchb. f. & S. Moore) X. H. Jin, L. Q. Huang, W. T. Jin & X. G. Xiang

条目作者

黄卫昌、倪子轶

生物特征

地生，**块茎**卵球形，肉质。茎近基部具 1 枚**叶**，线状倒披针形，先端稍尖。**花序**具 1 朵（极罕 2 朵）花。花玫瑰红色或紫红色；中萼片卵形，直立，凹陷呈舟状；侧萼片斜卵状披针形，反折；花瓣斜卵形，直立，先端钝，与中萼片靠合；**唇瓣**扇形，基部楔形，具爪，具距，前部 3 裂；距圆锥形，下垂，长 15~17 mm，稍弯曲，向末端渐狭，末端尖。花期 4~5 月。

种群状态

产于**浙江**（定海、磐安、武义、永康、诸暨等地）。生于山坡林下覆有土的岩石上或沟边阴湿草地上，海拔 250~400 m。分布于贵州（开阳，鉴定有误，但未见标本，存疑），中国特有种。红色名录评估为极危 CR D，即指本种成熟个体数量少于 50 株（根据作者观察，野外成熟个体数远多于 50 株，但占有面积较小，不足 20 km²）。

濒危原因

自然分布区狭小。人为活动频繁，导致生态环境被破坏。

应用价值

块茎、全草可入药，具药用价值。花朵美丽，具观赏价值。

保护现状

已开展森林、山林、野外种群监测，浙江等地已有引种栽培。

保护建议

加强宣传及林政执法，开展野生资源的就地与迁地保存。开展组织培养快速繁育技术的研究。

主要参考文献

［1］侯小琪，王明川，于子文，等 . 贵州兰科植物新分布记录 [J]. 贵州农业科学，2018, 46(12): 96–99, 173.

［2］汤欢 . 兰科重要药用植物 DNA 条形码鉴定及其生态适宜性 [D]. 雅安：四川农业大学，2016.

［3］ 熊小萍，向继云，鲁才员，等.余姚野生兰科植物资源的分布与生境调查[J].福建林业科技,2011,38(03):152-157.

［4］ 熊小萍，向继云，鲁才员，等.余姚野生兰花种质资源调查[J].浙江林业科技,2011,31(04):35-39.

时珍兰（1.生境；2.植株；3.花序；4.花；5.果实）

国家保护	红色名录	极小种群	华东特有
	濒危（EN）		

兰科　带唇兰属

心叶带唇兰

Tainia cordifolia Hook. f.

条目作者
黄卫昌、倪子轶

生物特征

地生，**假鳞茎**似叶柄状，顶生 1 枚叶。**叶**肉质，上面灰绿色带深绿色斑块，背面具灰白色条带，卵状心形。总状**花序**具 3~5 朵花。**花**大，萼片和花瓣褐色带紫褐色脉纹；萼片披针形；侧萼片基部贴生于蕊柱足而形成宽钝的萼囊；花瓣较大，披针形；**唇瓣**近卵形，稍 3 裂；侧裂片白色带紫红色斑点；中裂片黄色，先端急尖，边缘具紫色斑点；唇盘具 3 条黄色褶片。花期 5~7 月。

种群状态

产于**福建**（南靖、闽侯、三元、沙县、永泰等地）。生于沟谷林下阴湿处，海拔 500~1 000 m。分布于广东、广西、台湾和云南。越南也有。红色名录评估为濒危 EN A2ac+3c+4c；B1ab(v)，即指直接观察到本种野生种群因分布区、栖息地缩减而存在持续衰退，种群规模在 10 年或三个世代内缩小 50% 以上，种群数量也因此一直在减少；分布区面积不足 5 000 km²，生境破碎化严重，成熟个体数持续性衰退。

濒危原因

乱砍滥伐、过度开垦和过度采挖等人为活动，导致原生境破坏。

应用价值

花形奇特，具观赏价值。

保护现状

已建立福建戴云山国家级自然保护区，开展就地保护，野外资源调查；已纳入全国野生兰科植物资源专项调查。

保护建议

加大宣传和监督，建立健全法制体系研究，开展该种保护生物学研究。鼓励迁地引种，增加在园林、绿化中的应用。

主要参考文献

[1] 程志全. 福建戴云山国家级自然保护区兰科植物物种多样性及其保护与中国线柱兰属的分类学研究 [D]. 上海：华东师范大学, 2015.

[2] 兰宇翔, 陈颐, 林毅伟, 等. 兰科植物在福州市于山兰花圃中应用 [J]. 福建热作科技, 2016, 41(04): 43-47.

[3] 覃海宁, 杨永, 董仕勇, 等. 中国高等植物受威胁物种名录 [J]. 生物多样性, 2017, 25(07): 696-744.

心叶带唇兰（1. 花序；2. 叶；3. 花）

国家保护	红色名录	极小种群	华东特有
	易危（VU）		

兰科　白点兰属

小叶白点兰

Thrixspermum japonicum (Miq.) Rchb. f.

条目作者

黄卫昌、倪子轶

生物特征

附生，茎斜立和悬垂，纤细，密生多数二列的叶。**叶**薄革质，长圆形或有时倒披针形，先端稍钝并且微 2 裂。**花序**常 2 至多个，对生于叶；花序轴疏生少数花。**花**淡黄色；中萼片长圆形；侧萼片卵状披针形，先端钝；花瓣狭长圆形；**唇瓣**基部具长约 1 mm 的爪，3 裂；侧裂片狭卵状长圆形，上端圆形；中裂片小，半圆形，肉质；唇盘基部稍凹陷，密被茸毛。花期 9~10 月。

种群状态

产于**福建**（上杭、武夷山、永安）。生于沟谷、河岸的林缘树枝上，海拔 900~1 000 m。分布于广东、贵州、湖南、四川和台湾。日本也有。红色名录评估为易危 VU A2ac；B1ab(i,iii,v)，即指直接观察到本种野生种群因分布区、栖息地缩减而存在持续衰退，种群规模在 10 年或三个世代内缩小 30% 以上；分布区不足 20 000 km²，生境碎片化，分布区、栖息地的面积和成熟个体数持续性衰退。

濒危原因

人为活动频繁，导致原生境破坏。

应用价值

花朵玲珑可爱，具有观赏价值。

保护现状

部分分布区域内已建成国家级自然保护区，如武夷山国家级自然保护区、井冈山国家级自然保护区。

保护建议

开展珍稀兰类资源的繁殖与保护，建立兰花繁育基地，开展引种驯化与杂交育种工作。开展珍贵兰花的快速繁殖研究。

主要参考文献

［1］ 贺军辉.湖南野生观赏兰类资源初报 [J].园艺学报,1993(01): 75–80.

［2］ 林道清,梁鸿,檀庆忠,等.福建青云山风景区珍稀濒危植物资源及其保护 [J].亚热带植物科学,2003(01): 39–42,46.

［3］ 刘初钿.福建及武夷山新记录植物 [J].武夷科学,1995(00):150–151.

［4］ 宋玉赞,陈春泉,曾祥铭,等.井冈山国家级自然保护区兰科植物资源 [J].安徽农学通报,2007(19):214–215.

［5］ 田怀珍,邢福武.中国兰科植物省级分布新记录 [J].中南林业科技大学学报,2008(01):162–164.

小叶白点兰（1.植株；2.花）

国家保护	红色名录	极小种群	华东特有
	濒危（EN）		

兰科　万代兰属

风兰

Vanda falcata (Thunb.) Beer

条目作者

黄卫昌、倪子轶

生物特征

附生，茎长稍扁，被叶鞘所包。叶厚革质，狭长圆状镰刀形。总状花序具 2~3 朵花。花白色，芳香；中萼片近倒卵形；侧萼片向前叉开，上半部向外弯，背面中肋近先端处龙骨状隆起；花瓣倒披针形；唇瓣肉质，3 裂；侧裂片长圆形；中裂片舌形，先端凹缺，基部具 1 枚三角形的胼胝体，上面具 3 条稍隆起的脊突。花期 4 月。

种群状态

产于福建（武夷山）、江西（安福、莲花、上栗、万载）、浙江（奉化、普陀、温岭、象山、鄞州等地）。生于山地林中树干上，海拔 100~1 520 m。分布于甘肃、湖北和四川。日本和朝鲜半岛也有。红色名录评估为濒危 EN A2c；B1ab(iii,v)，即指本种在 10 年或三个世代内因栖息地减少等因素，种群规模缩小了 50% 以上，且仍在持续；分布区不足 5 000 km^2，生境严重碎片化，栖息地的面积与范围及成熟个体数持续性衰退。

濒危原因

该种受到国内外栽培者喜爱，野外种群受到盗采盗挖和非法贸易的影响。

应用价值

株形小巧，叶片秀美，花具芳香，具较高的观赏价值。

保护现状

已开展人工繁育技术研究，引种栽培技术研究。

保护建议

加强野外种群分布地的生境保护，减少人为干扰；加快该种的快繁技术、品种选育研究工作，以减少市场需求对野生种群的影响。

主要参考文献

［1］ 林立, 何月秋, 易军. 野生风兰的药用和营养成分分析 [J]. 福建林业科技, 2017, 44(02): 58–61.

［2］ 邱玉宾,赵庆柱,林云弟,等.风兰新品种'红扇''玉金刚'的比较试验研究 [J].山东林业科技,2012,42(06):49–51.

［3］ 杨柏云,杨宁生.风兰的离体繁殖 [J].植物生理学通讯,1997(02):125.

［4］ 张瑛,钱桦,屠峰.风兰栽培管理 [J].中国花卉园艺,2010(12):25.

风兰(1.植株;2.花;3.花期植株;4.果)

国家保护	红色名录	极小种群	华东特有
	易危（VU）		

兰科　香荚兰属

南方香荚兰

Vanilla annamica Gagnep.

条目作者

黄卫昌、倪子轶

生物特征

附生，茎攀缘。叶散生，肉质，椭圆形。总状**花序**；花苞片宽椭圆形或椭圆形，先端钝。花白色，略带绿色；萼片和花瓣披针形；**唇瓣**基部合生约 3/4，先端不显著 3 浅裂；侧裂片宽，边缘有缺刻；中裂片近先端密被缘毛；唇盘具鳞片附属物。花期 4~5 月。

种群状态

产于**福建**（分布地不详）。生于林下崖壁上，海拔 1 200~1 300 m。分布于贵州、广东、香港和云南。泰国和越南也有。红色名录评估为易危 VU A3c，即指本种在 10 年或三个世代内因栖息地减少等因素，种群数量将减少 30% 以上。

濒危原因

分布狭窄，人为活动导致原生境被破坏。

应用价值

食品工业的配香原料，用于制造香水和制药。具有较高的经济价值。

保护现状

在中国热带农业科学院香料饮料研究所内有引种栽培，并开展引种和评价研究。广西雅长有较大的保育栽培规模。

保护建议

进行种质资源收集，挑选优异基因进行繁殖，进行可持续发展的商业化操作。

主要参考文献

［1］程瑾，罗敦，黄琼雅，等.广西雅长兰科植物保护区考察见闻 [J]. 大自然,2006(04): 24–26.

［2］蒋能，宁世江，盘波，等.广西野生阴生观赏植物资源及其特点 [J]. 广西植物,2012, 32(04): 494–500, 556.

［3］梁淑云，吴刚，杨逢春，等.香荚兰属种质研究与利用现状 [J]. 热带农业科学, 2009, 29(01): 54–58.

［4］宋应辉，王庆煌，赵建平，等.香草兰产业化综合技术研究 [J]. 热带农业科学, 2006(06): 43–46.

南方香荚兰（1.花枝；2.植株与生境；3.花冠；4.花冠侧面；5.唇瓣特写）

国家保护	红色名录	极小种群	华东特有
	濒危（EN）		

兰科　宽距兰属

宽距兰

Yoania japonica Maxim.

条目作者

黄卫昌、倪子轶

生物特征

菌根异养植物，**根状茎**肉质，分枝；茎直立，肉质，淡红白色，散生数枚鳞片状鞘，无绿叶。总状**花序**顶生，具 3~5 朵花。**花**淡红紫色；萼片卵状长圆形或卵状椭圆形；花瓣宽卵形；**唇瓣**凹陷成舟状，前部平展并呈卵形，具若干纵列的乳突。花期 6~7 月。

种群状态

产于**福建**（武夷山）、**江西**（分布地不详）、**浙江**（遂昌、庆元）。生于山坡草丛中或林下，海拔 1 800~2 000 m。分布于台湾。印度和日本也有。红色名录评估为濒危 EN B1ab(iii)，即指本种分布区面积少于 5 000 km²，分布点少于 5 个，且彼此分割，栖息地面积持续衰退。

濒危原因

分布狭窄，独特的生存机制，致使本种易受环境干扰且难自我恢复与更新。

应用价值

花色艳丽，具有观赏价值。

保护现状

部分分布地位于国家级自然保护区内（如浙江百山祖国家级自然保护区、福建武夷山国家级自然保护区等），已有涉及该种的种群调查研究。

保护建议

进行种质资源调查，加强设立自然保护区。

主要参考文献

［1］ SUETSUGU K, YAGAME TAKAHIRO Y. Color Variation in the Mycoheterotrophic Yoania japonica (Orchidaceae) [J]. Acta Phytotaxonomica et Geobotanica, 2014, 65(1).

［2］ 苏轳，唐金明，庄伯桐，等．武夷山新发现的兰科植物——宽距兰 [J]. 武夷科学，1985, 5(00): 241–242.

［3］ 周敏．福建省兰科植物种质资源的现状及保护对策 [J]. 福建林业科技，1997(02): 100–104.

［4］朱慧玲,张永华,胡灵芝,等.浙江百山祖自然保护区宽距兰的发现及其区系意义 [J]. 亚热带植物科学,2010,39(01): 69-70.

宽距兰（1.植株与生境；2.花部特写）

国家保护	红色名录	极小种群	华东特有
	无危（LC）		

谷精草科　谷精草属

长苞谷精草

Eriocaulon decemflorum Maxim.

条目作者

葛斌杰

生物特征

草本。叶丛生，半透明，横格不明显，脉 3~7 条。花莛约 10 个。总苞片约 14 片，先端急尖至渐尖，禾秆色，不反折，膜质，（3.5~6）mm×（0.8~2）mm。雄花：花萼常 2 深裂，有时其中 1 个裂片缩小成单个裂片，偶见 3 个裂片皆存在的；花冠裂片 2(~1) 枚，近顶端有黑色至棕色的腺体，顶端常有多数白短毛；雄蕊常 4 枚，花药黑色。雌花：花萼 2 裂至单个裂片，背面与顶端具短毛；花瓣 2 枚，倒披针状线形，近肉质，各有一黑色腺体。种子近圆形，表面具横格及"T"形毛。花期 8~9 月，果期 9~10 月。

种群状态

产于福建（全省广布）、江苏（灌云、连云港）、江西（崇义、贵溪、靖安、井冈山、资溪）、浙江。生于山坡上的稻田、湿地处，海拔 1 600~1 700 m。分布于广东、黑龙江、湖南、辽宁。日本、朝鲜半岛和俄罗斯远东地区也有。

濒危原因

生境常被开垦为农田而受到人为干扰。

应用价值

具有一定观赏价值，是湿地生态系统一类重要草本植物。

保护现状

在地区性植物资源调查中作为易危物种被报道，但未见相关针对性保护工作。

保护建议

本种分布区域广，优先开展分布区域种群调查，研究种群遗传结构及多样性，在有条件的区域划分保护地开展就地保护；鼓励引种选育，开展园艺推广。

主要参考文献

[1] 刘学利.中国谷精草属（谷精草科）分类学的初步研究 [D].武汉：华中师范大学,2015.

［2］吴志刚,熊文,侯宏伟.长江流域水生植物多样性格局与保护 [J].水生生物学报,2019,43(S1):27-41.

长苞谷精草（1.群体；2.植株；3.头状花序正面观；4.头状花序侧面苞片；5.种子）

国家保护	红色名录	极小种群	华东特有
	近危（NT）		是

禾本科　短枝竹属

红壳寒竹

Gelidocalamus rutilans T. H. Wen

条目作者

张文根

生物特征

灌木状竹类，**地下茎复轴型**。幼竿绿色密被白色脱落性柔毛，节下有毛环；节间圆筒形，在分枝一侧的基部略扁平，竿环隆起。**竿箨宿存**，箨鞘革质，被棕色至棕褐色刺毛或近无毛，边缘光滑无毛，先端渐尖，口部近截形或钝圆；**无箨耳**；箨舌先端略隆起，全缘，两边偶有白色细长纤毛；**箨片线状披针形至短锥状，直立**。多分枝，纤细近等粗，当年不再分枝，枝顶端仅具 1 枚叶；**叶片狭长**，呈狭披针形至长椭圆形，基部钝圆，先端急尖延伸，下表面近基部有粗毛，次脉 6~8 对，小横脉明晰。笋期 4~5 月。

种群状态

产于**浙江**（江山）。生于山壁阔叶林下，近水边，海拔 450~550 m。浙江特有种。

濒危原因

茶树种植和经济林开发，人为采伐。

应用价值

具观赏、生态、科研价值。

保护现状

自然生长，尚无保护性措施。

保护建议

建议将江山市裴家地区域划定为红壳寒竹物种保护区；对红壳寒竹现有资源及其适生环境状况进行详细调查，严禁采集、挖掘和破坏；加快对红壳寒竹的科学研究，弄清其生长发育规律，开展人工繁育工作。

主要参考文献

[1] ZHU Z D, STAPLETON C. Gelidocalamus. In: WU Z Y, RAVEN P H, HONG D Y, eds. Flora of China, Vol. 22 [M]. Beijing: Science Press; St. Louis: Missouri Botanical Press, 2006: 132–135.

［2］马乃训,张文燕.中国珍稀竹类 [M].杭州:浙江科学技术出版社,2007.

［3］温太辉.中国唐竹属的研究及其他 (之二)[J].竹子研究汇刊,1983(01):57-86.

红壳寒竹（1.植株及生境；2.竹竿；3.枝叶；4.笋）

国家保护	红色名录	极小种群	华东特有
	无危（LC）		

禾本科　井冈寒竹属

井冈短枝竹

Gelidocalamus stellatus T. H. Wen

条目作者

张文根

生物特征

灌木状竹类，**地下茎复轴型**。**竿**直立，幼秆绿色无毛，圆柱状，无沟槽，幼时节下有白粉，成熟后为褐色短茸毛；**竿箨**宿存，外表面无毛，**箨舌**短截状，**箨耳**微弱，无繸毛。多分枝，簇生，小枝短、纤细，近相等，当年不再分枝；各分枝仅具 1 枚叶，偶 2 枚叶，具叶鞘。**叶片**披针形至阔披针形，基部钝圆或楔形，先端急尖而延伸，除基部中脉两侧具细柔毛外，均无毛，侧脉约 6 对，小横脉明显，两面均可见。秋冬出笋。

种群状态

产于**江西**（井冈山、武功山、遂川）。生于林下或涧边，海拔 400~700 m。分布于湖南，中国特有种。

濒危原因

经济林开发，人为采伐。

应用价值

具观赏、生态、科研价值。

保护现状

浙江省林业科学研究院、江西省林业科学院、江西农业大学已有引种栽培。

保护建议

在井冈山行洲至朱砂冲设立井冈短枝竹物种保护区；对井冈短枝竹现有资源及其适生环境状况进行详细调查，严禁采集、挖掘和破坏；加快对井冈短枝竹的科学研究，弄清其生长发育规律，开展人工繁育工作。

主要参考文献

［1］龙春玲, 孔亭, 李玮剑, 等. 井冈寒竹复合体 (竹亚科) 的表型变异及其分类学意义 [J]. 植物分类与资源学报, 2015, 37(06): 704-712.

［2］马乃训, 张文燕. 中国珍稀竹类 [M]. 杭州 : 浙江科学技术出版社 , 2007.

［3］温太辉. 中国竹亚科一新属与若干新种 [J]. 竹子研究汇刊 , 1982(01): 20-45.

井冈短枝竹（1.生境；2.植株；3.叶片；4.笋）

国家保护	红色名录	极小种群	华东特有
	未评估		是

禾本科　短枝竹属

寻乌寒竹

Gelidocalamus xunwuensis W. G. Zhang & G. Y. Yang

条目作者

张文根

生物特征

灌木状竹类，**地下茎复轴型**。竿直立，幼竿亮绿色，圆柱状，无沟槽；竿壁粗糙，被棕色刺毛，具细小灰色斑纹；成熟后刺毛脱落，竿壁被大量锈斑；竿环微隆，节下具毛环，金色或灰白色，被锈斑。竿箨宿存，薄革质，背部呈深紫色，被棕色刺毛；**箨片**三角形至卵状披针形；繸毛2~4对；**箨舌**中部突出，被毛。分枝多数，贴竿簇生；每枝仅具1枚叶，偶2枚叶。枝箨被稀疏刺毛，边缘具纤毛；底端枝箨被茸毛。**叶片**狭卵圆形，基部楔形；叶先端渐尖，具细锯齿；异面叶，中脉基部两侧被柔毛，侧脉5~6对。秋冬发笋。

种群状态

产于**江西**（寻乌）。生于阔叶林下，海拔540 m。

濒危原因

脐橙、蜜橘种植和经济林开发，人为采伐。

应用价值

具观赏、生态、科研价值。

保护现状

尚未进行种群评估；自然生长，尚无有效保护措施。

保护建议

将寻乌县小龙归区域划定为物种保护区；对寻乌寒竹现有资源及其适生环境状况进行详细调查，严禁采集、挖掘和破坏；加快对寻乌寒竹的科学研究，弄清其生长发育规律，开展人工繁育工作。

主要参考文献

ZHANG W G, JI X N, LIU Y G, et al. Gelidocalamus xunwuensis (Poaceae: Bambusoideae), a new species from southeastern Jiangxi, China. Phytokeys, 2017, 85: 59–67.

寻乌寒竹（1.分枝；2.植株；3.竹箨；4.笋）

国家保护	红色名录	极小种群	华东特有
	未评估		是

禾本科　箬竹属

都昌箬竹

Indocalamus cordatus T. H. Wen & Y. Zou

条目作者

张文根

生物特征

灌木状或小灌木状类，**地下茎**复轴型。竿的节间呈圆筒形。**秆**直立，节下密被白色短柔毛，其余为稀疏的短柔毛和白粉。**箨鞘**革质，宿存，微被白粉，下面被白色短茸毛，边缘具脱落性缘毛；**箨耳**椭圆形，长1 mm，具䍁毛；**箨舌**短，截平形，**箨叶**近于直立，具短柔毛。单分枝，每枝生3枚叶；叶鞘宿存，被白粉和脱落性白色短柔毛，边缘光滑；叶舌截形；叶耳卵形，边缘具䍁毛。**叶片**椭圆形或矩圆状披针形，纸质，通常基部具皱纹，呈心形或截形，不对称，顶端锐尖呈尾状，次脉7~9对，近无毛，具方格斑纹。春夏发笋。

种群状态

产于**江西**（都昌大港乡）。生于林缘。

濒危原因

受农业经济结构调整和材用林种植的影响，其自然分布面积日益减缩。

应用价值

具观赏、生态、科研价值。

保护现状

尚未进行种群评估；自然生长，尚无有效保护措施。

保护建议

将都昌县大港乡地区定为物种保护区；对都昌箬竹现有资源及其适生环境状况进行详细调查，严禁采集、挖掘和破坏；加快对都昌箬竹的科学研究，弄清其生长发育规律，开展人工繁育工作。

主要参考文献

［1］马乃训,张文燕.中国珍稀竹类 [M].杭州:浙江科学技术出版社,2007.

［2］温太辉.关于几个竹亚科分类群的分类问题 [J].竹子研究汇刊,1991(01):11-25.

都昌箬竹（1.生境；2.植株；3.箨鞘；4.箨叶）

国家保护	红色名录	极小种群	华东特有
	数据缺乏（DD）		是

禾本科　箬竹属

毛鞘箬竹

Indocalamus hirtivaginatus H. R. Zhao & Y. L. Yang

条目作者

张文根

生物特征

灌木状或小灌木状类，**地下茎复轴型**。竿的节间呈圆筒形。竿直立，幼时绿色稍带紫色，无毛或被白色微毛，被白粉，节下密生褐色微毛；竿环略高；**箨环**平坦；枝条被白色和淡棕色的伏贴柔毛，以及稀疏贴生呈褐色向下的硬刺毛；**箨鞘**长于节间，革质，紧抱竿，背部密被棕色伏贴疣基刺毛；**箨耳**无或微弱，存在时疏生粗糙的繸毛；**箨舌**背部有短毛，边缘疏生粗糙的纤毛；**箨片**直立，线状披针形。叶片长椭圆状披针形，唯在下表面近基部处有时具毛，次脉 9~12 对，小横脉呈方格状。笋期 4 月。

种群状态

产于**江西**（瑞金拔英林场）。生于路边。

濒危原因

杉木、蜜橘种植和经济林开发，人为采伐。

应用价值

具观赏、生态、科研价值。

保护现状

尚未进行种群评估；自然生长，尚无有效保护措施。

保护建议

将瑞金拔英林场部分区域划定为物种保护区；对毛鞘箬竹现有资源及其适生环境状况进行详细调查，严禁采集、挖掘和破坏；加快对毛鞘箬竹的科学研究，弄清其生长发育规律，开展人工繁育工作。

主要参考文献

［1］ LI D Z, WANG Z P, ZHU Z D, et al. Bambuseae. In: WU Z Y, RAVEN P H, HONG D Y, eds, Flora of China, Vol. 22 [M]. Beijing: Science Press ; st. Louis: Missouri Botanical Garden Press, 2006: 7–180.

［2］ 马乃训, 张文燕. 中国珍稀竹类 [M]. 杭州 : 浙江科学技术出版社, 2007.

［3］ 赵惠茹, 杨雅玲. 中国箬竹属新分类群及新组合 [J]. 植物分类学报, 1985, 23(6): 460–465.

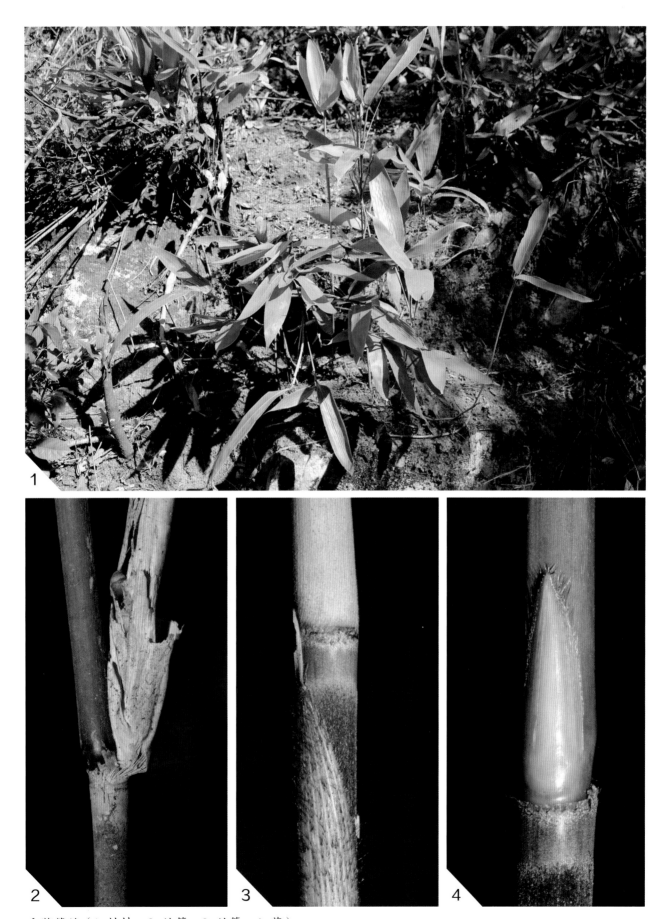

毛鞘箬竹（1.植株；2.竹竿；3.竹箨；4.芽）

国家保护	红色名录	极小种群	华东特有
	数据缺乏（DD）		是

禾本科　箬竹属

同春箬竹

Indocalamus tongchunensis K. F. Huang & Z. L. Dai

条目作者

张文根

生物特征

灌木状或小灌木状类，**地下茎**复轴型。竿的节间呈圆筒形。**竿**直立，节间微被白粉，黄色，光亮；分枝在成长后能将竿**箨**推离主竿，但**箨鞘**则紧抱分枝，枝的**箨鞘**无毛，仅上部被微毛，边缘生棕色纤毛。**竿箨**宿存，光亮；**箨鞘**背部无毛，其上部微被白色茸毛和白粉，边缘生棕色长纤毛；无**箨耳**和鞘口繸毛或箨耳极微弱；**箨舌**质硬，截形或拱形，边缘无纤毛或有微弱的纤毛；**箨片**长于箨鞘，直立，质薄，基部收缩呈心形，无毛。**叶片**椭圆形或披针状椭圆形，下表面淡绿色，被灰色柔毛，次脉 12~14 对。春夏发笋。

种群状态

产于**福建**（漳平永福镇同春村）。生于阔叶林下，海拔 850 m。

濒危原因

茶树种植和经济林开发，人为采伐。

应用价值

具观赏、生态、科研价值。

保护现状

尚未进行种群评估；福建省漳州市华安县竹园有引种栽培。

保护建议

将华安县同春箬竹模式产地区域划定为物种保护区；对同春箬竹现有资源及其适生环境状况进行详细调查，严禁采集、挖掘和破坏；加快对同春箬竹的科学研究，弄清其生长发育规律，开展人工繁育工作。

主要参考文献

［1］ WANG Z P, STAPLETON C. Indocalamus. In: WU Z Y, RAVEN P H, HONG D Y, eds. Flora of China, Vol. 22 [M]. Beijing: Science Press; St. Louis: Missouri Botanical Garden Press, 2006.

［2］ 黄克福，戴宗垒. 福建箬竹属一新种（禾本科）[J]. 武夷科学，1986, 6(00): 293–295.

［3］马乃训,张文燕.中国珍稀竹类 [M].杭州:浙江科学技术出版社,2007.

同春箬竹（1. 植株；2. 枝叶；3. 叶鞘；4. 叶背）

国家保护	红色名录	极小种群	华东特有
	未评估		是

禾本科　单竹属

天鹅绒竹

Lingnania chungii var. *velutina* T. P. Yi & J. Y. Shi

条目作者

张文根

生物特征

与原变种粉单竹（*Lingnania chungii* McClure）的区别在于幼竿下部节间除节内、节下环带外，密被紫黑色至棕黑色短茸毛和小刺毛，中部以上节间其毛变为稀疏黄褐色或淡黄色小刺毛，毛脱落后竿有疣基而显著粗糙。笋期6月。

种群状态

产于福建（华安县新圩镇绵治村）。海拔200~350 m。

濒危原因

自然居群稀少，仅2丛。

应用价值

具观赏、生态、科研价值。

保护现状

尚未进行种群评估；华安竹类植物园有引种栽培。

保护建议

将天鹅绒竹模式标本产地及其周边适当区域划定为物种保护区；对天鹅绒竹的现有资源及其适生环境状况进行详细调查，严禁采集、挖掘和破坏；加快对天鹅绒竹的科学研究，弄清其生长发育规律，开展人工繁育工作。

主要参考文献

［1］马乃训,张文燕.中国珍稀竹类[M].杭州：浙江科学技术出版社,2007.
［2］史军义,邹跃国,易同培.单竹属一新分类群[J].竹子研究汇刊,2005(02):14.
［3］易同培,史军义,马丽莎,等.中国竹类图志[M].北京：科学出版社,2008.
［4］邹跃国.福建华安竹类植物园种质资源异地保存与分析[J].世界竹藤通讯,2006(04):23-26.

天鹅绒竹（1. 生境；2. 植株；3. 竹竿；4. 笋）

国家保护	红色名录	极小种群	华东特有
	未评估		是

禾本科　刚竹属

青龙竹

Phyllostachys edulis f. *curviculmis* H. X. Wang & J. S. Peng

条目作者

张文根

生物特征

乔木状竹类。**地下茎**为单轴散生。竿高达 15 m，胸径达 13 cm，竹竿呈"S"形弧状弯曲，弧弯 1~4 个，弧长 1~4 m，幼秆密被细柔毛及厚白粉，竿环不明显。节间长不均匀，弧弯处竹竿横截面呈椭圆形至圆形。**箨鞘**背面黄褐色或紫褐色，具褐色斑点，密生棕色刺毛；**箨耳**小，繸毛发达；**箨舌**隆起，边缘具粗长纤毛；**箨叶**绿色，长三角形至披针形。**小枝**具 2~4 枚叶，**叶耳**不明显，鞘口有繸毛；叶舌隆起。叶片长 4~11 cm，宽 0.5~1.2 cm，下表面基部沿中脉两侧被灰白色短柔毛，次脉 3~6 对。笋期 4~5 月。

种群状态

产于**江西**（奉新县柳溪乡面积近 6.7 hm²；资溪县马头山面积约 1.3 hm²）。生于竹木混交林中。

濒危原因

由于竿形奇特，现有的机械难以对其进行加工，导致林地经营效益低，被当地群众视为薪柴，砍伐严重，因此，种群数量日益减少，急需进行保护和开发利用。

应用价值

具科普、绿化、观赏价值。

保护现状

尚未进行种群评估；奉新县竹博园，江西省林业科学院竹类国家林木种质资源库等已有引种栽培。已开展人工培育及园林应用等研究。

保护建议

加强就地保护，促进种群更新和恢复；在宜丰、万载、奉新等相似生境地区进行近地保护；鼓励迁地引种，增加在园林、绿化中的应用。

主要参考文献

王海霞, 程平, 曾庆南, 等. 毛竹新变型——青龙竹 [J]. 竹子学报, 2018, 37(01): 73-74.

青龙竹（1.生境；2.植株；3.箨鞘；4.箨叶）

国家保护	红色名录	极小种群	华东特有
	未评估		是

禾本科　刚竹属

厚竹

Phyllostachys edulis f. *Pachyloen* (T. P. Yi) G. H. Lai

条目作者
张文根

生物特征

　　乔木状竹类，**地下茎为单轴散生**。**竿圆筒形**，直立，高达 12 m，粗达 8 cm，略呈四方形，幼竿密被细柔毛及厚白粉，**箨环有毛**，竿壁厚，上部近实心。竿环不明显；**箨鞘**背面黄褐色或紫褐色，具黑褐色斑点及密生棕色刺毛；**箨耳**小，繸毛发达，**箨舌**强隆起，边缘具粗长纤毛；**箨叶**较短，披针形。末级小枝 2~4 枚叶，叶耳不明显；叶舌隆起，**叶片较小**，披针形，长 4~11 cm，宽 0.5~1.2 cm，下表面沿中脉基部具柔毛，次脉 3~6 对。笋期 4 月。

种群状态

　　产于**江西**（万载县高村镇，不足 30 竿）。

濒危原因

　　自然分布区极其狭小，生境受到人工砍伐和毛竹林的侵蚀威胁。

应用价值

　　具笋用、材用、观赏价值。

保护现状

　　尚未进行种群评估；安吉竹博园、宜丰竹博园、广德林业科学研究所、江西农业大学等有引种栽培；已开展濒危原因、人工繁殖及园林应用等研究。

保护建议

　　加强就地保护，促进种群更新和恢复；在宜丰、万载等相似生境近地保护；鼓励迁地引种，增加在园林、绿化中的应用。

主要参考文献

［1］马乃训, 张文燕. 中国珍稀竹类 [M]. 杭州 : 浙江科学技术出版社 , 2007.

［2］杨光耀, 黎祖尧, 杜天真, 等 . 毛竹新栽培变种——厚皮毛竹 [J]. 江西农业大学学报 , 1997(04): 99–100.

厚竹（1.生境；2.植株；3.竹竿切面；4.箨叶）

国家保护	红色名录	极小种群	华东特有
	无危（LC）		是

禾本科　刚竹属

奉化水竹

Phyllostachys funhuaensis (X. G. Wang & Z. M. Lu) N. X. Ma & G. H. Lai

条目作者

张文根

生物特征

灌木状竹类，**地下茎**为单轴散生。与水竹近似，但其**箨鞘**鲜时呈较淡绿色，近先端有明显的乳白色放射状纵条纹，并染有淡紫红色，新竿淡绿色略带黄色，仅节下有一圈明显白粉，节明显隆起，**箨耳**不发育或甚小，**箨片**绿色带紫红色，假小穗之苞片及小花外稃均带淡紫红色等。

种群状态

产于**浙江**（奉化）。海拔约 480 m。

濒危原因

自然分布区极其狭小，生境受到人工砍伐和经济林的侵蚀威胁。

应用价值

具笋用、材用、观赏、生态、科研价值。

保护现状

尚未进行种群评估；安吉竹博园、浙江省林业科学研究院等有引种栽培。

保护建议

将奉化区划定为物种保护区；对奉化水竹的现有资源及其适生环境状况进行详细调查，严禁采集、挖掘和破坏；加快对奉化水竹的科学研究，弄清其生长发育规律，开展人工繁育工作。

主要参考文献

［1］赖广辉.竹亚科刚竹属植物的修订（Ⅱ）[J].植物研究,2001(02):182–185.

［2］马乃训,张文燕.中国珍稀竹类 [M].杭州：浙江科学技术出版社,2007.

［3］马乃训,张文燕,袁金玲.国产刚竹属植物初步整理 [J].竹子研究汇刊,2006(01):1–5.

［4］王显家,陆志敏.浙江奉化一竹类新植物 [J].竹子研究汇刊,1997(04):15.

奉化水竹（1. 植株；2. 竹竿；3. 箨叶；4. 箨鞘）

国家保护	红色名录	极小种群	华东特有
	无危（LC）		是

禾本科　刚竹属

富阳乌哺鸡竹

Phyllostachys nigella T. H. Wen

条目作者

张文根

生物特征

小乔木状或灌木状竹类，**地下茎**为单轴散生。**竿**圆筒形，直立，幼竿无毛，被极薄的白粉，老竿黄绿色；竿环与箨环近等高。**箨鞘**背面棕色至灰绿色，密布大小不等的斑点，顶端尤密而形成云烟状，微被白粉，有淡褐色刺毛；**箨耳**及繸毛生长良好，暗紫色；**箨舌**暗紫色，拱形或截形，边缘生长纤毛；**箨片**边缘黄色，皱褶，外翻。末级小枝具 2~4 枚叶；叶耳镰形，繸毛发达；叶舌伸出，具纤毛；**叶片**长10~15 cm，宽 13~19 mm。笋期 5 月。

种群状态

产于**浙江**（富阳区，仅存个别零星小块，总面积不过几亩）。

濒危原因

受农业经济结构调整和群众建房对土地需求增长的影响。

应用价值

笋味美；竹材宜作农具柄，搭棚架或劈篾编篮用。

保护现状

尚未进行种群评估；安徽省滁州市沙河镇白米村、四川省成都市锦江区望江公园、浙江省安吉县竹博园、福建省华安县竹种园和江西省宜春竹类研究所等有引种栽培。

保护建议

加强就地保护，促进种群更新和恢复；在浙江富阳相似生境地区进行近地保护；鼓励迁地引种，增加其在园林、绿化中的应用。

主要参考文献

[1] WANG Z P, STAPLETON C. Phyllostachys. In: WU Z Y, RAVEN P H, HONG D Y, eds. Flora of China, Vol. 22 [M]. Beijing: Science Press; St. Louis: Missouri Botanical Garden Press, 2006: 163–180.

［2］马乃训,张文燕.中国珍稀竹类[M].杭州:浙江科学技术出版社,2007.

［3］温太辉.浙江刚竹属新分类群[J].植物研究,1982(01):61–88.

富阳乌哺鸡竹（1.栽培植株；2.分枝；3.叶鞘；4.笋）

国家保护	红色名录	极小种群	华东特有
二级	濒危（EN）		

禾本科　高粱属

拟高粱

Sorghum propinquum (Kunth) Hitchc.

条目作者

葛斌杰

生物特征

多年生草本，丛生；根茎粗壮。秆直立，高 1.5~3 m，基径 1~3 cm，具多节，节上具灰白色短柔毛。叶片线形或线状披针形，长 40~90 cm，宽 3~5 cm，两面无毛。圆锥花序开展，长 30~50 cm，宽 6~15 cm；分枝纤细，3~6 枚轮生，下部者长 15~20 cm；小穗成熟后，其柄与小穗均易脱落；颖薄革质，第一颖具 9~11 脉；第二颖具 7 脉；第一外稃透明膜质，具纤毛；第二外稃无芒或具一细弱扭曲的芒。颖果倒卵形，棕褐色。花果期夏秋季。

种群状态

产于福建（建阳、顺昌）。生于溪沟边潮湿环境中。分布于广东、海南、四川、台湾和云南。印度、印度尼西亚、马来西亚、菲律宾和斯里兰卡也有。红色名录评估为濒危 EN B1ab(i,iii,v)；C2a(i,ii)，即指本种分布区面积少于 5 000 km^2，分布点少于 5 个，且彼此分割，分布区面积、栖息地面积与成熟个体数量持续衰减；成熟个体数量不足 2 500 棵，且无超过 250 棵的亚种群，95% 以上的成熟个体集中在一个亚种群内。

濒危原因

生境变化。

应用价值

作为高粱的野生近缘植物具粮食育种价值；牧草资源。

保护现状

开展过引种栽培方面的初步研究，未见有针对性的保护工作。

保护建议

加强种质资源库建设，开展种质资源创新利用。

主要参考文献

［1］ CHEN S L, PHILLIPS S M. Sorghum. In: WU Z Y, RAVEN P H, HONG D Y, eds. Flora of China, Vol. 22 [M]. Beijing: Science Press; St. Louis: Missouri BotanicalGarden Press,2006: 600–602.

［2］ 周卫星, 白淑娟. 拟高粱在苏南丘陵地区的栽培与利用 [J]. 草业科学 , 1991, 008(004):16–17.

拟高粱（小穗）

国家保护	红色名录	极小种群	华东特有
二级	无危（LC）		

禾本科　结缕草属

中华结缕草

Zoysia sinica Hance

条目作者

葛斌杰

生物特征

多年生草本，由细长的横走根茎形成致密的垫状。秆直立于根茎节上，坚挺，高 10~30 cm。叶鞘无毛，基部宿存，鞘口具长柔毛；叶舌短而不明显；叶片淡绿色或灰绿色，背面较淡，长可达 10 cm，宽 1~3 mm，无毛，质地稍坚硬，扁平或边缘内卷。总状花序穗形，小穗排列稍疏，长 2~4 cm，宽 4~5 mm，稍伸出叶鞘外；小穗披针形或卵状披针形，黄褐色或略带紫色，长 4~5 mm，宽 1~1.5 mm，具长约 3 mm 的小穗柄；颖光滑无毛，侧脉不显，中脉近顶端与颖分离，延伸成小芒尖；外稃膜质，长约 3 mm，具一明显的中脉；雄蕊 3 枚，花药长约 2 mm；花柱 2，柱头帚状。颖果棕褐色，长椭圆形，长约 3 mm。花果期 5~10 月。

种群状态

产于安徽（广布平原地区）、福建（沿海各地较常见）、江苏（省内广布）、山东（胶东半岛和鲁中南山区）、浙江（定海、开化、普陀、瑞安、象山等地）。生于海边沙滩、河岸、路旁的草丛中。其中山东的资源量在华东地区居前列，约有 9 000 hm²。分布于广东、广西、河北、辽宁、台湾。朝鲜半岛和日本也有。

濒危原因

用地性质改变造成分布面积流失，此外与其他草灌木混杂，导致种质退化。

应用价值

具有良好的护坡护堤功能，是运动场地、草坪用草的重要物种资源，为牧草新品种选育和改良提供了遗传物质基础。

保护现状

部分地区，如山东邹平设立了中华结缕草原生境保护及建设项目，采取区内隔离防护，剔除乔灌木等高大遮阴植物，保证草体的正常生长。

保护建议

加强宣传教育，以保护带发展，牧草、坪用草资源应用前景广，在资源分布优势区域建立防护设施，开展种质资源创新利用。

主要参考文献

[1] 谷奉天,刘振元,崔卫东.山东结缕草资源开发利用研究 [J].中国野生植物资源,2005(01):28-31.

[2] 马爱玲.中华结缕草资源与原生境保护 [J].中国种业,2011(11):73-74.

[3] 徐家林,牛永强.我国结缕草属植物种质资源的研究现状与问题 [J].园林科技,2011(04):17-20.

中华结缕草（1.植株群体；2.花序）

国家保护	红色名录	极小种群	华东特有
	易危（VU）		是

罂粟科　紫堇属

土元胡

Corydalis humosa Migo

条目作者

钟鑫

生物特征

细弱多年生草本。高 9~20 cm，块茎球形；茎纤细，基部以上具 1 枚鳞片，鳞片腋内常具 1~3 分枝，叶生于鳞片以上，有时少数生于鳞片腋内，下部的茎生叶腋常具退化的腋生小叶。叶 2 回 3 出，具长的叶柄和小叶柄，小叶椭圆形，全缘，下部苍白色。总状花序具 1~3 朵花，疏离。苞片卵圆形至卵状披针形，花梗纤细，长 7~15 mm。萼片小，早落；花白色；上花瓣长 1~1.2 cm，瓣片宽展，顶端微凹；距圆筒形，弧形上弯，长 5~7 mm；蜜腺体贯穿距长的 1/3~1/2，末端钝；下花瓣长约 6 mm，顶端微凹，基部具下延的小囊状突起；内花瓣长约 4 mm，顶端带紫红色；柱头头状，周边乳突不明显。蒴果卵圆形，具 5~9 枚种子，2 列。种子具钝的圆锥状突起。花果期 3~5 月。

种群状态

产于浙江（安吉、临安西天目山为模式产地）。生于林缘，海拔 800~1 000 m。浙江特有种。红色名录评估为易危 VU D2，即指本种占有面积不足 20 km²，可能在极短时间内成为极危种，甚至绝灭。

濒危原因

被作为中药材过度采集；生境破坏。

应用价值

具科研和观赏价值；含延胡索碱及其他异喹啉类生物碱，具潜在的药用价值。

保护现状

部分种群位于保护区和风景区内，上海辰山植物园已进行引种迁地保育。

保护建议

保护区范围内严禁采集；少量迁地保育后回归原生境。

主要参考文献

[1] ZHANG M L, SU Z Y, LIDÉN M. et al. Corydalis humosa. In: WU Z Y, RAVEN P H, HONG D Y, eds. Flora of China, Vol. 8 [M]. Brassicaceae. Beijing: Science Press; St. Louis: Missouri Botanical Garden Press. 2008: 315, 318.

［2］ TAO J, ZHANG X, YE W. et al. Chemical constituents from Corydalis humosa[J]. Journal of Chinese medicinal materials, 2005, 28(7): 556–557.

［3］ 刘川, 赵守训. 江苏元胡块茎中化学成分的研究 [J]. 中国药科大学学报, 1989(05): 261–265.

土元胡（1. 生境；2. 花序；3. 花期植株，示全缘的叶片与叶尖吐水；4. 植株）

国家保护	红色名录	极小种群	华东特有
	濒危（EN）		

防己科　青牛胆属

青牛胆

Paratinospora sagittata (Oliv.) Wei Wang

条目作者

陈彬

生物特征

缠绕藤本。具黄色块根；分枝圆柱形，细长，有槽纹。叶长椭圆状披针形，长 7~13 cm，宽 3~8 cm，顶端渐尖或钝，基部箭形或戟状箭形，全缘，两面被短硬毛。花单性，雌雄异株。雄花组成总状花序，数花序簇生于叶腋。雄花萼片排列成 2 轮，外轮 3 片细小；花瓣 6 片，倒卵形，较萼片短；雄蕊 6 枚，离生，较花瓣长。雌花 4~10 朵组成总状花序。雌花萼片形状与雄花的相同；花瓣较小，匙形；退化雄蕊 6 枚；心皮 3 枚。核果红色，背部隆起。

种群状态

产于福建（大田、泰宁、尤溪）、江西（省内广布）。生于林下、林缘、竹林及草地上。分布于广东、广西、贵州、海南、湖北、湖南、陕西、山西、四川、西藏、云南。越南北部也有。红色名录评估为濒危 EN A2acd+3cd，即指直接观察到本种野生种群因分布区、栖息地缩减及开发基建而存在持续衰退，种群规模在 10 年或三个世代内缩小 50% 以上，预计种群数量也将因此减少。

濒危原因

青牛胆是民间广泛使用的传统草药，被过度采集利用。

应用价值

青牛胆含有生物碱、萜类、黄酮类、甾体等大量化合物，具抗炎与镇痛、抗菌抑菌、抗肿瘤和免疫调节、抗辐射、抗氧化等作用，可以大量栽培用于提取药用化学物质。

保护现状

部分种群位于保护区和风景区内，未见对物种的针对性保护报道。

保护建议

加强人工繁殖栽培，用于药用和观赏。

主要参考文献

［1］马亚娟,白文婷,朱小芳,等.青牛胆属药用植物研究进展 [J]. 中南药学 ,2017,15(12):1 733–1 738.

［2］　杨丽艳.青牛胆抗肿瘤作用及对小鼠免疫功能的影响研究 [D].长春：吉林大学,2011.

青牛胆（1.花序；2.枝叶；3.块根；4.果序）

国家保护	红色名录	极小种群	华东特有
二级	易危（VU）		

小檗科　鬼臼属

八角莲

Dysosma versipellis (Hance) M. Cheng ex T. S. Ying

条目作者

葛斌杰

生物特征

多年生草本。茎直立，不分枝。茎生叶2片，互生，盾状，直径达30 cm，近圆形，4~9掌状浅裂，裂片先端不裂。花梗纤细，下弯；花深红色，5~8朵簇生于近叶基处；萼片6片，外被短柔毛；花瓣6片，无毛。浆果椭圆形。种子多数。花期3~6月，果期5~9月。

种群状态

产于安徽（皖南山区及大别山区）、江西（崇仁、井冈山、莲花、石城、寻乌等地）、浙江（安吉、江山、开化、临安、慈溪）。生于林下灌丛中、溪旁阴湿处或竹林下，海拔550~3 200 m。分布于广东、广西、贵州、河南、湖北、湖南、山西和云南，中国特有种。红色名录评估为易危VU A2c+3c+4c；B1ab(iii,v)，即指本种在10年或三个世代内因栖息地减少等因素，种群规模缩小了30%以上，且仍在持续，预计种群数量也将因此减少并仍将持续；分布区不足20 000 km²，生境碎片化，栖息地面积、范围和成熟个体数量持续性衰退。

濒危原因

繁殖障碍、遗传结构不利等自身因素和人类过度采挖、生境破坏等。

应用价值

具药用、观赏价值。

保护现状

随着人类活动范围增大，各种群间呈现斑块状间断分布，大种群变小，小种群消失，为种群间的基因交流增加阻力。部分种群位于保护区和风景区内，广泛作为药用植物栽培。

保护建议

选择透水性好，有机质丰富的偏酸性土壤（pH值4.2~7.8）和潮湿遮蔽生境，干扰要少；挑选遗传分化较高的野生种群进行迁地保护；借助人工授粉的手段，增大种群内和种群间的基因交流，完成有效的有性繁殖。此外，八角莲往往具多个休眠芽，可在温室培养条件下使其萌发，为野外回归提供材料。

主要参考文献

[1] 李忠超,王武源.濒危药用植物八角莲生态生物学特征[J].热带亚热带植物学报,2006(03):190-195.
[2] 张燕,黎斌,李思锋.八角莲的保护生物学研究进展(综述)[J].亚热带植物科学,2011,40(04):89-92.

八角莲（1.生境；2.幼果；3.植株；4.花簇生叶基）

国家保护	红色名录	极小种群	华东特有
	易危（VU）		

毛茛科　银莲花属

山东银莲花

Anemonastrum shikokiana (Makino) Holub

条目作者
葛斌杰

生物特征

多年生**草本**。**根状茎**短，垂直。基生**叶** 5~8 片，有长柄；叶片轮廓圆肾形，长 3.5~9.5 cm，宽 5~14 cm，3 全裂。**花葶**通常 1 条，有疏柔毛或近无毛；苞片 2~3 片，无柄，扇形或菱状倒卵形，边缘有睫毛或近无毛；复伞形**花序**长 3.5~12 cm；小伞形花序约有 4 朵花，长 3~4 cm；萼片 4(~5) 片，白色，狭倒卵形或倒卵形，顶端圆形，无毛；雄蕊长约 4 mm，花药狭椭圆形；心皮 2~5 枚，无毛。**瘦果**扁平，无毛。花期 6~7 月。

种群状态

产于**山东**（烟台昆嵛山和青岛崂山）。生于山间草地，海拔 600 m 以上。日本四国岛西北部的石槌山也有。红色名录评估为易危 VU A2c，即指本种在 10 年或三世代内因栖息地减少等因素，种群规模缩小了 30% 以上，且仍在持续。

濒危原因

所处的封闭型针阔混交次生林和开放型山顶灌丛生境，分别对植株结实率和种子萌发造成阻碍，从而影响山东银莲花种群的发展；此外，分布区在景区内，生境破坏严重。

应用价值

具科研、观赏价值。

保护现状

部分种群位于保护区和风景区内，未见对物种的针对性保护报道。

保护建议

在已知分布地建立保护小区，禁止游客进入；加强人工引种和栽培技术研究，为迁地保护提供技术支持。

主要参考文献

王莹,逢玉娟,刘传林,等.稀有植物山东银莲花 (*Anemone shikokiana* (Makino) Makino) 的分布格局及影响因子分析 [J]. 植物研究 , 2014, 34(04): 440–445.

山东银莲花 (1. 花期植株；2. 小伞形花序；3. 果序)

国家保护	红色名录	极小种群	华东特有
	濒危（EN）		

毛茛科　水毛茛属

小花水毛茛

Batrachium bungei var. *micranthum* W. T. Wang

条目作者

葛斌杰

生物特征

多年生沉水草本。**叶**有短柄或长柄；叶片轮廓近半圆形或扇状半圆形，直径 2.5~4 cm，小裂片近丝形，无毛或近无毛；叶柄长 0.7~2 cm，基部有宽或狭鞘。**花**直径 0.5~0.6 cm；花梗长 2~5 cm，无毛；**萼片** 4 或 5 片，长 1.6~2.4 mm，边缘膜质，无毛；**花瓣** 4 或 5 片，白色，基部黄色，（2.5~3.5）mm ×（1.4~2.2）mm，倒卵形；**雄蕊** 5~7 枚，有毛。**聚合果**卵球形，直径约 3.5 mm；**瘦果** 20~40 个，斜狭倒卵形，长 1.2~2 mm，有横皱纹。花期 4~6 月。

种群状态

产于**江西**（南昌）。生于湖沼。分布于广西、湖南和云南，中国特有种。红色名录评估为濒危 EN B1ab(iii,v)，即指本种分布区面积少于 5 000 km²，分布点少于 5 个，且彼此分割，栖息地面积与成熟个体数量持续衰减。

濒危原因

可能与分布区小、水系易受干扰有关。

应用价值

科研。

保护现状

部分种群位于保护区和风景区内，未见对该物种华东种群的针对性保护报道。

保护建议

加强野外种群调查，同步进行迁地保护。

主要参考文献

［1］田丰.桂林湿地高等植物区系研究 [D].桂林：广西师范大学,2016.

［2］王文采.中国毛茛科植物小志（十八）[J].广西植物,1995(02):97–105.

小花水毛茛（1. 生境；2.花期植株；3.花）

国家保护	红色名录	极小种群	华东特有
二级	濒危（EN）		

毛茛科　黄连属

短萼黄连

Coptis chinensis var. *brevisepala* W. T. Wang & P. G. Xiao

条目作者

葛斌杰

生物特征

根状茎黄色，常分枝。**叶**片稍带革质，卵状三角形，宽达 10 cm，3 全裂，除表面沿脉被短柔毛外，其余无毛；叶柄长 5~12 cm，无毛。花莛 1~2 条，高 12~25 cm；二歧或多歧聚伞花序，有 3~8 朵花；萼片黄绿色，长椭圆状卵形，长约 6.5 mm，宽 2~3 mm；花瓣线形或线状披针形，长 5~6.5 mm，中央有蜜槽；雄蕊约 20 枚；心皮 8~12 枚，花柱微外弯。**蓇葖**长 6~8 mm。**种子**长椭圆形，褐色。花期 2~3 月，果期 4~6 月。

种群状态

产于**安徽**（黄山、九华山、歙县清凉峰、祁门牯牛降）、**福建**（省内广布）、**江西**（井冈山、芦溪、上犹、玉山、资溪）、**浙江**（淳安、临安、武义、仙居、永康）。生于山地沟边林下或山谷阴湿处。海拔 600~1 600 m。分布于广西、广东，中国特有种。红色名录评估为濒危 EN A2c，即指本种在 10 年或三个世代内因栖息地减少等因素，种群规模缩小了 50% 以上，且仍在持续。

濒危原因

过度采挖及旅游开发造成生境的破坏；片段化岛屿型生境限制了种群间基因交流，降低了遗传多样性，削弱了应对环境变化的能力。

应用价值

具药用价值。

保护现状

处于保护核心区域的短萼黄连种群得到了较好的保护，但在保护区外，因药农的无限度挖掘，已很难见到。

保护建议

选择短萼黄连的典型生境和群落设立保护区进行就地保护；对不具设立保护区条件的区域，在现有保护区内选择合适生境，采用迁地保护。

主要参考文献

［1］ 张莉.短萼黄连的生物生态学特性及其与黄连的比较研究 [D].芜湖：安徽师范大学,2003.

［2］ 张莉,张小平.安徽珍稀濒危植物短萼黄连的调查与保护 [J].植物资源与环境学报,2004(04): 44-48.

［3］ 张莉,张小平.安徽短萼黄连种群特性及其濒危机制探讨 [J].应用生态学报,2005(08): 1 394-1 398.

短萼黄连（1.生境；2.植株；3.叶；4.果序）

国家保护	红色名录	极小种群	华东特有
	极危（CR）		

毛茛科　翠雀属

三小叶翠雀花

Delphinium trifoliolatum Finet & Gagnep.

条目作者

葛斌杰

生物特征

草本。茎直立，疏被反曲的短柔毛，下部变无毛，分枝。基生**叶**及下部叶在开花时枯萎；茎中部叶有长柄；叶片五角形，长 5.2~8.2 cm，宽 7~12 cm，3 全裂，两面均疏被短伏毛；叶柄与叶片近等长。总状**花序**顶生，有 3~8 朵花。花梗斜上展，长 0.9~2 cm；**萼片**紫色，椭圆形，外面被短柔毛，内面无毛，距钻形，长 2.2~2.5 cm，直或稍向下弯；**花瓣**紫色，无毛，**退化雄蕊**紫色，瓣片约与爪等长，卵形，2 裂稍超过中部，腹面疏被短柔毛，无黄色髯毛；**雄蕊**无毛；心皮 3 枚，无毛。**蓇葖**长 7~9 mm。**种子**倒卵球状四面体形，长约 2 mm，密生极狭的波状横翅。花期 7~8 月。

种群状态

产于**安徽**（岳西）。生于林下，海拔 1 300~1 600 m。分布于重庆、湖北、湖南、贵州和四川，中国特有种。红色名录评估为极危 CR A2ac；D，即指直接观察到本种野生种群因分布区、栖息地缩减而存在持续衰退，种群规模在 10 年或三个世代内缩小 80% 以上；分布区面积少于 100 km^2，分布点仅 1 个，成熟个体数量持续衰减，占有面积不足 10 km^2；成熟个体数量少于 50 棵。

濒危原因

致危因子尚不明确，多次野外考察都未发现种群。

应用价值

含有 C$_{19}$– 二萜生物碱等药用成分。

保护现状

部分种群位于保护区和风景区内，未见针对物种的保护报道。

保护建议

开展有效药用成分研究和人工合成途径探索，降低对天然植物资源的依赖。

主要参考文献

［1］ 张代贵, 徐亮, 邓涛, 等 . 武陵山区湖南新记录植物（Ⅰ）[J]. 吉首大学学报 : 自然科学版 , 2009, 30(01): 104–106, 118.

［2］张仁波，窦全丽.贵州柏箐自然保护区的7种种子植物新记录 [J].贵州农业科学，2013，41(02)：26–28.

［3］周先礼，陈东林，王锋鹏.三小叶翠雀花中生物碱成分的研究 [J].华西药学杂志，2005(01)：1–3.

三小叶翠雀花（模式标本）

国家保护	红色名录	极小种群	华东特有
	易危（VU）		

蕈树科　枫香树属

半枫荷

Liquidambar chingii (F. P. Met calf) Ickert-Bond & J. Wen

条目作者

钟鑫

生物特征

常绿乔木。树皮灰色，稍粗糙；芽体长卵形，略有短柔毛；当年枝干后暗褐色，无毛；老枝灰色，有皮孔。叶簇生于枝顶，革质，异型，不分裂的叶片卵状椭圆形，基部阔楔形或近圆形，稍不等侧；或为掌状 3 裂，中央裂片长 3~5 cm，两侧裂片卵状三角形，有时为单侧叉状分裂；掌状脉 3 条，中央的主脉还有侧脉 4~5 对，与网状小脉在上面很明显，在下面突起；叶柄长 3~4 cm，上部有槽，无毛。雄花的短穗状花序常数个排成总状，花被全缺，雄蕊多数，花丝极短，花药先端凹入，长 1.2 mm。雌花的头状花序单生，萼齿针形，有短柔毛，花柱先端卷曲，有柔毛。头状果序直径 2.5 cm，有蒴果 22~28 个，宿存萼齿比花柱短。

种群状态

产于福建（南靖、松溪、新罗、延平、永春）、江西（大余、上犹）。生于杂木林中，海拔 600 m 以下。分布于广西、贵州、海南、广东，中国特有种。红色名录评估为易危 VU A2c；B1ab(i,iii)；C1，即指本种在 10 年或三个世代内因栖息地减少等因素，种群规模缩小了 30% 以上，且仍在持续；分布区不足 20 000 km^2，生境碎片化，分布区和栖息地的面积、范围持续性衰退；成熟个体少于 10 000 棵，种群规模将在三个世代内缩小 10%。

濒危原因

研究认为半枫荷对单个种子的投入大，种子集中在某一时段萌发，种群在受到强烈干扰时难以短期内恢复种群规模；种子易腐烂，萌生能力弱；人为干扰严重，树皮和树根作为瑶族传统药物被过度采挖；环境变迁，幼树喜遮阴习性无法适应人为改变的林相。

应用价值

一些研究认为半枫荷属 *Semiliquidambar* 为枫香树属 *Liquidambar* 与蕈树属 *Altingia* 的古杂交，该物种对于蕈树科系统研究有重要价值。木材具经济价值。

保护现状

部分种群位于保护区内。贵阳市林业科技推广站、上犹县林业局等已经建立起组织培养、种子、扦插繁育体系。

保护建议

就地建立保护小区；禁止采挖树皮树根；迁地保育后实验性回归。

主要参考文献

［1］傅立国, 金鉴明. 中国植物红皮书——稀有濒危植物 [M]. 北京: 科学出版社, 1992: 326.

［2］胡刚, 胡光平, 王桂萍, 等. 濒危植物半枫荷 *Semiliquidambar cathayensis* 组织培养快繁技术研究 [J]. 种子, 2012, 31(12): 116–120.

［3］任朝辉, 王莲辉, 田华林, 等. 贵州半枫荷濒危成因分析 [J]. 贵州林业科技, 2014, 42(02): 34–36.

［4］田晓明, 何志国, 颜立红, 等. 半枫荷研究进展及展望 [J]. 湖南林业科技, 2017, 44(03): 97–100.

［5］王满莲, 文香英, 韦霄, 等. 温度对 3 种金缕梅科植物种子萌发特性的影响 [J]. 种子, 2016, 35(10): 79–83.

半枫荷（1. 叶和芽；2. 花期枝条；3. 雌花序；4. 幼果）

国家保护	红色名录	极小种群	华东特有
	极危（CR）		是

金缕梅科　蜡瓣花属

白背瑞木

Corylopsis multiflora var. *nivea* H.T. Chang

条目作者
李攀

生物特征

嫩枝无毛。叶卵形，长 5~11 cm，宽 4~6.5 cm，下面有白粉，无毛。总状花序长 4cm；总苞状鳞片外侧无毛；苞片及小苞片略有柔毛；花序轴及花序柄均无毛；萼筒及萼齿无毛；花瓣倒披针形，长 3 mm，宽 1~1.5 mm；雄蕊长 4 mm；退化雄蕊不分裂；子房无毛，花柱比雄蕊略短。蒴果未见。

种群状态

产于福建（光泽、武夷山、永安）。生于山谷林中或沟谷溪边，海拔 450~1 000 m。福建特有种。红色名录评估为极危 CR B1b(i,iii,v)，即指本种的分布区不足 100 km²，分布区、栖息地的面积和成熟个体数持续性衰退。

濒危原因

原生境的过度破坏使其野生种群数量急剧降低，加之其生长速度缓慢，种群更新受限。

应用价值

具科普、绿化、观赏价值。

保护现状

部分种群位于保护区内，目前该种已被上海辰山植物园、杭州植物园等引种栽培和迁地保存；由于其观赏性强，目前被广泛推广为绿篱植物；同时已大力开展其濒危机制和人工复壮等方面的研究。

保护建议

就地保护为主，迁地保护为辅；福建作为其原产地，应该加强对其野生居群的保护和研究；同时加大对该濒危植物保护的宣传力度和科研工作。

主要参考文献

［1］ MORLEY B, CHAO J M. A review of Corylopsis (Hamamelidaceae). Journal of the Arnold Arboretum, 1977, 58(4), 382–415.

［2］ 张宏达, 颜素珠. 金缕梅科 / 中国植物志：第 35 卷第二分册 [M]. 北京：科学出版社, 1979: 82–83.

［3］ 张金谈, 张大维. 蜡瓣花属的花粉形态研究 [J]. 植物分类学报, 1991(4): 347–351.

白背瑞木（1. 花枝；2. 果序；3. 果实）

国家保护	红色名录	极小种群	华东特有
二级	近危（NT）		

金缕梅科　双花木属

长柄双花木

Disanthus cercidifolius subsp. *longipes* (H. T. Chang) K. Y. Pan

条目作者

李攀

生物特征

落叶灌木，高 2~4 m。叶互生，卵圆形，长 5~7.5 cm，宽 6~9 cm，先端钝圆，基部心形，全缘，掌状叶脉。头状花序，两朵对生，花两性，萼筒浅杯状，裂片 5 片，卵形，长 1~1.5 mm；花瓣 5 片，红色，狭披针形，长约 7 mm；雄蕊 5 枚，花丝短，花药内向，2 瓣开裂；子房上位，2 室，胚珠多数，花柱 2 枚，极短，柱头略弯钩。蒴果倒卵圆形，长 1.2~1.6 cm，直径 1.1~1.5 cm，木质，室背开裂；每室有种子 5~6 粒。种子长圆形，长 4~5 mm，黑色，有光泽。冬芽于 3 月初萌动，4 月上旬展叶。花期 10 月下旬，果期翌年 9~10 月。

种群状态

产于江西（井冈山、宜丰官山、南丰军峰山、玉山三清山）、浙江（开化、龙泉等地）。生于山地或山脊、坡地、沟谷，海拔 480~1 400 m。分布于湖南（道县月岩林场、常宁阳山、宜章莽山）、广东（连州大东山），中国特有种。其种群呈缓慢负增长型，种群的净增殖率、内禀增长率及周限增长率均较低。

濒危原因

分布区狭窄，呈零星分布；大面积森林砍伐、烧山开荒等导致其生境的片段化甚至破碎化；立地条件差，种间竞争力低；自身繁殖能力差，主要通过横生根进行营养繁殖、少行有性生殖；坐果率低，存在严重的"大小年"结果现象。

应用价值

具科普、绿化、观赏价值。

保护现状

相应的管理部门已对其野生居群的分布点进行就地保护，如建立自然保护区和挂牌等；此外，该种也已成功被一些植物园（上海辰山植物园、杭州植物园、庐山植物园等）和保护区（江西井冈山国家级自然保护区、浙江凤阳山国家级自然保护区等）引种栽培和迁地保存；同时已大力开展濒危机制、人工复壮等研究。

保护建议

就地保护为主，迁地保护为辅；在长柄双花木种群规模较大的地方，如连州大东山自然保护站等建立自然保护区，实施封山育林式的保护政策，加大保护力度。

主要参考文献

［1］李根有，陈征海，邱瑶德，等.浙江省长柄双花木数量分布与林学特性 [J].浙江林学院学报，2002(01): 22-25.

［2］肖宜安，曾建军，李晓红，等.濒危植物长柄双花木自然种群结实的花粉和资源限制 [J].生态学报，2006(02): 496-502.

［3］高浦新，李美琼，周赛霞，等.濒危植物长柄双花木 (*Disanthus cercidifolius* var. *longipes*) 的资源分布及濒危现状 [J].植物科学学报，2013,31(01): 34-41.

［4］李晓红，曾建军，周兵.特有濒危植物长柄双花木濒危原因及其保护对策 [J].井冈山大学学报：自然科学版，2013, 34(06): 100-106.

［5］张嘉茗，廖育艺，谢国文，等.国家珍稀濒危植物长柄双花木的种群特征 [J].热带生物学报，2013,4(01): 74-80.

长柄双花木（1.成熟叶；2.花序；3.幼果；4.果实开裂，示种子）

国家保护	红色名录	极小种群	华东特有
	易危（VU）		

金缕梅科　蚊母树属

闽粤蚊母树

Distylium chungii (F. P. Metcalf) W. C. Cheng

条目作者
李攀

生物特征

常绿小乔木。嫩枝被褐色星状茸毛，老枝变秃净，有皮孔，干后灰褐色；芽体裸露，外侧有星状茸毛。叶革质，矩圆形或卵状矩圆形，长 6~10 cm，宽 3~4 cm，先端锐尖或略钝，基部阔楔形，上面深绿色，发亮，下面有稀疏星状茸毛或变秃净；侧脉 5~6 对，在上面下陷，在下面突起，网脉在上下两面均明显，全缘或靠近先端有 1~2 个小齿突；叶柄长约 1 cm，有星状茸毛，托叶早落。总状花序长 0.7~3 cm；雄花位于花序下部，雄蕊 5~9 枚；两性花位于花序上部，萼齿极短，雄蕊通常 5 枚，子房卵形，花柱长 5~7mm。总状果序生于叶腋内，长 2~3 cm，有蒴果 2~4 个，果序轴有褐色星状茸毛。蒴果卵圆形，长 1.5 cm，外侧有褐色星状茸毛，宿存花柱长 2~3 mm，2 片裂开，每片 2 浅裂，果柄极短。种子卵圆形，长 6~7 mm，褐色，有光泽。

种群状态

产于福建（连城、连江、延平、永泰）。生于山谷林缘或山坡林中，海拔 1 000~1 200 m。分布于广东东部，中国特有种。红色名录评估为易危 VU A2c；C1，即指本种在 10 年或三个世代内因栖息地减少等因素，种群规模缩小了 30% 以上，且仍在持续；成熟个体少于 10 000 棵，种群规模将在三个世代内缩小 10%。

濒危原因

分布区狭窄，呈零星分布。

应用价值

具科普、绿化、观赏价值。

保护现状

目前该种未知有引种栽培和迁地保存。

保护建议

就地保护为主，迁地保护为辅；福建作为其原产地，应该加强对其野生居群的保护和研究；同时尽快对该物种开展迁地保护工作。

主要参考文献

张宏达,颜素珠.金缕梅科 / 中国植物志:第 35 卷第二分册 [M].北京:科学出版社,1979:106.

1

2

闽粤蚊母树(1.枝叶；2.果枝)

国家保护	红色名录	极小种群	华东特有
	易危（VU）		

金缕梅科　蚊母树属

台湾蚊母树

Distylium gracile Nakai

条目作者
李攀

生物特征

常绿小乔木，高达 10 m。嫩枝纤细，有褐色星状柔毛，老枝秃净无毛，有皮孔，芽体有褐色星状茸毛。叶广椭圆形，长 2~3 cm，宽 7~20 mm；先端钝，有由中肋突出的小尖突，基部广楔形；上面深绿色，无毛，稍暗晦，下面秃净无毛；侧脉 3~4 对，在上面不明显，在下面略突起，全缘，或靠近先端每边各有 1~2 个小齿突；叶柄长 2~4mm，有星状柔毛。花序腋生；雄花序穗状，长 1~1.5 cm，杂性花序总状，长 2~2.5 cm；两性花位于上部，花药紫红色。果序总状，腋生，长 1.5~3cm，有蒴果 1~3 个。蒴果卵圆形，长约 1cm，被星状毛，宿存花柱极短。花期 4 月，果期 8~9 月。

种群状态

产于**浙江**（普陀山岛慧济寺旁）。喜温暖湿润气候，对土壤要求不严，酸性、中性土壤均能适应。分布于台湾，中国特有种。经调研，其普陀山居群在生长过程中，死亡率随径级的增长表现为先增大，随后进入一个相对平稳的生长期；总体来看，其居群具有稳定的种群结构和空间格局。红色名录评估为易危 VU A4a；D1，即指直接观察到本种野生种群数因不明原因正在持续减少，种群数量在 10 年或三个世代内减少 30% 以上；成熟个体数少于 1 000 棵。

濒危原因

普陀山居群分布在坡顶，较大的风胁迫使得大多数台湾蚊母树呈现出低株高、多分枝的生长状况。

应用价值

具科普、绿化、观赏价值。

保护现状

相应的管理部门已对其台湾和普陀山居群进行就地保护，如建立自然保护区和挂牌等；此外，该种也已成功被一些植物园（上海辰山植物园、杭州植物园等）引种栽培和迁地保存；同时已大力开展濒危机制、人工复壮等研究。

保护建议

就地保护为主，迁地保护为辅；在台湾和普陀山建立自然保护区，加大保护力度；加大对其保护的宣传力度；同时加强其濒危机制等的研究工作。

主要参考文献

［1］ 胡军飞, 许洺山, 田文斌, 等. 浙江普陀山主要林型群落结构特征分析 [J]. 浙江农林大学学报, 2016, 33(05): 768-777.

［2］ 田文斌, 周刘丽, 周伟平, 等. 浙江普陀山古树群落木本植物种间关系 [J]. 福建林业科技, 2016, 43(02): 36-40, 48.

［3］ 赵慈良, 赵延涛, 田文斌, 等. 浙江普陀山台湾蚊母树的种群结构与点格局 [J]. 福建林业科技, 2016, 43(03): 39-45, 61.

台湾蚊母树 (1. 植株; 2. 果枝)

国家保护	红色名录	极小种群	华东特有
	易危（VU）		

金缕梅科　牛鼻栓属

条目作者

李攀

牛鼻栓

Fortunearia sinensis Rehder & E. H. Wilson

生物特征

落叶灌木或小乔木，高 5 m。嫩枝有灰褐色柔毛；老枝秃净无毛，有稀疏皮孔，干后褐色或灰褐色；芽体细小，无鳞状苞片，被星毛。叶膜质，倒卵形或倒卵状椭圆形，长 7~16 cm，宽 4~10 cm，先端锐尖，基部圆形或钝，稍偏斜，上面深绿色，除中肋外秃净无毛，下面浅绿色，脉上有长毛；侧脉 6~10 对，第一对侧脉第二次分支侧脉不强烈；边缘有锯齿，齿尖稍向下弯；叶柄长 4~10 mm，有毛；托叶早落。两性花的总状花序长 4~8 cm，花序柄长 1~1.5 cm，花序轴长 4~7 cm，均有茸毛；苞片及小苞片披针形，长约 2 mm，有星毛；萼筒长 1 mm，无毛；萼齿卵形，长 1.5 mm，先端有毛；花瓣狭披针形，比萼齿为短；雄蕊近于无柄，花药卵形，长 1 mm；子房略有毛，花柱长 1.5 mm，反卷；花梗长 1~2 mm，有星毛。蒴果卵圆形，长 1.5 cm，外面无毛，有白色皮孔，沿室间 2 片裂开，每片 2 浅裂，果瓣先端尖，果梗长 5~10 mm。种子卵圆形，长约 1 cm，宽 5~6 mm，褐色，有光泽，种脐马鞍形，稍带白色。花期 3~4 月，果期 7~8 月。

种群状态

产于安徽（大别山区、皖南山区及江淮丘陵地区）、江苏（溧阳、句容、连云港、无锡）、江西（柴桑、贵溪、庐山、武宁、玉山）、浙江（上虞、诸暨、定海等地）。生于低山丘陵地区的山坡杂木林和岩石隙中，海拔 800 m 以下。分布于河南、湖北、陕西和四川，中国特有种。红色名录评估为易危 VU A3cd；D1，即指本种在 10 年或三个世代内因栖息地减少、基建开发等因素种群数量将减少 30% 以上；成熟个体数少于 1 000 棵。

濒危原因

山林的过度破坏使其野生种群受到严重威胁；其种子萌发休眠期较长，致使其繁殖速度缓慢。

应用价值

科普、绿化、观赏、药材。

保护现状

该种被一些植物园（上海辰山植物园、杭州植物园等）引种栽培和迁地保存；由于其耐贫瘠的特性，目前被广泛推广种植；同时已大力开展种子萌发率、濒危机制和人工复壮等研究。

保护建议

就地保护为主，迁地保护为辅；加强对其种子萌发率、种子活性及内生真菌菌群的研究；同时加大对该濒危植物保护的宣传力度和推广，为贫瘠荒废山坡上的植树造林树种。

主要参考文献

［1］WU Z Y, YAN S Z, ZHOU S L, et al. Diversity of endophytic mycobiota in Fortunearia sinensis[J]. Acta Ecologica Sinica, 2014, 34(3): 160–164.

［2］吴振莹. 牛鼻栓内生真菌菌群多样性及其抗氧化活性的研究 [D]. 南京：南京师范大学, 2013.

［3］张袖丽, 谢中稳, 胡颖蕙. 牛鼻栓种子的主要化学成分和萌发条件的初步研究 [J]. 安徽农业大学学报, 1997(02): 100–104.

牛鼻栓（1. 花序；2. 果序；3. 果实成熟开裂；4. 果枝）

国家保护	红色名录	极小种群	华东特有
一级	易危（VU）		

金缕梅科　银缕梅属

条目作者

李攀

银缕梅

Parrotia subaequalis (Hung H. T. Chang) R. M. Hao & H. T. Wei

生物特征

落叶**乔木**。树皮光滑，深灰色，呈斑块状剥落。单**叶**互生，叶片纸质或薄革质，阔倒卵形或长椭圆形，长 4~6.5 cm，宽 2~4.5 cm，叶片两面均被有星状柔毛，叶边缘中部以上有钝锯齿，下半部全缘，侧脉 4~5 对，叶柄长 5~7 cm，被星状柔毛，托叶 2 片，披针形或狭披针形，早落。**花序**近头状或短穗状，腋生或顶生。**花** (3) 4~6 (7) 朵，两性，风媒，先叶开放；花无柄，无花瓣，淡绿色，绿后转白；**雄蕊** 5 (9) ~15 (16) 枚，着生于萼筒与子房合生处的内侧，1 轮；花丝丝状，白色，盛开时直立，盛开后则呈下垂状，故名"银缕"；花药黄色带红，基着，四棱状长柱形，药隔延伸成尖头，2 室，纵裂；苞片卵形或宽卵形，外侧密被深褐色毡毛，内侧近无毛，数量为 (10) 12~13 (14)；萼筒浅杯状，边缘具波状锯齿。**果实**为木质蒴果，近圆形，密被黄色星状柔毛，长 8~9 cm，先端有宿存的短的花柱。**种子**纺锤形，长 5~7 cm，两端尖，褐色有光泽，种脐淡黄色。花期 3 月中旬到 4 月初，有效花期为 10 d 左右；果期为 9 月底至 10 月中旬。

种群状态

银缕梅为窄域分布的濒危保护物种，其野生居群现孑遗在我国的华东地区，产于**安徽**（大别山区、皖南山区）、**江苏**（宜兴）、**浙江**（安吉、奉化、临安、宁海、余姚等地）。生于山谷溪边、山坡、山脊疏林下或灌丛中，海拔 400~1 000 m。分布于河南，中国特有种。红色名录评估为易危 VU C1，即指本种成熟个体数少于 10 000 棵，种群规模将在三个世代内缩小 10%。

濒危原因

生境片段化，种群间呈"孤岛状"分布；立地条件差，种间竞争力低；数年开花一次，自然授粉结实机会少；雌雄蕊异熟，无花瓣等自身生理结构造成的繁殖障碍；花期天气状况较差，影响正常授粉；病虫害较多，叶斑病、瘿瘤病等较为常见。

应用价值

具科普、绿化、观赏价值。

保护现状

鉴于其特殊的保护地位，现政府和相应的管理部门已对各个野生居群的分布点加大了就地保护力度，如对部分母树采取了挂牌、围土、建护栏等措施；此外，银缕梅也已成功被一些植物园（上海辰山植物园、南京中山植物园、杭州植物园、昆明植物园等）引种栽培和复壮；同时已大力开展濒危原因、人工繁育及园林栽培等研究。

保护建议

加强就地保护，把遗传资源丰富的野生居群（安徽绩溪和河南黄柏山等）作为重点保护单元；逐步加强迁地保护，在安徽大别山及浙江安吉龙王山等野生居群数量较多的地方选择适宜生境进行人工抚育和扩繁工程；进一步倡导其在园林、绿化及景观中的应用。

主要参考文献

［1］ZHANG Y Y, SHI E, YANG Z P, et al. Development and application of genomic resources in an endangered palaeoendemic tree, parrotia subaequalis (Hamamelidaceae) from eastern China. Front Plant Sci. 2018, 9: 246.

［2］郝日明, 魏宏图. 金缕梅科一新组合 [J]. 植物分类学报, 1998(01): 3-5.

［3］胡一民, 方国富, 骆绪美. 银缕梅的分类学地位、濒危原因与保护对策 [J]. 安徽林业科技, 2011, 37(02): 46-48.

［4］胡忠继, 汪文革, 宋宁波. 岳西县天峡银缕梅野生种群调查及其就地保护对策 [J]. 江苏林业科技, 2012, 39(04): 19-21.

［5］李贺鹏, 岳春雷, 郁庆君, 等. 珍稀濒危植物银缕梅的研究进展 [J]. 浙江林业科技, 2012, 32(05): 79-84.

银缕梅（1. 花枝；2. 生境；3. 花序；4. 树干）

国家保护	红色名录	极小种群	华东特有
二级	无危（LC）		

连香树科　连香树属

连香树

Cercidiphyllum japonicum Siebold & Zucc. ex J. J. Hoffm. & J. H. Schult. bis

条目作者

葛斌杰

生物特征

落叶大乔木。小枝无毛，短枝在长枝上对生。**叶**：生短枝上的近圆形、宽卵形或心形，生长枝上的椭圆形或三角形，先端圆钝或急尖，基部心形或截形，边缘有圆钝锯齿，先端具腺体，两面无毛，下面灰绿色带粉霜，掌状脉 7 条直达边缘。**雄花**常 4 朵丛生，近无梗；苞片在花期红色，膜质，卵形。**雌花** 2~6 (~8) 朵，丛生；花柱长 1~1.5 cm。**蓇葖果** 2~4 个，荚果状，长 10~18 mm，宽 2~3 mm，褐色或黑色，微弯曲，先端渐细，有宿存花柱。**种子**数个，扁平四角形，先端有透明翅，长 3~4 mm。花期 4 月，果期 8 月。

种群状态

产于**安徽**（霍山、绩溪、金寨、岳西等地）、**江西**（九江、铅山）、**浙江**（开化、临安、遂昌）。生于山谷边缘或林中开阔地的杂木林中，海拔 600~2 700 m。分布于甘肃、贵州、河南、湖北、湖南、陕西、山西、四川和云南等地。日本也有。

濒危原因

自身生物学特性，如种子萌发过程中伴有湿度依赖，易造成暴发性萌发；林下弱光环境不利于幼苗库建成等；连香树作为短距离风媒传粉植物，生境的破碎化使得种群间的基因流受阻，降低了种群水平遗传多样性，对有性生殖和种子的质量均有不利影响。

应用价值

具科研、观赏、药用价值。

保护现状

国内多个保护区，如湖北神农架国家级自然保护区、浙江九龙山国家级自然保护区等都已开展调查研究，采取了挂牌、建立档案、设立禁采禁入区等先期保护措施。

保护建议

在生境较好、种群规模较大的区域优先设立保护区进行就地保护；在生境干扰严重、种群个体稀少的区域，优先开展迁地保护。

主要参考文献

［1］ 杜晓华,姚连芳.珍稀濒危植物——连香树研究进展 [J].河南科技学院学报,2009,37(02):19–22,26.

［2］ 李文良,张小平,郝朝运,等.珍稀植物连香树 (*Cercidiphyllum japonicum*) 的种子萌发特性 [J].生态学报,2008(11):5 445–5 453.

［3］ 王静,张小平,李文良,等.濒危植物连香树居群的遗传多样性和遗传分化研究 [J].植物研究,2010,30(02):208–214.

［4］ 袁丽洁,方向民,崔波,等.濒危植物连香树的传粉生物学研究 [J].河南农业大学学报,2007(06):647–650,654.

连香树（1. 枝条；2. 雌花；3. 雄花；4. 果序；5. 种子）

国家保护	红色名录	极小种群	华东特有
	濒危（EN）		是

虎耳草科　金腰属

建宁金腰

Chrysosplenium jienningense W.T. Wang

条目作者

钟鑫

生物特征

多年生**草本**。高 11.5~12.5 cm；无不育枝；茎被褐色卷曲柔毛，中部以上分枝。茎生**叶**互生，2~3 片，叶片近肾形，长 6~8 mm，宽 7~13 mm，先端钝圆，边缘具 9 枚浅齿（齿先端微凹，凹处具 1 疣点），基部心形，两面和边缘、叶柄均具褐色柔毛。聚伞**花序**较疏；花序分枝无毛，苞腋具褐色腺毛；苞叶近肾形至近扁圆形，边缘具 5~7 枚圆齿（齿先端具 1 疣点，齿缘疏生褐色睫毛），基部稍心形至圆状截形，两面无毛。**花**黄绿色，直径约 5 mm；**萼片**在花期开展，阔卵形至扁圆形，先端钝；**雄蕊** 8 枚，花丝长约 0.4 mm；子房近下位，花柱长约 0.3 mm；花盘 8 裂，其周围具褐色乳头突起。花期 6 月。

种群状态

产于**福建**（建宁）、**浙江**（遂昌）。生于山地溪边阴处，海拔约 700 m。红色名录评估为濒危 EN A2c+3c；D，即指本种在 10 年或三个世代内因栖息地减少等因素，种群规模缩小了 50% 以上，且仍在持续，预计种群数量也将因此减少；成熟个体数量不足 250 棵。

濒危原因

生境破坏；分布范围过于狭窄，受人为干扰大。

应用价值

系统学研究价值；可作为湿生地被植物，具观赏价值。

保护现状

浙江部分种群位于保护区内，其他未见报道。

保护建议

就地建立保护小区，定期监测。

主要参考文献

王文采，聂敏祥. 中国虎耳草科植物小志 [J]. 植物研究，1981, 1(1-2): 45-60.

建宁金腰(1.生境与居群形态；2.植株与叶片；3.花果期，示花序与花)

国家保护	红色名录	极小种群	华东特有
	极危（CR）		是

景天科　景天属

东至景天

Sedum dongzhiense D. Q. Wang & Y. L. Shi

条目作者

樊守金、张学杰

生物特征

多年生**草本**。根红色，茎匍匐；茎直立，高 14~25 cm。**叶**互生，叶片倒披针形，长 2.5~4.5 cm，宽 0.6~0.8 cm，基部楔形至锥形，先端钝。聚伞**花序** 3 分枝，直径 2~12 cm，多花；分支二歧；苞片倒披针形到近菱形，长 0.2~4.5 cm，先端钝到稍偏斜。花 4 基数，中心花的花梗长 2~6 mm 或无；**萼片**狭三角形，长 1~1.2 mm，先端钝；**花瓣**黄色，线状披针形，长约 7 mm，宽约 1.5 mm，先端尖；**雄蕊** 8 枚，花药紫红色；花蜜腺近三角形，先端微凹。**心皮**离生，狭椭圆形，约 5 mm，基部合生；花柱长 1.5~2 mm。**蓇葖果**星状散开，含多数种子。**种子**狭卵形，有棕色乳突。花期 6~7 月，果期 7 月。

种群状态

产于**安徽**（东至）、**浙江**（衢江）。海拔 230~780 m。红色名录评估为极危 CR B1ab(i,iii)；C1；D，即指本种的分布区不足 100 km²，生境严重碎片化，分布区和栖息地的面积、范围持续性衰退；成熟个体数量少于 50 棵，种群规模将在一个世代内缩小 25%。

濒危原因

生境破坏；分布范围过于狭窄，受人为干扰大。

应用价值

系统学研究价值；可作为湿生地被植物，具观赏价值。

保护现状

未见报道。

保护建议

亟待抢救性保护，应在原产地附近进行全面调查，确定种群规模，并进行就地保护和定期监测。

主要参考文献

［1］ 王德群，武祖发，叶根火 . 安徽景天属新分类群 [J]. 植物研究，1990(03): 45-50.

［2］ 张芬耀，谢文远，陈锋，等．浙江维管植物分布新记录 [J]．浙江大学学报（理学版），2016, 43(04): 497-501.

东至景天（1. 植株与生境；2. 花期植株；3. 苗期植株）

国家保护	红色名录	极小种群	华东特有
	无危（LC）		

豆科　紫荆属

黄山紫荆

Cercis chingii Chun

条目作者

张庆费

生物特征

落叶小乔木或丛生灌木。小枝曲折，短枝向后扭展，有多而密的小皮孔。叶卵圆形，先端急尖，基部浅心形或截形，上面无毛，叶背基部脉腋间或沿主脉上常被短柔毛，网脉两面明显。花常先叶开放，总状花序单生，数朵簇生于老枝，淡紫红色，旗瓣具深红色斑点，后渐变白色，总花梗和总轴被毛。荚果厚革质，无翅，无果颈，喙粗大，长约 8 mm，粗达 2 mm，坚硬，果瓣常扭曲。花期 2~3 月，果期 9~10 月。

种群状态

产于安徽（皖南山区、歙县清凉峰）、浙江（奉化、建德、莲都、天台、仙居等地）。生于中低海拔的山地、疏林、灌丛，天然分布区狭窄，呈零星块状分布。分布于广东北部，中国特有种。

濒危原因

分布区狭窄破碎；长期作为薪柴砍伐。

应用价值

花枝形奇特，花量大，优良园林观赏植物；紫荆皮是消肿解毒的中药材。

保护现状

目前报道的成片黄山紫荆自然群体多不在自然保护区内，缺乏严格的保护措施，但多划入生态公益林保护范围。

保护建议

加强天然种群的保护，对集中分布的群体应设置自然保护小区，避免被樵采和采挖。

主要参考文献

［1］颜立红，田晓明，向光锋.湖南紫荆属新记录种——黄山紫荆 [J]. 湖南林业科技，2014, 41(06): 50-51.

［2］张连全.枝曲花艳的黄山紫荆 [J]. 园林，2011(05): 65.

黄山紫荆 [1.花期植株; 2.荚果; 3.植株; 4.枝叶（栽培状态）]

国家保护	红色名录	极小种群	华东特有
	濒危（EN）		

豆科　榼藤属

榼藤

Entada phaseoloides (L.) Merr.

条目作者

葛斌杰

生物特征

常绿、木质大**藤本**，茎扭旋。2 回**羽状复叶**，长 10~25 cm；羽片通常 2 对，顶生 1 对羽片变为卷须；小叶 2~4 对。穗状**花序**长 15~25 cm，单生或排成圆锥花序式。花细小，白色，密集；**花萼**阔钟状，长 2 mm，具 5 齿；**花瓣** 5 片，长圆形，长 4 mm，基部稍连合；**雄蕊**稍长于花冠。**荚果**长达 1 m，宽 8~12 cm，弯曲，成熟时逐节脱落，每节内有 1 粒种子。**种子**近圆形，直径 4~6 cm，扁平，有光泽，具网纹。花期 3~6 月，果期 8~11 月。

种群状态

产于**福建**（华安、蕉城）。生于林内，海拔 200~1 300 m。分布于广东、广西、海南、台湾、西藏和云南。广布于亚洲热带和亚热带地区，澳大利亚热带地区也有。红色名录评估为濒危 EN D，即指本种成熟个体数量少于 250 株。

濒危原因

荚果及种子常被用作工艺品，存在过度采集，影响种群正常繁衍；榼藤的生长对人工林存在一定影响，也因此会遭到人工清除。

应用价值

具观赏、药用、科研价值。

保护现状

未见报道。

保护建议

加强栽培驯化和引种。

主要参考文献

［1］ 熊慧, 王龙, 姜海琴, 等. 榼藤种仁的化学成分研究 [J]. 中草药, 2017, 48(19): 3 910–3 914.

［2］ 熊慧. 榼藤化学成分及活性研究 [D]. 武汉：华中科技大学, 2013.

榼藤（1. 叶片；2. 荚果）

国家保护	红色名录	极小种群	华东特有
二级	易危（VU）		

豆科　格木属

格木

Erythrophleum fordii Oliv.

条目作者

葛斌杰

生物特征

高大**乔木**。嫩枝和幼芽被铁锈色短柔毛。**叶**互生，2 回羽状复叶，无毛；羽片通常 3 对。由穗状**花序**所排成的圆锥花序长 15~20 cm；总花梗上被铁锈色柔毛；**萼**钟状，裂片长圆形，边缘密被柔毛；**花瓣** 5 片，淡黄绿色；**雄蕊** 10 枚，无毛，长为花瓣的 2 倍；子房长圆形，具柄。**荚果**长圆形，扁平，长 10~18 cm，宽 3.5~4 cm，厚革质，有网脉。**种子**长圆形，稍扁平，长 2~2.5 cm，宽 1.5~2 cm。花期 5~6 月，果期 8~10 月。

种群状态

产于**福建**（云霄、诏安）、**浙江**（未见标本）。生于疏林中。分布于广东、广西和台湾。越南也有。红色名录评估为易危 VU A2c；D1，即指本种在 10 年或三个世代内因栖息地减少等因素，种群规模缩小了 30% 以上，且仍在持续；成熟个体数少于 1 000 棵。

濒危原因

过度砍伐，分布区萎缩；种子萌发困难，易受病虫害侵害，幼苗存活率低，天然更新能力弱。

应用价值

具材用价值。

保护现状

目前鼎湖山自然保护区对于格木的群落动态和致濒机制研究报道较多，该区域内的格木群落得到了关注和保护，其余地区未见。

保护建议

严格执行森林法，严禁砍伐母树，采取病虫害防治和林分抚育措施促进格木天然林更新；中性树种在格木群落中具有较强的种间竞争能力，在对格木天然林进行保护的同时，需要配合科学的人工干扰，降低竞争程度；格木种子存在强迫休眠特性，但耐储藏，应积极收集不同种源种子，研究科学的方法打破休眠，提高萌发率。

主要参考文献

黄忠良, 郭贵仲, 张祝平. 渐危植物格木的濒危机制及其繁殖特性的研究 [J]. 生态学报, 1997(06): 109–114.

格木（1. 花枝；2. 树干；3. 果期枝条；4. 花序；5. 荚果与种子）

国家保护	红色名录	极小种群	华东特有
二级	易危（VU）		

豆科　山豆根属

山豆根

Euchresta japonica Hook. f. ex Regel

条目作者

李晓晨

生物特征

藤状灌木，几不分枝，茎上常生不定根。**叶柄**被短柔毛，近轴面具沟槽；小叶 3（5）枚，椭圆形，厚纸质，先端短渐尖至钝圆，基部宽楔形，上面暗绿色，无毛，干后呈现皱纹，下面苍绿色，被短**柔毛**；总状花序，花冠白色。**荚果**椭圆形，先端钝圆，具细尖，黑色，光滑。

种群状态

产于福建（长汀）、**江西**（安远、定南、靖安、寻乌）、**浙江**（常山、开化、松阳、泰顺、武义）。生于阴湿山沟边、山坡常绿阔叶林下，海拔 700~1 200 m。分布于广东、广西、湖南和四川。朝鲜半岛和日本也有。红色名录评估为易危 VU A2c，即指本种在 10 年或三个世代内因栖息地减少等因素，种群规模缩小了 30% 以上，且仍在持续。

濒危原因

人类活动干扰生境，野生种群繁殖率低下，非法采挖和贸易造成野生种群急剧下降。

应用价值

对于研究豆科植物系统发育关系及中国—日本和朝鲜半岛植物区系具有重要意义。

保护现状

除分布于保护区范围的种群得到一定程度保护外，未见其他保育报道。

保护建议

开展充分的野外考察，摸清野生种群的分布和规模，建立保护小区；同时开展保育生物学研究，摸清其遗传多样性和内在的濒危原因。

主要参考文献

[1] CHOI H J, KANEKO S, YOKOGAWA M, et al. Population and genetic status of a critically endangered species in Korea, Euchresta japonica (Leguminosae), and their implications for conservation [J]. Journal of Plant Biology. 2013, 56(4): 251–257.

[2] 王小夏, 林木木. 福建山豆根属新记录种山豆根 [J]. 福建林业科技, 2009, 36(02): 250–251.

山豆根（花序）

国家保护	红色名录	极小种群	华东特有
二级	无危（LC）		

豆科　大豆属

野大豆

Glycine max subsp. *soja* (siebold & Zucc.) H. Ohashi

条目作者

田代科

生物特征

一年生缠绕草本；长 1~4 m，茎、小枝纤细，各部疏被黄棕色长硬毛。三出羽状复叶互生，薄纸质，顶生小叶卵圆形或卵状披针形，侧生小叶扁卵状披针形，全缘；具长柄。总状花序腋生，通常短；萼钟状，5 裂；花冠蝶形，淡红紫色或白色，旗瓣近圆形，先端微凹，基部具短瓣柄，翼瓣斜倒卵形，有明显的耳，龙骨瓣比旗瓣及翼瓣短小，密被长毛；花柱短而向一侧弯曲。荚果长圆形，稍弯，两侧稍扁，密被长硬毛，种子间稍缢缩，干时易裂。种子 2~3 颗，椭圆形，稍扁，长 2.5~4 mm，宽 1.8~2.5 mm，褐色至黑色。花期 7~8 月，果期 8~10 月。

种群状态

种群多，除新疆、青海和海南外，遍布全国。生于潮湿的田边、园边、沟旁、河岸、湖边、沼泽、草甸、沿海和岛屿向阳的矮灌木丛或芦苇丛中，稀见于沿河岸疏林下，海拔 150~2 650 m。俄罗斯的远东地区、朝鲜和日本也有。

濒危原因

种群数量较大尚无灭绝风险，但大规模开荒、放牧、农田改造等致使生境破坏，野大豆自然分布区缩减。

应用价值

全株为家畜喜食的饲料，可栽作牧草、绿肥和水土保持植物；药用及工业原料。

保护现状

农业农村部已开展野生大豆种质资源保存，种质资源来自武清、安新、冀州、垦利等地的自然保护区。

保护建议

加强就地保护，开展多样性评价，建立野大豆种质资源圃和种子库。

主要参考文献

［1］ 费雪姣，刘晓冬，赵洪锟，等 . 华北地区四个野生大豆保护区野生大豆种子耐盐性的比较研究 [J]. 吉林农业科学，2011，36(03): 1–6.

［2］ 朱思雨,宗雪,张玲,等.野大豆和花蔺的分布和群落特征及就地保护对策 [J].生物学杂志,2017,34(02):91-98,107.

野大豆（1.植株；2.花枝；3.叶正面；4.叶背面）

国家保护	红色名录	极小种群	华东特有
二级	无危（LC）		

豆科　大豆属

烟豆

Glycine tabacina (Labill.) Benth.

条目作者

葛斌杰

生物特征

多年生草本；茎纤细而匍匐，幼时被紧贴白色短柔毛。叶具 3 小叶，侧生小叶与顶生小叶疏离；托叶披针形，长约 2 mm；叶柄长 2~3 cm；小叶两面被紧贴白色短柔毛，下面的较密；侧脉每边 5~7 条，弯曲；小托叶细小，线形，长约 1 mm，被毛。总状花序柔弱延长，长 1~5.5 cm。花疏离，长约 8 mm，生于短柄上，在植株下部常单生于叶腋，或 2~3 朵聚生；花梗长 2 mm；花萼膜质，钟状，裂片 5 片，三角形，长于萼管，上面 2 片合生至中部；花冠紫色至淡紫色；旗瓣大，圆形，直径约 15 mm，有瓣柄，翼瓣与龙骨瓣较小，有耳，具瓣柄；雄蕊二体；子房具短柄，胚珠多数。荚果长圆形而劲直，在种子之间不缢缩，长 2~2.5 cm，宽约 2 mm，被紧贴白色的柔毛。种子圆柱形，两端近截平，长约 2.5 mm，宽约 2 mm，褐黑色，种皮不光亮，具呈星状凸起的颗粒状小瘤。花期 3~7 月，果期 5~10 月。

种群状态

产于福建（平潭岛、南日岛、湄洲岛、东山岛）。生于海岛的山坡或荒草地上。分布于广东和台湾。日本和大洋洲也有。

濒危原因

种群数量较大尚无灭绝风险，但原产地放牧、基建等人为活动对现有种群有一定影响。

应用价值

用于栽培大豆的育种工作。

保护现状

陈丽丽等开展过湄洲岛地区烟豆的遗传多样性研究，针对多年生的大豆属野生资源保存还较少。

保护建议

优先对遗传多样性较高的种群进行种质资源的收集与保存。

主要参考文献

［1］ 陈丽丽, 刘晓冬, 赵洪锟, 等 . 福建湄洲岛烟豆 (*G. tabacina*) 遗传多样性分析 [J]. 大豆科学 , 2013, 32(03): 286-290.

［2］ 王旭东.中国短绒野大豆 (*G. tomentella*) 和烟豆 (*G. tabacina*) 居群的遗传多样性研究 [D].北京：中国农业科学院,2018.

烟豆（1.花序；2.花冠；3.果枝；4.荚果；5.荚果开裂）

国家保护	红色名录	极小种群	华东特有
二级	易危（VU）		

豆科　大豆属

短绒野大豆

Glycine tomentella Hayata

条目作者

葛斌杰

生物特征

多年生缠绕或匍匐草本；茎粗壮，基部多分枝，全株常密被黄褐色的茸毛。叶具 3 小叶；托叶卵状披针形，被黄褐色茸毛；叶柄长 1.5 cm；小叶纸质，椭圆形或卵圆形，上面密被黄褐色茸毛，下面毛较稀疏；小托叶细小，披针形；顶生小叶柄长 2 mm，侧生的几无柄，均被黄褐色茸毛。总状花序长 3~7 cm，被黄褐色茸毛。花长约 10 mm，宽约 5 mm，单生或 2~7(~9) 朵簇生于顶端；花萼膜质，钟状，裂片 5 片；花冠淡红色、深红色至紫色；雄蕊二体；子房具短柄。荚果扁平而直，开裂，长 18~22 mm，宽 4~5 mm，密被黄褐色短柔毛，在种子之间缢缩。种子扁圆状方形，长与宽约 2 mm，褐黑色，种皮具蜂窝状小孔和颗粒状小瘤凸。花期 7~8 月，果期 9~10 月。

种群状态

产于福建（平潭岛、南日岛、湄洲岛、东山岛、长乐区松下镇）。生于沿海岛屿的山坡或荒草地上。分布于广东和台湾。新几内亚、菲律宾、澳大利亚和大洋洲也有。红色名录评估为易危 VU A2c，即指本种在 10 年或三个世代内因栖息地减少等因素，种群规模缩小了 30% 以上，且仍在持续。

濒危原因

种群数量较大尚无灭绝风险，但原产地放牧、基建等人为活动对现有种群有一定影响。

应用价值

多年生野生大豆资源对环境有较强的抗性，如病虫害、大豆锈病等，可用于栽培大豆的育种工作，提高栽培大豆的品质。

保护现状

陈丽丽、王旭东等开展过我国东南沿海地区短绒野大豆的遗传多样性研究，针对多年生的大豆属野生资源保存还较少。

保护建议

优先对遗传多样性较高的种群进行种质资源的收集与保存。

主要参考文献

［1］ 陈丽丽，刘晓冬，赵洪锟，等．福建湄洲岛烟豆 (*G. tabacina*) 遗传多样性分析 [J]. 大豆科学，2013, 32(03): 286–290.

［2］ 王旭东．中国短绒野大豆 (*G. tomentella*) 和烟豆 (*G. tabacina*) 居群的遗传多样性研究 [D]. 北京：中国农业科学院，2018.

［3］ 高霞，钱吉，马玉虹，等．我国 2 种多年生野生大豆的染色体研究 [J]. 复旦学报：自然科学版，2002(06): 717–719.

短绒野大豆（1. 群体；2. 花序；3. 花果期植株；4. 荚果）

国家保护	红色名录	极小种群	华东特有
二级	易危（VU）		

豆科 红豆属

花榈木

Ormosia henryi Prain

	条目作者
	田代科

生物特征

常绿乔木。高 13~16 m，胸径可达 40 cm；树皮灰绿色；平滑，有浅裂纹。小枝、叶轴、花序密被茸毛。奇数羽状复叶，长 13~40 cm；小叶 (3)5~9 片，革质，椭圆形或长圆状椭圆形，长 4.3~17 cm，宽 2.3~6.8 cm，先端钝或短尖，基部圆或宽楔形，叶缘微反卷，上面深绿色，光滑无毛，下面及叶柄均密被黄褐色茸毛，侧脉 6~11 对；小叶柄长 3~6 mm。圆锥花序顶生，或总状花序腋生；长 11~17 cm，密被淡褐色茸毛。花长 2 cm，直径 2 cm；花梗长 7~12 mm；花萼钟形，5 齿裂；花冠中央淡绿色，边缘绿色微带淡紫色，旗瓣近圆形，翼瓣倒卵状长圆形，淡紫绿色，长约 1.4 cm，宽约 1 cm，柄长 3 mm，龙骨瓣倒卵状长圆形，长约 1.6 cm，宽约 7 mm，柄长 3.5 mm；雄蕊 10 枚，分离，长 1.3~2.5 cm，不等长；子房扁，沿缝线密被淡褐色长毛，其余无毛，胚珠 9~10 粒，花柱线形，柱头偏斜。荚果扁平，长椭圆形，长 5~12 cm，宽 1.5~4 cm，顶端有喙，果颈长约 5 mm，厚 2~3 mm，无毛，有种子 4~8 粒，稀 1~2 粒。种子椭圆形或卵形，长 8~15 mm，种皮鲜红色，有光泽。

种群状态

产于安徽（东至、祁门、休宁、岳西等地）、福建（连城、三元、沙县、仙游、永安）、浙江（省内山区、丘陵常见）。生于山谷、山坡林下或林缘，海拔 100~1 300 m。分布于广东、贵州（东部）、海南、湖北、湖南（湘西南及湘南为主）、四川和云南（东南部），中国特有种。红色名录评估为易危 VU A2acd+3cd，即指直接观察到本种野生种群因分布区、栖息地缩减及开发基建而存在持续衰退，种群规模在 10 年或三个世代内缩小 30% 以上，预计种群数量也将因此减少。

濒危原因

红豆属植物的种子休眠时间长，不易萌发，种子繁殖率低；人为干扰和生境破碎化。

应用价值

优良木材，也可药用和作为观赏植物。

保护现状

少数种群位于保护区内，已开展过人工繁殖及园林应用等研究；杭州植物园、浙江农林大学校园植物园等多家植物园有引种，栽培个体生长良好。

保护建议

加强就地保护，促进种群更新和恢复；鼓励迁地引种，增加在园林绿化中的应用。

主要参考文献

［1］ 李丙贵.湖南植物志（第三卷）[M].长沙：湖南科学技术出版社,2010:176-178.

［2］ 刘鹏,何万存,黄小春,等.花榈木研究现状及保护对策[J].南方林业科学,2017,45(03):45-48.

［3］ 孟宪帅,韦小丽.濒危植物花榈木野生种群生命表及生存分析[J].种子,2011,30(07):66-68.

［4］ 王小东,刘鹏,刘美娟,等.中国红豆属植物生物与生态学特征研究现状[J].植物科学学报,2018,36(03):440-451.

花榈木（1.树干；2.小枝、叶柄；3.花枝）

4

5

花榈木（4.花序；5.果枝）

国家保护	红色名录	极小种群	华东特有
二级	濒危（EN）		

豆科 红豆属

红豆树

Ormosia hosiei Hemsl. & E. H. Wilson

条目作者

李晓晨

生物特征

常绿或落叶**乔木**，树皮灰绿色，平滑。小枝绿色，幼时有黄褐色细毛，后变光滑；冬芽有黄褐色细毛。**奇数羽状复叶**，小叶（1~）2（~4）对。**圆锥花序**顶生或腋生。花冠白色或淡紫色。**荚果**近圆形，扁平，先端有短喙，有种子 1~2 粒；种皮红色。

种群状态

产于**安徽**（泾县、祁门、歙县）、**福建**（永安）、**江西**（安福、崇义、龙南、石城、资溪）、**浙江**（龙泉、庆元、云和、永嘉）。生于河旁、山坡、山谷林内，海拔 200~1 350 m。分布于广东、广西、贵州、湖北、江苏、四川等地，中国特有种。红色名录评估为濒危 EN A2acd+3cd，即指直接观察到本种野生种群因分布区、栖息地缩减及开发基建而存在持续衰退，种群规模在 10 年或三个世代内缩小 50% 以上，预计种群数量也将因此减少。

濒危原因

盗伐现象严重；自身繁殖能力和传播扩散能力均较弱；种群间遗传分化较小；气候变化。

应用价值

冠大荫浓，花量大，可作优良观赏树种。

保护现状

各大植物园均有引种，南方地区一些林场已经成片造林。

保护建议

完善立法，严格执法，杜绝乱砍滥伐；重点保育遗传多样性较高的种群；在适生区域回归人工繁育的个体。

主要参考文献

［1］邱浩杰, 孙杰杰, 徐达, 等. 末次盛冰期以来红豆树在不同气候变化情景下的分布动态 [J]. 生态学报, 2020, 40(09): 3 016–3 026.

［2］王小东,刘鹏,刘美娟,等.中国红豆属植物生物与生态学特征研究现状 [J].植物科学学报,2018,36(03):440-451.

［3］赵颖,何云芳,周志春,等.浙闽五个红豆树自然保留种群的遗传多样性 [J].生态学杂志,2008(08):1 279-1 283.

红豆树（1.新叶；2.花序）

国家保护	红色名录	极小种群	华东特有
	濒危（EN）		

豆科 盾柱木属

银珠

Peltophorum dasyrhachis var. *tonkinensis* (Pierre) K. Larsen & S. S. Larsen

条目作者

葛斌杰

生物特征

高大**乔木**，幼嫩部分和花序密被锈色毛。2 回偶数**羽状复叶**长达 15~35 cm。**总状花序**近顶生，长 8~10 cm。**花**黄色，大而芳香；**萼片** 5 片，近相等；**花瓣** 5 片，具柄，边缘波状，两面中脉被锈色长柔毛；**雄蕊** 10 枚，花丝长约 1 cm，基部膨大，花药长圆形，长约 3.5 mm；子房具短柄，扁平，被锈色毛。**荚果**薄革质，纺锤形，长 8~13 cm，中部宽 2.5~3 cm，两边具翅。**种子** 3~4 颗，成熟时黄色。花期 3~6 月，果期 4~10 月。

种群状态

据记载产于福建，未见标本记录。生于疏林山坡上，海拔 300~400 m。分布于海南。柬埔寨、老挝和越南也有。红色名录评估为濒危 EN A2c，即指本种在 10 年或三个世代内因栖息地减少等因素，种群规模缩小了 50% 以上，且仍在持续。

濒危原因

存在病虫害问题；群落发育过程中存在被替代的风险。

应用价值

具观赏价值。

保护现状

未见报道。

保护建议

注意病虫害防治；加强林分的干预和抚育。

主要参考文献

罗志钢. 银珠主要害虫小白纹毒蛾形态特征和生活习性观察 [J]. 热带林业, 2016, 44(02): 47-48.

银珠（1.植株；2.果序；3.果实；4.花）

国家保护	红色名录	极小种群	华东特有
二级	易危（VU）		

豆科　油楠属

油楠

Sindora glabra Merr. ex de Wit

条目作者

葛斌杰

生物特征

高大乔木。叶长 10~20 cm，有小叶 2~4 对；小叶对生。圆锥花序生于小枝顶端之叶腋，长 15~20 cm，密被黄色柔毛；萼片 4 片，2 型，最上面的 1 片阔卵形，有软刺 21~23 枚，其他 3 片椭圆状披针形，有软刺 6~10 枚；花瓣 1 片，被包于最上面萼片内；能育雄蕊 9 枚，雄蕊管长约 2 mm，两面被紧贴、褐色的粗伏毛；子房长约 3 mm，密被锈色粗伏毛，无毛。荚果圆形或椭圆形，长 5~8 cm，宽约 5 cm，外面有散生硬直的刺，受伤时伤口常有胶汁流出。种子 1 颗。花期 4~5 月，果期 6~8 月。

种群状态

据记载产于福建，未见标本记录。生于混交林内山坡上、河岸边，海拔从接近海平面至 800 m。分布于广东、海南和云南，中国特有种。红色名录评估为易危 VU A4cd，即指本种在 10 年或三个世代内可能因栖息地减少、外来生物竞争或水体污染等因素，种群数量将减少 30% 以上，且仍将持续。

濒危原因

长期采伐和生境破坏，林下天然更新能力差。

应用价值

材用，生物能源。

保护现状

已被引种至云南、广西、广东和福建等省区大量栽培。

保护建议

加强人工栽培和驯化。

主要参考文献

吴忠锋,杨锦昌,成铁龙,等.海南油楠的重要生物学特性及产油特征 [J].林业科学,2014,50(04):144–151.

油楠（1.枝叶；2.果荚；3.枝条与树干；4.种子）

国家保护	红色名录	极小种群	华东特有
	易危（VU）		是

蔷薇科　枸子属

山东枸子

Cotoneaster schantungensis G. Klotz

条目作者

樊守金、张学杰

生物特征

落叶直立**灌木**；枝条细瘦开展，深红褐色，幼时密生灰色柔毛。单叶，互生；叶片椭圆形至卵形，长 1.2~3 cm，宽 1~2 cm，先端钝圆，少数微尖或凹缺，基部圆形或宽楔形，全缘，上面有稀疏柔毛，下面初密被灰色柔毛后渐稀疏，羽状脉，侧脉 3~5 对，稍隆起；叶柄长 1~3 mm，有柔毛；托叶披针形，初有毛，后脱落。聚伞**花序**由 3~6 朵花组成；花序梗、花梗、萼筒、萼片及果上有较稀疏柔毛；花序梗比花梗略长。**花**直径 5~7 mm；花梗长 2~4 mm；**花萼**筒钟状，萼片 5 片，三角形，先端钝或尖；**花瓣** 5 片，倒卵形或近圆形，粉红色；**雄蕊** 18~20 枚，较花瓣略短；**雌蕊** 1 枚，子房下位，花柱 2 枚，离生，短于雄蕊。**梨果**倒卵形至卵状球形，直径 7~8 mm，鲜红色，萼片宿存；具 2 骨质核。花期 5~6 月，果期 8~9 月。

种群状态

产于**山东**（济南南部石灰岩山地，见于济南林场佛峪龙洞、长清莲台山林场等地）。生于黄栌、鹅耳枥、侧柏等林间，海拔 400~500 m。山东特有种。成年个体约有数百株，群落中未见种子更新的幼苗，但有萌蘖更新的幼树。红色名录评估为易危 VU B1ab(iii)，即指本种分布区面积不足 20 000 km²，栖息地面积、范围持续性衰退。

濒危原因

生境狭窄，每年结种数量很少，且林下未见种子更新的幼苗；也受到林业生产和旅游影响。

应用价值

在枸子属系统分类研究中具有重要学术价值。果实红艳，可栽培观赏。

保护现状

山东枸子的分布区均位于林场内，同时该物种也被列入山东珍稀濒危保护树种，因此短期内受到的威胁不大，但这些地方均在济南市周边，离市区较近，同时其分布区也已开发为旅游景点，特别是济南林场佛峪龙洞目前旅游无人管理，保护现状不容乐观。

保护建议

立即进行就地保护，对已知分布点严格保护，加大管理力度；对林业工人和周边群众加大宣传教育工作，防止人为破坏；开展繁育生物学研究，探求濒危机制，扩大种群数量。

主要参考文献

［1］ MA Y, QU S Q, XU X R, et al. Genetic Diversity Analysis of Cotoneaster schantungensis Klotz. Using SRAP Marker[J]. American Journal of Plant Sciences, 2015(18): 2 860–2 866.

［2］ 李朝晖, 李文清, 解孝满, 等. 珍稀濒危植物山东枸子扦插技术研究 [J]. 山东林业科技, 2014, 44(02): 69–71.

［3］ 李法曾, 李文清, 樊守金. 山东木本植物志 [M]. 北京: 科学出版社, 2017.

［4］ 屈素青, 刘丹, 解孝满, 等. 山东枸子群落组成与结构特征分析 [J]. 安徽农业科学, 2012, 40(03): 1 426–1 427, 1 430.

［5］ 杨海平, 张锋, 姚树建, 等. 山东枸子光合特性的研究 [J]. 山东林业科技, 2017, 47(04): 44–46, 54.

［6］ 臧德奎. 山东珍稀濒危植物 [M]. 北京: 中国林业出版社, 2017.

山东枸子（1. 生境；2. 栽培植株；3. 花枝；4. 果枝）

国家保护	红色名录	极小种群	华东特有
	易危（VU）		是

蔷薇科 山楂属

山东山楂

Crataegus shandongensis F. Z. Li & W. D. Peng

条目作者

樊守金、张学杰

生物特征

落叶灌木；枝灰褐色，无毛，刺较粗壮；小枝紫褐色，初被疏柔毛，后脱落。单叶，互生；叶片倒卵形或长椭圆形，长 4~8 cm，宽 2~4 cm，先端渐尖，基部楔形，上部 3 裂，稀 5 裂或不裂及不规则的重锯齿，上面除中脉处有稀疏柔毛外余皆光滑，下面有疏柔毛，沿脉处较密，羽状脉；叶柄长 2~4 cm，有狭翅；托叶镰状，有腺齿。复伞房花序，有 7~18 朵花；花序梗及花梗均有白柔毛；苞片条状披针形，缘有腺齿，早落。花直径约 2 cm；花萼筒外面及萼片先端密被白色柔毛，萼片 5 片；花瓣 5 片，白色；雌蕊子房下位，花柱 5 枚。梨果球形，直径 1~1.5 cm，成熟时红色；具 5 骨质核，核两侧扁平，背部有沟槽。花期 5 月，果期 9~10 月。

种群状态

产于山东（泰安泰山、枣庄抱犊崮）。生于山坡灌丛中，海拔 200~700 m。山东特有种。红色名录评估为易危 VU A2c；D1+2，即指本种在 10 年或三个世代内因栖息地减少等因素，种群规模缩小了 30% 以上，且仍在持续；成熟个体数少于 1 000 棵，占有面积小于 20 km²，可能在极短时间内成为极危种，甚至绝灭。

濒危原因

山东山楂种群规模过小，分布区片段化严重，生境恶劣，种群繁衍困难；由于主要分布于低海拔地区，易受到放牧、农林生产、旅游等人类活动的干扰。

应用价值

山东山楂为山东省特有植物，资源量较少，具有重要的科研价值，也是栽培山楂育种的重要野生种质资源，可以作为栽培山楂的优良砧木，同时该种可以供栽培观赏，应用于园林绿化。

保护现状

其分布区泰山、抱犊崮均为山东省级自然保护区，同时该物种也被列入山东珍稀濒危保护树种，但保护措施有限，两个分布区也是重要的旅游景点，保护现状不容乐观。

保护建议

对发现的种群进行就地保护，以其为中心设立较大面积的重点保护区域，加强对其潜在分布区的保护。

开展繁育生物学研究，探求濒危机制。

主要参考文献

[1] 李法曾,李文清,樊守金.山东木本植物志 [M].北京:科学出版社,2017.

[2] 李法曾,彭卫东.山东山楂属一新种 [J].植物研究,1986(04):149–151.

[3] 臧德奎.山东珍稀濒危植物 [M].北京:中国林业出版社,2017.

山东山楂（1.花枝；2.模式标本；3.果枝）

国家保护	红色名录	极小种群	华东特有
二级	极危（CR）		是

蔷薇科　杏属

政和杏

Prunus zhengheensis (J. Y. Zhang & M. N. Lu) Y. H. Tong & N. H. Xia

条目作者

樊守金、张学杰

生物特征

落叶高大**乔木**，树高达 35~40 m；皮孔密而横生；一年生枝红褐色，光滑无毛。**叶片**长椭圆形至倒卵状长圆形，长 7.5~15 cm，宽 3.5~4.5 cm，先端渐尖至长尾尖，基部截形或圆形，叶边缘具不规则的细小单锯齿，齿尖有腺体，上面绿色，脉上有稀疏柔毛，下面浅灰白色，密被灰白色长柔毛；叶柄长 1.3~1.5 cm，常无毛，中上部具 2~4 个腺体。**花**单生，直径 3 cm，先于叶开放；花梗长 0.3~1 cm，无毛；萼筒钟形；**萼片**舌状，紫红色，花后反折，边缘具淡黄色锯齿状腺体；**花瓣**椭圆形，长 1.5 cm，宽 0.8~0.9 cm，粉红色至淡粉红色，具短爪，先端圆钝；**雄蕊** 25~40 枚，长于花瓣；**雌蕊** 1 枚，略短于雄蕊。**核果**卵圆形，果皮黄色，阳面有红晕，微被柔毛；果肉多汁，味甜，黏核；**核**长椭圆形，长 2~2.5 cm，宽 1.8 cm，黄褐色，两侧扁平，顶端圆钝，基部对称，表面粗糙，有网状纹；仁扁椭圆形，饱满，味苦。

种群状态

产于**福建**（政和）、**浙江**（庆元左溪镇）。生于山地，海拔 800~1 200 m。红色名录评估为极危 CR B1ab(ii,v)；C1+2a(i,ii)，即指本种的分布区不足 100 km^2，生境严重碎片化，占有面积和栖息地面积持续性衰退；成熟个体数少于 250 棵，种群规模将在一个世代内缩小 25%，且无超过 50 棵的亚种群，90% 以上的成熟个体集中在一个亚种群内。

濒危原因

野外植株稀少，种群规模小，应对环境变化较弱，易受到干扰。

应用价值

野生果树种质资源。

保护现状

部分种群位于保护区和风景区内。

保护建议

建议纳入极小种群植物保护计划，重点对已有种群加强保护；采集种质资源进行迁地保护。

主要参考文献

［1］ 张方钢，胡恒鹏，甄双龙，等.浙江杏属植物分布新记录——政和杏 [J]. 自然博物，2017, 4(00): 18–20.

［2］ 张加延，吕亩南，王志明.杏属二新种 [J]. 植物分类学报，1999(01): 3–5.

政和杏（1.枝叶；2.树干；3.花冠；4.花枝）

国家保护	红色名录	极小种群	华东特有
	极危（CR）		

蔷薇科　梨属

河北梨

Pyrus hopeiensis T. T. Yu

条目作者

樊守金、张学杰

生物特征

落叶**乔木**；枝圆柱形，稍带棱条，紫褐色或暗紫色，幼时被疏毛，后脱落；冬芽长圆卵形或三角状卵形，先端尖，无毛或仅在芽鳞边缘或先端稍有毛。**单叶**，互生；叶片卵形、宽卵形至近圆形，长 4~7 cm，宽 4~5 cm，先端长渐尖，基部圆形近心形，缘有细密尖锯齿，有短芒尖，上下两面无毛，羽状脉，侧脉 8~10 对；叶柄长 2~4.5 cm，有稀疏柔毛或无毛。伞形总状**花序**由 6~8 朵花组成；花梗长 1.2~1.5 cm，被疏柔毛或近无毛；**花萼片** 5 片，三角状卵形，缘有齿，外面被疏毛，内面密生茸毛；**花瓣** 5 片，长圆状倒卵形，白色；**雄蕊** 20 枚，长不及花瓣的一半；**雌蕊** 1 枚，子房下位，4~5 室，花柱 4 枚，稀 5 枚，与雄蕊近等长。**梨果**球形或卵形，直径 1.5~2.5 cm，成熟时褐色，有多数斑点，有宿存萼片，果心大；果梗长 1.5~3 cm。花期 4 月，果期 8~9 月。

种群状态

产于**山东**（崂山）。生于山顶落叶松林内，海拔约 950 m。分布于北京（东灵山）、河北（昌黎），中国特有种。红色名录评估为极危 CR A2bc；B1ab(i,iii,v)；D，即指因适合本种的丰度指数下降、分布区面积及栖息地缩减而存在持续衰退，种群规模在 10 年或三个世代内缩小 80% 以上；分布区面积少于 100 km^2，分布点仅 1 个，成熟个体数量持续衰减；成熟个体数量少于 50 棵。

濒危原因

可能在种群更新上存在障碍，野外种群规模极少。

应用价值

河北梨是重要的野生果树资源，对于栽培梨的品种培育和改良具有一定价值。

保护现状

已纳入极小种群植物保护计划。河北梨分布所在的崂山是山东省级自然保护区，同时也是国家级风景名胜区、5A 级旅游风景区，近几年因旅游开发，树的周围修筑成旅游步行道，已经威胁到其繁育保护。曾被列为国家 120 种极小种群植物。

保护建议

建议列为国家重点保护野生植物。立即进行就地保护，严格保护现有植株，在该树种周围设立保护点；加大管理力度，对周边群众加大宣传教育工作；加强对其繁殖、种子扩散、萌发等机制研究，提高种群数量。

主要参考文献

［1］李法曾,李文清,樊守金.山东木本植物志 [M].北京：科学出版社,2017.

［2］刘全儒,康幕谊,江源.北京及河北植物新记录（Ⅱ）[J].北京师范大学学报：自然科学版,2003(05)：674-676.

［3］俞德浚,关克俭.中国蔷薇科植物分类之研究（一）[J].植物分类学报.1963,8(3)：202-234.

［4］臧德奎.山东珍稀濒危植物 [M].北京：中国林业出版社,2017.

河北梨（1.花枝；2.果枝）

国家保护	红色名录	极小种群	华东特有
二级	濒危（EN）	是	

蔷薇科　蔷薇属

玫瑰

Rosa rugosa Thunb.

条目作者

樊守金、张学杰

生物特征

直立**灌木**；小枝密生茸毛、皮刺和刺毛。奇数**羽状复叶**，互生，具小叶 5~9 片，连叶柄长 5~13 cm；小叶片长 1.5~5 cm，宽 1~2.5 cm，先端急尖或圆钝，基部圆形或宽楔形，边缘有尖锐锯齿，上面无毛，叶脉下陷，有褶皱，下面灰绿色，中脉突起，密生茸毛和腺毛或腺毛不明显，羽状脉；叶柄和叶轴密生腺毛或茸毛，疏生小皮刺；托叶大部贴生于叶柄，离生部分卵形，边缘有带腺锯齿，下面有茸毛。**花**单生叶腋或数花簇生；苞片边缘有腺毛，外面有茸毛；花梗长 0.5~25 cm，有密茸毛和腺毛；花直径 4~6 cm；花萼片先端尾状渐尖，常有羽状裂片而扩展成叶状，上面有稀疏柔毛，下面有密茸毛和腺毛；**花瓣** 5 片，紫红色，芳香；**雄蕊**多数；**雌蕊**多数，离生，花柱分离，有毛，微伸出萼筒口，较雄蕊短很多。**蔷薇果**扁球形，直径 2~3 cm，砖红色，萼片宿存。花期 5~6 月，果期 8~9 月。

种群状态

产于**山东**（环翠、牟平、荣成）。呈斑块状或呈灌丛状生于海边高潮线以上的沙质海岸、海岸灌草丛、人工黑松林林缘及林间空地。分布于吉林、辽宁。朝鲜半岛、日本、俄罗斯也有。红色名录评估为濒危 EN B1ab(iii)，即指本种分布区面积少于 5 000 km^2，分布点少于 5 个，且彼此分割，栖息地面积持续衰退。

濒危原因

由于滨海地区大规模水产养殖、旅游度假、工业开发、道路修建等活动，以及当地居民随意采摘和挖掘，限制了玫瑰的自然更新，生境片段化明显，分布范围逐渐缩小。民间有用其根茎泡酒饮用的习惯，当地居民保护意识不强，野玫瑰的保护体系仍不够完善，分布面积逐渐减少。另外，种子传播受阻可能也是一个重要的原因。

应用价值

对于维持滨海生态和研究植物区系具有重要价值，同时可作为观赏、食用和芳香玫瑰育种的野生种质资源。

保护现状

烟台部分沿海的玫瑰生长地属于沿海防护林，已经列为省级自然保护区，但防护林宽度太小，受海滨地区旅游基建影响较大。威海的部分玫瑰生长地位于林场，得到了较好的保护，但也有部分零散分布在建筑周围，受到人为活动的威胁较大。

保护建议

　　建议列为山东省重点保护野生植物。实施就地保护，建立海岸带植被保护区，同时在野生玫瑰种群集中分布的区域建立野生玫瑰保护地，为种群的自然恢复提供基础；加强人工繁育研究，迁地保护。

主要参考文献

［1］陈建军，刘毅，吴景才，等.野生玫瑰濒危机理的研究 [J].吉林林业科技，2008(02): 1-6.

［2］傅立国，金鉴明.中国植物红皮书——稀有濒危植物 (第一册)[M]. 北京：科学出版社，1992.

［3］李法曾，李文清，樊守金.山东木本植物志 [M].北京：科学出版社，2017.

［4］秦忠时，胡群，何兴元，等.野生玫瑰分布及其生态群落类型 [J].生态学杂志，1994(06): 52-54.

［5］臧德奎.山东珍稀濒危植物 [M].北京：中国林业出版社，2017.

［6］张淑萍，王仁卿，杨继红，等.胶东海岸野生玫瑰 (*Rosa rugosa*) 的濒危现状与保护策略 [J].山东大学学报 (理学版)，2005(01): 112-118.

玫瑰 (1. 生境)

玫瑰（2.植株；3.花枝；4.果枝）

国家保护	红色名录	极小种群	华东特有
	濒危（EN）		

鼠李科　勾儿茶属

腋毛勾儿茶

Berchemia barbigera C. Y. Wu

条目作者

陈彬

生物特征

藤状灌木；小枝红褐色，平滑无毛，全株近无毛。**叶**薄纸质，卵状椭圆形或卵状矩圆形，长 5~9 cm，宽 3~5.5 cm，顶端钝或圆形，基部圆形，上面绿色，下面灰绿色，仅下面脉腋有灰白色细柔毛，侧脉每边 8~13 条；叶柄长 1~2.5 cm，无毛。**花**芽卵圆形，顶端锐尖；花黄绿色，无毛，排成顶生的窄聚伞圆锥**花序**，花序轴无毛，花梗长 2~3 mm。**核果**圆柱形，长 5~7 mm，直径约 3 mm，成熟时红色，后变黑色，基部宿存的花盘盘状，果梗长约 3 mm，无毛。花期 6~8 月，果期翌年 5~6 月。

种群分布

产于**安徽**（黄山）、**浙江**（天目山）。生于中海拔的山地杂木林中。分布于河南（新县），中国特有种。红色名录评估为濒危 EN D，即指本种成熟个体数量少于 250 株。

濒危原因

被当作勾儿茶采集作药用及生境破坏。

应用价值

叶、果美丽，可作垂直绿化。

保护现状

天目山、黄山 2 个主要分布地属于保护较好的自然保护区和景区，大规模的破坏比较少，但暂无针对性保护措施。

保护建议

加强原生境保护和引种栽培。

主要参考文献

张云霞,董利萍,刘晓玲,等.河南植物区系新记录 [J]. 河南农业大学学报,2007(04): 418-420.

腋毛勾儿茶（1. 枝叶；2. 果实；3. 果枝）

国家保护	红色名录	极小种群	华东特有
	极危（CR）		

鼠李科　小勾儿茶属

小勾儿茶

Berchemiella wilsonii (C. K. Schneid.) Nakai

条目作者

陈彬

生物特征

落叶灌木或小乔木，高达 12 m，胸径达 30 cm 以上，树皮纵裂。小枝具密而明显的皮孔。叶纸质，长 7~10 cm，宽 3~5 cm，上面无毛，下面被柔毛或仅脉腋微被髯毛，侧脉每边 8~10 条；叶柄长 2~5 mm，无毛或有柔毛，上面有沟槽；托叶短，三角形，背部合生而包裹芽。顶生花序长 3~5 cm，花芽圆球形，直径 1.5 mm，短于花梗；花淡绿色，萼片三角状卵形，花瓣宽倒卵形，顶端微凹，基部具短爪，与萼片近等长，子房基部为花盘所包围，花柱短，2 浅裂。核果红色，椭圆形，长约 5 mm。花期 4~5 月，果期 6~8 月。

种群分布

产于安徽（绩溪、霍山、舒城、岳西）、浙江（临安、嵊州）。生于阔叶林内，海拔 600~1 700 m。分布于湖北。中国特有种。红色名录评估为极危 CR D，即指本种成熟个体数量少于 50 株。

濒危原因

历史上砍伐、烧炭破坏严重。幼苗耐阴性差，更新困难，在自然群落种间竞争力低。在浙江分布区，栽培山核桃林侵占生境。

应用价值

树形美观，可观赏。枝叶含有抑菌、杀虫活性成分。

保护现状

在大别山区的种群主要分布在自然保护区和风景区内，受到一定的保护。在湖北襄樊、竹溪等地有繁殖栽培。

保护建议

加强天然林保护，保护自然种群；加大人工繁殖和野外回归的力度；增加在园林绿化中的应用。

主要参考文献

［1］李建强,江明喜,王恒昌,等.濒危物种小勾儿茶的重新发现 [J].植物分类学报,2004,1:86–88.

［2］刘赛.小勾儿茶引种栽培试验初报 [J].湖北林业科技,2018,3:15–16.

［3］钱宏.东亚特有属——小勾儿茶属的研究 [J].植物研究,1988,11:119–128.

［4］汪五星,汪德鑫.小勾儿茶的新分布点 [J].植物杂志,1990,3:7.

小勾儿茶（1.植株；2.叶背；3.小枝及花序；4.果；5.砍伐伤口）

国家保护	红色名录	极小种群	华东特有
	未评估		

鼠李科　雀梅藤属

椭果雀梅藤

Sageretia ellipsoidea Yi Yang, H. Sun & H. Peng

条目作者

陈彬

生物特征

藤状灌木无刺或具刺；小枝无毛，红褐色。叶薄革质，对生或近对生，卵状矩圆形或卵状椭圆形，长 6~12 cm，宽 2.5~4 cm，或在花枝上的叶较小，长 3.5~5 cm，宽 1.8~2.5 cm，顶端钝，渐尖或短渐尖，稀锐尖，基部圆形，常不对称，边缘具圆齿状浅锯齿，上面无毛，有光泽，下面仅脉腋具髯毛，侧脉每边 5~6 (7) 条，上面平，下面凸起，叶柄长 8~12 mm，无毛。花无梗或近无梗，绿色，无毛，通常排成腋生短穗状花序，或稀下部分枝成穗状圆锥花序；花序轴无毛，长 2~3 cm，常具褐色、卵状三角形小苞片；萼片三角状卵形，长 1.3~1.5 mm，顶端尖，内面中肋凸起，花瓣兜状，短于萼片；雄蕊与花瓣等长。核果较大，椭圆状卵形；长 10~12 mm，直径 5~7 mm，顶端钝或小突尖，成熟时红色。花期 4~7 月，果期 9~12 月。

种群分布

产于福建（闽侯、南靖、平和、诏安）。生于山谷疏林中，海拔 300~800 m。分布于广东、广西、海南。越南北部也有。本种于 2021 年发表，此前被长期误鉴定为亮叶雀梅藤，本种小枝红褐色，叶对生或近对生，花序轴较短，花期为春季或初夏。

濒危原因

生于低海拔路边灌丛，生境破坏较为严重。

应用价值

可做绿化观赏植物。

保护现状

暂无针对性的保护。

保护建议

保护低海拔自然灌丛植被，开发园林应用。

主要参考文献

YANG Y, PENG H, SUN H. Taxonomic revision of Sageretia (Rhamnaceae) from China I: identities of S. lucida, S. thea var. cordiformis and S. yunlongensis, with the description of a new species S. ellipsoidea. PhytoKeys 2021, 179: 13–28.

椭果雀梅藤（1.枝叶；2.花枝；3.果序）

国家保护	红色名录	极小种群	华东特有
	濒危（EN）		是

榆科　榆属

琅琊榆

Ulmus chenmoui W. C. Cheng

条目作者

钟鑫

生物特征

落叶乔木，高达 20 m；树皮淡褐灰色，裂成不规则的长圆形薄片脱落；一年生枝幼时密被柔毛，后脱落；冬芽卵圆形，芽鳞背面部分有毛。叶宽倒卵形，长 6~18 cm，宽 3~10 cm，先端短尾状或尾状渐尖，基部偏斜，叶面密生硬毛，粗糙，沿主脉凹陷处有柔毛，叶背密生柔毛；沿脉较密，边缘具重锯齿，侧脉每边 15~21 条；叶柄长 1~1.5 cm，密被长柔毛。花在去年生枝上排成簇状聚伞花序。翅果窄倒卵形、长圆状倒卵形或宽倒卵形，两面及边缘全有柔毛，或果核部分毛密、果翅毛疏或近无毛，果核部分位于翅果的中上部，上端接近缺口，宿存花被无毛，上端 4 裂，裂片边缘有毛，果梗长 1~2 mm，被短毛。花果期 3 月下旬至 4 月。

种群分布

产于安徽（滁州琅琊山）、江苏（句容宝华山）。生于石灰岩山地落叶林，海拔 100~250 m。种群极小，安徽琅琊山野生个体 30 余株，大树少，林下幼树处于被压状态。红色名录评估为濒危 EN A2c；B1ab(i,iii)，即指本种在 10 年或三个世代内因栖息地减少等因素，种群规模缩小了 50% 以上，且仍在持续；分布区不足 5 000 km²，生境严重碎片化，分布区和栖息地的面积、范围持续性衰退。

濒危原因

人为干扰强烈，地表硬化，种子落地无法萌发，野生种群无法自然更新；种群过小，生境破碎化。

应用价值

具榆科系统学研究价值；植株具观赏性。

保护现状

各地已有广泛的迁地栽培；本种叶绿体全基因组已测序；原生地尚缺乏较好的就地保护措施。

保护建议

建立种子库—迁地栽培—野外回归以扩大有效种群；对于孤立个体应就地建立保护小区。

主要参考文献

［1］ ZHANG H, ZHANG Q, FAN W, et al. The complete chloroplast genome of a rare and endangered elm (Ulmus chenmoui) endemic to East China[J]. Conservation Genet Resour, 11(2): 169–172.

［2］ 赫佳. 特有濒危植物琅琊榆、醉翁榆种群动态及小尺度空间遗传结构研究 [D]. 南京 : 南京大学 , 2016.

［3］ 周小春 , 张颖 . 安徽省极小种群野生植物保护策略 [J]. 安徽林业科技 , 2014, 40(06): 5–9.

琅琊榆（1. 雄花序；2. 果实，示宿存柱头与花萼；3. 果实与幼叶）

国家保护	红色名录	极小种群	华东特有
二级	濒危（EN）	是	

榆科　榆属

长序榆

Ulmus elongata L. K. Fu & C.S. Ding

条目作者

钟鑫

生物特征

落叶**乔木**，高达 30 m；树皮灰白色，裂成不规则片状脱落；幼枝及当年生枝无毛或有短柔毛，二年生枝常呈栗色，具散生皮孔；冬芽长卵圆形。**叶**多呈披针状，基部微偏斜或近对称，主脉凹陷处有疏毛，余处无毛或有极疏的短毛，边缘具大而深的重锯齿，侧脉每边 16~30 条；叶柄全被短柔毛或仅上面有毛；托叶从下至上由宽变窄，一侧半心形，近基部有短毛，早落。**花**春季开放，在上年生枝上排成总状聚伞**花序**，花序轴明显伸长下垂，有疏生毛，花梗长达花被的数倍。**翅果**窄长，淡黄绿色或淡绿色，花柱较长，柱头 2 裂，条形，下部具细长的子房柄，两面有疏毛；宿存**花被**上部钟形，下部管状，淡绿色，无毛，花被裂片 6 片，淡褐色，边缘有毛，花丝外伸，淡褐色。

种群分布

产于**安徽**（祁门、绩溪、歙县）、**福建**（南平）、**江西**（资溪、铅山、贵溪、武宁）、**浙江**（遂昌、松阳、庆元、临安、开化）。生于常绿阔叶林中，海拔 250~900 m。分布于陕西，中国特有种。红色名录评估为濒危 EN A2c；C1，即指本种在 10 年或三个世代内因栖息地减少等因素，种群规模缩小了 50% 以上，且仍在持续；成熟个体数量不足 2 500 棵，种群规模将在二个世代内缩小 20%。

濒危原因

人为生境破坏；生境严重片段化；气候变迁；自然更新困难。

应用价值

本种与榆属 *Ulmus* 其他物种花序非常不同，具科研价值；木材具经济价值。

保护现状

部分种群位于保护区中，如江西官山国家级自然保护区，浙江九龙山、清凉峰、古田山国家级自然保护区，安徽牯牛降国家级自然保护区等。

保护建议

对于安徽歙县，浙江临安、开化和遂昌等大种群分布区，应该扩大核心保护区面积，避免人为破坏，对浙江松阳、江西武宁和福建南平数量极少的种群需优先进行迁地保护，积极引种栽培；在单株种群附近就地建立保护小区；扩大保护区核心面积。

主要参考文献

［1］高建国.长序榆保护策略的构建：从叶片光合生理到种群生理生态 [D]. 金华：浙江师范大学,2012.

［2］何小敏.福建极小种群长序榆群落保护研究 [J]. 安徽农学通报,2017,23(15):86–88.

［3］李文巧,刘鹏,吴玉环,等.珍稀濒危植物长序榆研究进展 [J]. 贵州农业科学,2010,38(11):203–206.

［4］罗喻才,陈琳,彭巧华,等.我国极小种群野生植物长序榆 (*Ulmus elongata*) 的分布格局和群落调查 [J]. 南方林业科学,2018,46(01):1–4.

［5］郑振杰,王腾毅,孔琳玲,等.浙江古田山濒危植物长序榆的群落组成与结构特征 [J]. 贵州农业科学,2018,46(09):103–107.

长序榆（1.叶；2.雄花序；3.雌花序；4.未成熟的果,示宿存的柱头与花萼）

国家保护	红色名录	极小种群	华东特有
	濒危（EN）		是

榆科　榆属

醉翁榆

Ulmus gaussenii W. C. Cheng

条目作者

陈彬

生物特征

落叶乔木，高达 25 m，胸径 80 cm；树皮黑色或暗灰色，纵裂，粗糙；幼枝密被灰白色或淡黄色柔毛，一、二年生枝灰褐色、深褐色或暗灰色，密被柔毛，具散生黄褐色皮孔，有时两侧具对生而扁平的木栓翅；冬芽近球形或卵圆形，芽鳞背部多少被毛，边缘有毛。叶长圆状倒卵形、椭圆形、倒卵形或菱状椭圆形，长 3~11 cm，宽 1.8~5.5 cm，先端钝、渐尖或具短尖，基部歪斜，多少圆形、半心形或楔形，叶面密生硬毛，粗糙，主脉凹陷处有毛，叶背幼时密生短毛，其后仅脉上有毛，微粗糙，侧脉每边 8~16 条，边缘常具单锯齿，或兼有重锯齿，叶柄密被柔毛，长 4~8 mm。花自花芽抽出，稀出自混合芽。翅果圆形或倒卵状圆形，长 1.8~2.8 cm，宽 1.7~2.7 cm，基部宽圆或圆，两面及边缘有或密或疏之毛，果核部分位于翅果的中部，宿存花被钟状，被短毛，上部 4~5 浅裂，裂片边缘有毛，果梗长 1~2 mm，密生短毛。花果期 3~4 月。

种群分布

产于安徽（滁州琅琊山醉翁亭）。生于溪边或石灰岩山麓，海拔 100 m 以下。安徽特有种。红色名录评估为濒危 EN B1ab(i,iii)+2ab(i,iii)；D，即指本种分布区面积少于 5 000 km²，占有面积不足 500 km²，分布点少于 5 个，且彼此分割，分布区及栖息地面积持续衰退；成熟个体数量不足 250 棵。

濒危原因

喜好石灰质生境，适生面积小；种子萌发率不高；种间竞争能力弱于伴生物种。

应用价值

绿化观赏。

保护现状

琅琊山已建立国家森林公园，有一定保护效果。已建立醉翁榆实生种子园。武汉植物园有引种栽培。

保护建议

加强人工繁殖，增加植物园迁地栽培，在园林绿化中推广应用。

主要参考文献

［1］ 赫佳.特有濒危植物琅琊榆、醉翁榆种群动态及小尺度空间遗传结构研究 [D]. 南京：南京大学，2016.

［2］ 李贻林，陈维.醉翁榆实生种子园营建及管理研究 [J]. 安徽农业科学，2013, 41(12): 5 404–5 405.

［3］ 张金敏.琅琊榆和醉翁榆 [J]. 植物杂志，1996(02): 22.

醉翁榆（1. 枝叶；2. 树干）

国家保护	红色名录	极小种群	华东特有
二级	近危（NT）		

榆科 榉属

大叶榉树

Zelkova schneideriana Hand.-Mazz.

条目作者
陈彬

生物特征

乔木，高达 35 m，胸径达 80 cm；树皮灰褐色至深灰色，呈不规则的片状剥落；当年生枝灰绿色或褐灰色，密生伸展的灰色柔毛；冬芽常 2 个并生，球形或卵状球形。叶厚纸质，大小形状变异很大，卵形至椭圆状披针形，长 3~10 cm，宽 1.5~4 cm，先端渐尖、尾状渐尖或锐尖，基部稍偏斜，圆形、宽楔形、稀浅心形，叶面绿，干后深绿色至暗褐色，被糙毛，叶背浅绿色，干后变淡绿色至紫红色，密被柔毛，边缘具圆齿状锯齿，侧脉 8~15 对；叶柄粗短，长 3~7 mm，被柔毛。雄花 1~3 朵簇生于叶腋；雌花或两性花常单生于小枝上部叶腋。核果与榉树相似。花期 4 月，果期 9~11 月。

种群分布

产于安徽（省内广布）、江苏（省内广布）、浙江（省内广布）。生于溪间水旁或山坡土层较厚的疏林中，海拔 200~2 800 m。分布于甘肃南部、广东、广西、贵州、河南南部、湖北、湖南、陕西南部、四川东南部、云南和西藏东南部，中国特有种。

濒危原因

人为砍伐。

应用价值

木材致密坚硬，纹理美观，不易伸缩与反挠，耐腐力强，其老树材常带红色，故有"血榉"之称，为供造船、桥梁、车辆、家具、器械等用的上等木材；树皮含纤维 46%，可供制人造棉、绳索和造纸原料。

保护现状

部分野生种群位于保护区和风景区内，目前广泛作为绿化树种栽培。

保护建议

加强就地保护和园林绿化应用。

主要参考文献

[1] 黄利斌,董筱昀,窦全琴,等.大叶榉树无性系生长性状的早期变异 [J].江苏林业科技,2014,41(05):1-5,22.

[2] 孙杰杰,沈爱华,黄玉洁,等.浙江省大叶榉树生境地群落数量分类与排序 [J].南京林业大学学报:自然科学版,2019,43(04):85-93.

大叶榉树(1.生境;2.果枝;3.枝叶)

国家保护	红色名录	极小种群	华东特有
	濒危（EN）		是

大麻科　朴属

天目朴树

Celtis chekiangensis W. C. Cheng

条目作者

葛斌杰

生物特征

高大落叶乔木；当年生小枝密生灰褐色柔毛，毛后渐脱落；冬芽小，鳞片无毛或有微毛。叶卵状椭圆形至卵状长圆形，长 3~11.5 cm，宽 2.5~4.5 cm，基部钝至近圆形，稍偏斜，中部以上具浅齿，叶面无毛，叶背脉上疏生柔毛；叶柄长 3~4 mm，密被微毛。果单生，但在下部叶腋 2 (3) 个，果梗较细长，长 10~19 mm。果核近球形，成熟时红褐色，直径 5~7 mm，长 4~5 mm，两侧之肋常较明显。花期 4 月，果期 8~9 月。

种群分布

产于安徽（歙县清凉峰）、浙江（天目山）。生于林中岩石上，海拔 700~1 500 m。红色名录评估为濒危 EN A2c；B1ab(i,iii)，即指本种在 10 年或三个世代内因栖息地减少等因素，种群规模缩小了 50% 以上，且仍在持续；分布区不足 5 000 km²，生境严重碎片化，分布区和栖息地的面积、范围持续性衰退。

濒危原因

未见报道。

应用价值

作为中国特有树种加以保护，属于古树名木资源；朴属植物在地理学研究中具有价值。

保护现状

部分种群位于保护区和风景区内，偶见于村落风水林中，未见对该物种的针对性就地保护报道。

保护建议

加强野外种群的调查与定位。

主要参考文献

杜群, 陈征海, 刘安兴, 等 . 浙江省古树物种多样性现状研究 [J]. 浙江大学学报 (农业与生命科学版), 2005(02): 100–104.

天目朴树［1.枝叶；2.枝条；3.果序（栽培状态）］

国家保护	红色名录	极小种群	华东特有
	濒危（EN）		

桑科　波罗蜜属

白桂木

Artocarpus hypargyreus Hance ex Benth.

条目作者
葛斌杰

生物特征

高大乔木；树皮深紫色，片状剥落；幼枝被白色紧贴柔毛。叶互生，革质，全缘，幼树之叶常为羽状浅裂，被粉末状柔毛；托叶线形，早落。花序单生叶腋。雄花序椭圆形至倒卵圆形，长 1.5~2 cm，直径 1~1.5 cm；雄花花被 4 裂，裂片匙形，雄蕊 1 枚，花药椭圆形。聚花果近球形，直径 3~4 cm，浅黄色至橙黄色，表面被褐色柔毛，微具乳头状凸起；果柄长 3~5 cm，被短柔毛。花期 3~9 月。

种群分布

产于福建（连城、南靖、三元、芗城、漳平）、江西（安远、井冈山、龙南、信丰、资溪等地）。生于常绿阔叶林中，海拔 100~1 600 m。分布于广东、广西、湖南和云南，中国特有种。红色名录评估为濒危 EN A2ac+3c，即指直接观察到本种野生种群因分布区、栖息地缩减而存在持续衰退，种群规模在 10 年或三个世代内缩小 50% 以上，预计种群数量也将因此减少。

濒危原因

由内部因素和外部因素共同造成。前者在于种子聚集型散布格局造成种群近交衰退，种子质量差，从而不利于种群的扩大。后者包括生境人为破坏，过度采挖及动物取食。

应用价值

具食药用、材用、观赏价值。

保护现状

已有濒危机制相关研究开展，部分种群位于保护区内。部分保护区采样进行迁地保育和后续资源开发，就地保护方面情况不明。

保护建议

进行迁地保护，优先取样遗传多样性高的种群，进行人工繁殖，包括扦插和组织培养等手段，扩大和更新现有种群；研究种子休眠机制，提高种子发芽率，在适生生境播种，构建幼苗库，创造基因交流的条件。

主要参考文献

范繁荣. 濒危植物白桂木的濒危机制与迁地保育研究 [D]. 福州：福建农林大学，2008.

白桂木（1. 植株；2. 枝叶；3. 果序；4. 叶背面）

国家保护	红色名录	极小种群	华东特有
	易危（VU）		

壳斗科　锥属

吊皮锥

Castanopsis kawakamii Hayata

条目作者

邓敏、许瑾

生物特征

乔木，树皮纵向带浅裂，成大片蓑衣状剥离。**叶**革质，卵形或披针形，长 6~12 cm，宽 2~5 cm，全缘，侧脉每边 9~12 条，网状叶脉明显，两面同色。**雄花序**多为圆锥花序。**壳斗**有坚果 1 个，圆球形，连刺横径 60~80 mm，刺长 20~30 mm，合生至中部或中部稍下成放射状多分枝的刺束，将壳壁完全遮蔽，成熟时 4 瓣开裂。**坚果**扁圆形，高 12~15 mm，横径 17~20 mm，密被黄棕色伏毛。花期 3~4 月，果期翌年 8~10 月。

种群状态

产于**福建**（三明、连城、漳州、上杭、永定、武平）、**江西**（安远、龙南、全南、信丰、吉安）。生于山地疏林或密林中，海拔约 1 000 m 以下。分布于广东、广西东南部、台湾。越南也有。红色名录评估为易危 VU A2acd；B1ab(i,iii)；D1，即指直接观察到本种野生种群因分布区、栖息地缩减及开发基建而存在持续衰退，种群规模在 10 年或三个世代内缩小 30% 以上；分布区不足 20 000 km²，生境破碎化，分布区和栖息地面积持续性衰退；成熟个体数少于 1 000 棵。

濒危原因

果实大多被鸟、鼠搬食，因此林中幼苗稀少，天然更新困难；种子大年时，被当地村民捡拾食用；种子易失水、生活力保存期短；种子野外萌发困难，幼苗生长缓慢。

应用价值

果可食用；木材坚实耐腐，纹理美观，是良好的用材树种。

保护现状

已在福建三明市莘口建立以保护吊皮锥为主的三明格氏栲省级自然保护区，目前也在附近营造人工林。已开展濒危原因、人工繁殖、遗传多样性等研究。

保护建议

加强科普宣传，减少对其大树和种实的人为干扰；对过于郁闭的群落进行适当的人工疏伐，为吊皮锥自然种群生长和更新提供适宜的环境；应用人工造林技术促进吊皮锥资源的迁地保护。

主要参考文献

［1］傅立国.中国植物红皮书——稀有濒危植物（第一册）[M].北京：科学出版社,1992:296.

［2］何中声,刘金福,郑世群,等.格氏栲天然林林窗和林下种子散布及幼苗更新研究[J].热带亚热带植物学报,2012,20(05):506–512.

［3］洪文君,曾思金,马定文,等.广东莲花山白盆珠自然保护区吊皮锥群落特征[J].林业与环境科学,2016,32(01):10–16.

［4］黄菊胜.吊皮锥育苗技术[J].广东林业科技,2009,25(04):91–92,97.

［5］刘金福,何中声,洪伟,等.濒危植物格氏栲保护生态学研究进展[J].北京林业大学学报,2011,33(05):136–143.

吊皮锥（1.枝叶；2.植株；3.花期枝条；4.花序）

国家保护	红色名录	极小种群	华东特有
二级	易危（VU）		

壳斗科　水青冈属

台湾水青冈

Fagus hayatae Palib.

条目作者

邓敏、许瑾

生物特征

乔木，当年生枝暗红褐色，老枝灰白色。叶菱状卵形，长 3~7 cm，宽 2~3.5 cm，顶部短尖或短渐尖，基部宽楔形或近圆形，两侧稍不对称，叶缘有锐齿，侧脉直达齿端。总花梗被长柔毛，结果时毛较疏少；壳斗 4 (3) 瓣裂，裂瓣长 7~10 mm，小苞片细线状。坚果与裂瓣等长或稍较长，顶部脊棱有甚狭窄的翅。花期 4~5 月，果期 8~10 月。

种群状态

产于浙江（永嘉四海山、庆元、临安清凉峰）。生于次生阔叶混交林中，海拔 1 300~2 300 m。分布于湖北、湖南、陕西、四川和台湾，中国特有种。红色名录评估为易危 VU A2cd+3bcd；B1ab(iii)，即指野生种群因分布区、栖息地缩减及开发基建而存在持续衰退，种群规模在 10 年或三个世代内缩小 30% 以上，预计种群数量也将因此减少并仍将持续；分布区不足 20 000 km^2，生境碎片化，栖息地面积、范围持续性衰退。

濒危原因

由于植被遭受烧山与破坏，导致生境恶化，植株减少；因受粉率低，种子多数不饱满，且受鸟兽啄食，天然更新能力弱，林内幼树极少，且本种种群遗传多样性低，存在濒危状况加剧的风险。

应用价值

材用；造林绿化。

保护现状

已在浙江临安清凉峰国家级自然保护区建立样地，对台湾水青冈种群结构和更新动态等进行长期监测。已开展群落生态学、系统学、遗传多样性等研究。

保护建议

建议将我国台湾地区桃园县北插天山及宜兰县三星山划为本种及其他珍稀濒危植物的保护区，就地保护；由于遗传多样性较低，分布于浙江临安清凉峰和永嘉四海山的台湾水青冈居群需要重点保护；开展采种育苗，并营造人工林，扩大栽培。

主要参考文献

［1］ YING L X, ZHANG T T, CHIU C A, et al. The phylogeography of Fagus hayatae (Fagaceae): genetic isolation among populations[J]. Ecology and evolution, 2016, 6(9): 2 805–2 816.

［2］ 傅立国. 中国植物红皮书——稀有濒危植物（第一册）[M], 北京 : 科学出版社 , 1992: 300.

［3］ 郭瑞，翁东明，金毅，等. 浙江清凉峰台湾水青冈种群 2006—2011 年更新动态及其与生境的关系 [J]. 广西植物，2014, 34(04): 478–483.

［4］ 国家林业局野生动植物保护与自然保护区管理司. 中国珍稀濒危植物图鉴 [M]. 北京 : 中国林业出版社 , 2013: 159.

［5］ 张雪梅. 国家二级保护植物台湾水青冈的研究进展 [J]. 黑龙江农业科学 , 2017(05): 148–151.

台湾水青冈（1. 小枝；2. 植株与生境；3. 果枝）

国家保护	红色名录	极小种群	华东特有
	濒危（EN）		

壳斗科　柯属

愉柯

Lithocarpus amoenus Chun & C. C. Huang

条目作者

邓敏、许瑾

生物特征

乔木，当年生枝有明显纵棱，嫩叶叶柄、叶背及花序轴均密被泥黄色或灰棕色长茸毛，嫩叶叶面亦被茸毛及易抹落的粉末状鳞秕，干后叶面常有油润光泽。**叶**椭圆形或卵状椭圆形，长 12~18 cm，宽 4~8 cm，全缘，背面有稍疏松的鳞片状蜡鳞层，侧脉每边 12~16 条，支脉密接，彼此近平行；叶柄长 2~3 cm。**雄花序**穗状或集成圆锥状花序。**雌花**每 3 朵一簇，花柱长约 2 mm。**壳斗**通常全包坚果，直径 20~25 mm，壳斗幼嫩时的鳞片粗线状，略向内弯卷，横切面圆或近于圆形。**坚果**近球形，高 16~22 mm，宽 16~20 mm，果脐凸起，位于坚果的下部，最多约占坚果面积的 1/4。花期 5~6 月，果期翌年 8~10 月。

种群状态

产于**福建**（永定）。生于山地杂木林中，海拔 300~1 000 m。分布于广西、广东、湖南、贵州，中国特有种。红色名录评估为濒危 EN D，即指本种成熟个体数量少于 250 株。

濒危原因

暂无记载。

应用价值

暂无记载。

保护现状

暂无记载。

保护建议

建议开展濒危机制、人工繁育等方面的研究；保护其原生地的生境，促进天然更新；先引种至自然保护区或植物园，后扩大种植。

参考文献

覃海宁,杨永,董仕勇,等.中国高等植物受威胁物种名录[J].生物多样性,2017,25(7):696-744.

愉柯（副模式标本）

国家保护	红色名录	极小种群	华东特有
	易危（VU）		

壳斗科　柯属

卷毛柯

Lithocarpus floccosus C. C. Huang & Y. T. Chang

条目作者

邓敏、许瑾

生物特征

乔木，当年枝、嫩叶叶柄及花序轴均密被黄棕色抹落时呈卷丛状的细毛，叶背被早落性的卷曲柔毛。叶纸质，卵形或椭圆形，长 5~10 cm，宽 1.5~3 cm，全缘，侧脉每边 6~9 条。花通常雌雄同序，花序长 8~15 cm。雌花每 3 朵一簇，花柱 2~4 枚，长 1.5~2 mm，花后花柱座明显伸长，壳斗浅碗状，宽 10~15 mm，小苞片极小，呈三角形。坚果宽圆锥形，宽 10~15 mm，顶端的柱座明显突出，高约 2 mm，无毛，有淡薄的白粉，果脐浅凹陷。花期 5~6 月，果期翌年 7~8 月。

种群状态

产于福建（南靖、武平）、江西（封川、和平、会昌、陆丰、寻乌）。生于山地常绿阔叶林中，海拔 400~700 m，与鸭脚木、红豆属及樟科植物混生。分布于广东。中国特有种。红色名录评估为易危 VU A2c+3c，即指本种在 10 年或三个世代内因栖息地减少等因素，种群规模缩小了 30% 以上，且仍在持续，预计种群数量也将因此减少。

濒危原因

暂无记载。

应用价值

材用；可提取淀粉。

保护现状

暂未见相关报道。

保护建议

建议优先进行就地保护，严禁砍伐；采种育苗，营造人工林，扩大栽培。

主要参考文献

刘仁林，朱恒. 江西木本及珍稀植物图志 [M]. 北京：中国林业出版社，2015.

卷毛柯（1.枝叶正面；2.枝叶背面；3.雌花序；4.果序与果实）

国家保护	红色名录	极小种群	华东特有
	濒危（EN）		

壳斗科　柯属

栎叶柯

Lithocarpus quercifolius C. C. Huang & Y. T. Chang

条目作者

邓敏、许瑾

生物特征

乔木。叶常聚生于枝的上部，长椭圆形或倒卵状椭圆形，长 4~11 cm，宽 1~3 cm，叶缘有少数锐裂齿，两面同色。雄穗状花序长约 5 cm。雌花单朵散生于雄花序轴的下段，花柱 3 枚，长达 3 mm。壳斗浅碟状，高 2~5 mm，宽 20~25 mm，小苞片幼时狭披针形，成熟时菱形或阔三角形，中央脊肋状凸起。坚果扁圆形，高 12~16 mm，宽 20~24 mm，被细伏毛，果脐边缘凹陷，但中央部分明显隆起。花期 4~6 月，果期 9~10 月。

种群状态

产于江西（遂昌、吉安）。生于山地次生林或灌木丛中，海拔约 600 m。分布于广东、香港，中国特有种。红色名录评估为濒危 EN C1，即指本种的分布区不足 100 km²，生境严重碎片化，占有面积和栖息地面积持续性衰退；成熟个体数少于 250 棵，种群规模将在一个世代内缩小 25%，且无超过 50 棵的亚种群，90% 以上的成熟个体集中在一个亚种群内。

濒危原因

暂无记载。

应用价值

材用，有潜在的食用价值。

保护现状

暂未见相关报道。

保护建议

建议选择合适的地点建立保护点；进行人工繁育，营造人工林。

主要参考文献

［1］周伟,吴宝成,宋春凤,等.中国柯属（壳斗科）植物资源与开发利用 [J].中国野生植物资源,2016,35(04):60–62.

［2］刘仁林,朱恒.江西木本及珍稀植物图志 [M].北京:中国林业出版社,2015.

栎叶柯（1. 花枝；2. 植株；3. 果序；4. 果实）

国家保护	红色名录	极小种群	华东特有
	极危（CR）		

壳斗科 柯属

永福柯

Lithocarpus yongfuensis Q. F. Zheng

条目作者

邓敏、许瑾

生物特征

乔木，树皮纵浅裂，芽鳞、嫩枝及花序轴均被稀疏、松散的灰色蜡鳞。**叶**薄革质，椭圆形或卵状椭圆形，长 7~13 cm，宽 2~4 cm，顶部渐尖，全缘，侧脉每边 10~14 条，叶背被淡灰色糠秕状。**雌花序** 5~15 cm，雌花单朵散生于花序轴上，花序近顶部常有雄花。**壳斗**浅碟状，宽 15~18 mm，小苞片三角形。**坚果**宽圆锥形，高 16~18 mm，宽 20~22 mm，端尖，基部平坦，无毛，果脐深 1~1.5 mm，口径 7~9 mm。花期 7~8 月，果期翌年 10~11 月。

种群状态

产于**福建**（漳平）。生于山地杂木林中，海拔约 850 m。分布于广东、香港，中国特有种。红色名录评估为极危 CR B1ab(i,iii)，即指本种的分布区不足 100 km^2，生境严重碎片化，分布区和栖息地的面积、范围持续性衰退。

濒危原因

种子易遭鼠食，自然更新困难；人工采伐破坏。

应用价值

暂未见相关报道。

保护现状

已开展扦插繁殖研究。

保护建议

建议选择适当的地区建立保护区（点），促进天然更新；开展人工种植试验并加以推广。

主要参考文献

［1］陈惠敏. 珍稀濒危树种永福石栎的扦插研究 [J]. 种子, 2014, 33(02): 118–120.

［2］郑清芳. 福建柯属（壳斗科）一新种 [J]. 植物分类学报, 1985, 23(2): 149–150.

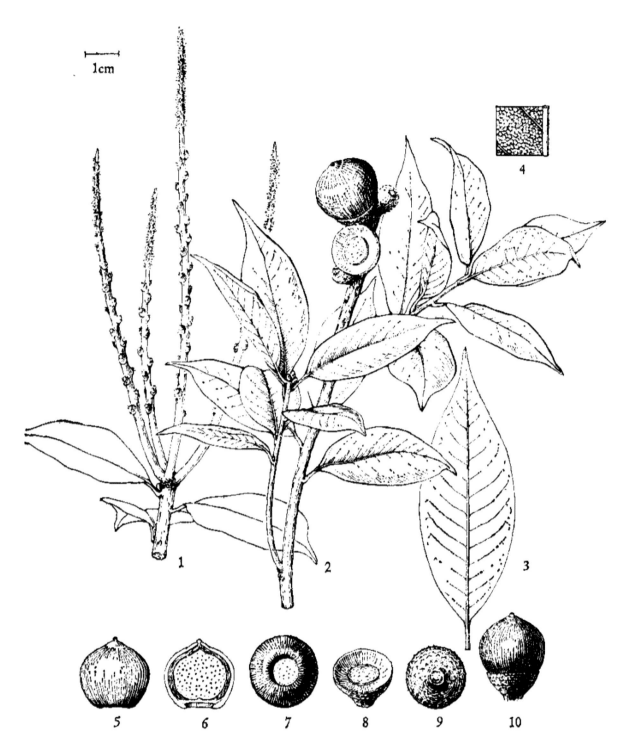

永福柯 [此墨线图摘自永福柯原始发表文献（郑清芳，1985）]

国家保护	红色名录	极小种群	华东特有
	极危（CR）		

壳斗科　栎属

倒卵叶青冈

Quercus arbutifolia Hickel & A. Camus

条目作者

邓敏、许瑾

生物特征

常绿**乔木**或灌木，树皮灰色或黑褐色，有裂纹。**叶片**窄倒卵形或长椭圆形，长 2.5~6 (~9) cm，宽 1.5~2.5 (3.5) cm，全缘或顶端微呈波状，中脉、侧脉在叶面微凹陷。**壳斗**碗形，包着坚果 1/3，直径 1.5~2 cm，高 0.6~1 cm；小苞片合生成 7~9 条同心环带。**坚果**扁球形，直径 1~1.6 cm，高 0.8~2 cm，无毛，柱座凸起呈圆锥形，果脐平坦，直径 5~7 mm。果期 11 月。

种群状态

产于**福建**（上杭梅花山、漳州大芹山、安溪云中山、德化石牛山）、**江西**（九连山）。生于向阳山坡或山顶常绿阔叶林中，海拔 1 500~1 800 m。分布于广东、广西、湖南。越南也有。红色名录评估为极危 CR A2c，即指本种在 10 年或三个世代内因栖息地减少等因素，种群规模缩小了 80% 以上，且仍在持续。

濒危原因

自然分布区极其狭小，生境破碎化严重；部分居群生境被大量竹类侵占；景区开发等人为干扰；种子结实率低。本种种群分布于亚热带中高海拔山地，随气候变化可能向山顶迁移或灭绝。

应用价值

可提取淀粉、栲胶和材用。

保护现状

部分种群位于保护区内；上海辰山植物园有引种栽培。已开展濒危原因、人工繁殖、遗传多样性等研究。

保护建议

加强就地保护，开展生态系统的修复，恢复居群的自我更新能力；在车八岭、戴云山等相似生境近地保护；鼓励迁地引种，增加在园林、绿化中的应用。

主要参考文献

[1] DENG M, COOMBES A, LI Q S. Lectotypification of Quercus arbutifolia (Fagaceae) and the taxonomic treatment of Quercus

subsect. Chrysotrichae[J]. Nordic Journal of Botany, 2011(28): 1–7.

［2］ JU M M, ZHANG X, YANG Y C, et al. The complete chloroplast genome of a critically endangered tree species in China, Cyclobalanopsis obovatifolia[J]. Conservation Genetics Resources, 2019, 11(1): 31–33.

［3］ SONG Y G, PETITPIERRE B, DENG M, et al. Predicting climate change impacts on the threatened Quercus arbutifolia in montane cloud forests in southern China and Vietnam: Conservation implications[J]. Forest Ecology and Management, 2019(444): 269–279.

［4］ XU J, JIANG X L, DENG M, et al. Conservation genetics of rare trees restricted to subtropical montane cloud forests in southern China: a case study from Quercus arbutifolia (Fagaceae). Tree Genetics & Genomes, 2016(12): 90.

［5］ 邓敏,曹明,席世丽,等.倒卵叶青冈——广西壳斗科一新记录种[J].广西植物,2011,31(05):575–577.

［6］ 钱建新.安溪云中山自然保护区珍稀濒危植物调查[J].河北林业科技,2009(05):24–26.

倒卵叶青冈（1.生境；2.植株；3.果实）

国家保护	红色名录	极小种群	华东特有
	极危（CR）		是

桦木科　鹅耳枥属

宝华鹅耳枥

Carpinus oblongifolia (Hu) Hu & W. C. Cheng

条目作者

陈彬

生物特征

乔木，高达 12 m，树皮棕黑色，小枝深紫色，幼时有黄色柔毛。叶柄 1~1.5 cm，纤细，密被黄色柔毛。叶片卵圆形，长 3.5~7 cm，宽 2.5~3.5 cm，叶面微被柔毛，中脉毛较密；叶背沿脉被柔毛。雌花序长 6.5~7.5 cm，宽 2~2.5 cm，苞片近卵形，（1~1.5）cm ×（6~8）mm。花期 3~4 月，果期 7~8 月。

种群状态

产于江苏（句容宝华山）。生于落叶阔叶林中，海拔约 400 m。江苏特有种。红色名录评估为极危 CR B1ab(ii,v)，即指本种的分布区不足 100 km²，生境严重碎片化，占有面积和栖息地面积持续性衰退。

濒危原因

仅产于宁镇山脉比较原始的天然植被中，分布面积极为有限。

应用价值

树形美观，秋叶美丽，可绿化观赏。

保护现状

主要分布于宝华山国家森林公园中。部分个体分布于路边，容易受到游客影响。已有学者开展种群定位监测和叶绿体基因组测序研究。

保护建议

加强原地保护，在南京中山植物园、上海辰山植物园等附近植物园迁地保育，在宁镇山脉引种回归。

主要参考文献

WANG J R, WANG M H. Complete chloroplast genome sequence of Carpinus oblongifolia (Betulaceae) and phylogenetic analysis[J]. Mitochondrial DNA Part B Resources, 2019(4): 1 304–1 305.

宝华鹅耳枥（1. 树干；2. 枝叶；3. 雄花序；4. 果序）

国家保护	红色名录	极小种群	华东特有
一级	极危（CR）	是	是

桦木科　鹅耳枥属

普陀鹅耳枥

Carpinus putoensis W.C. Cheng

条目作者

葛斌杰

生物特征

落叶乔木。叶厚纸质，长 5~10 cm，宽 3.5~5 cm，边缘具不规则的刺毛状重锯齿，老叶仅下面沿脉密被短柔毛及脉腋间具簇生的髯毛，侧脉 11~13 对；叶柄长 5~10 mm。果序长 3~8 cm；序梗、序轴疏被长柔毛或近无毛；果苞半宽卵形，长约 3 cm，内侧基部具长约 3 mm 的内折小裂片，卵形，全缘，外侧基部无裂片。坚果宽卵圆形，长约 6 mm，无毛无腺体，具数肋。

种群状态

仅产于浙江（舟山普陀山岛）。20 世纪 50 年代初，曾在普陀山数处发现有该树种分布，但在 50 年代末，大规模的毁林开垦导致该树种种群规模骤减，现仅在佛顶山慧济寺西侧幸存 1 株母树，树高为 12.8 m，树龄约 200 年。浙江特有种。红色名录评估为极危 CR B1ab(iii)+ 2ab(iii)；D?，即指本种的分布区不足 100 km^2，占有面积小于 10 km^2，生境严重碎片化，栖息地的面积、范围持续性衰退，野外成熟个体仅 1 棵。

濒危原因

由于森林遭到乱砍滥伐，毁林开垦，生态环境受到破坏，导致原有植株日益减少；萌发性差，植物砍伐后，难以萌发更新；雌、雄花相遇仅有 9 天，散粉时间短暂，花粉发芽力丧失快，萌发率低，自花授粉不良；种子品质低劣，饱满率仅有 15.2%，而且种壳厚、坚硬，苗圃出苗率仅 2.5%，加之普陀岛大风频繁，果实未成熟前就被吹落，因此普陀鹅耳枥天然更新困难。

应用价值

栽培观赏。

保护现状

目前针对普陀鹅耳枥的保护措施主要分岛内迁地保护和岛外迁地保护。

（1）岛内迁地保护。舟山市林业科学研究所和舟山市普陀山园林管理处用采自原生母树上的种子繁育的苗木，于 20 世纪 80 年代中期分别在普陀山慧济寺东北侧山坳的茶花园和定海区滕坑湾建立了 2 个普陀鹅耳枥 F1 代实生子代群体保护林。其中，普陀山茶花园为一西南朝向的沟谷，生境与原生母树比较接近，现保留植株 39 株，树龄为 27~30 年，均能开花，但极少能采到可发芽的种子。滕坑湾子代林为东南向沟谷，该子代林现保存有普陀鹅耳枥 F1 代植物 16 株，树龄 24 年，均能开花，但极少能采到可发芽的种子。舟山市林业科学研究所分别用采自原生母树及普陀山和定海两处 F1 代子代林母树上的种子培育苗木，于 2007—2008 年在定海滕坑湾新建了一处普陀鹅耳枥 F1 代与 F2 代混合的子代林。该子代林地处西南向山坡，面积 0.5 hm²，土壤为沙壤土，定植株行距为 2 m×2 m，现树龄为 9 年，尚未开花结实。

（2）岛外迁地保护。目前已在全国 13 家单位进行了普陀鹅耳枥的迁地保护，地理分布向西横跨了 10 个经度，向北纵跨了 11 个纬度。从目前各地的物候观察和栽培实验来看，普陀鹅耳枥可室外栽植的北界在山西霍州一带，郑州即可正常开花结实，未见浙江以南引种栽培的文献报道。

保护建议

积极保护好普陀鹅耳枥母树及其人工繁育栽培子代的生境，严禁一切破坏行为；采用不同世代的子代来营造具有一定种群规模的异龄林，促进不同世代之间进行充分的基因交流；通过采集普陀鹅耳枥盛花期的花粉，在 4℃低温条件下进行干燥冷藏能有效延长花粉的活力期，可在一定程度上缓解雌雄花花期相遇时间短而造成的授粉困难的问题。

主要参考文献

［1］ 金水虎，俞建，丁炳扬，等.浙江产国家重点保护野生植物 (第一批) 的分布与保护现状 [J]. 浙江林业科技，2002(02)：48–53.

［2］ 李修鹏，俞慈英，吴月燕，等.普陀鹅耳枥濒危的生物学原因及基因资源保存措施 [J]. 林业科学，2010, 46(07)：69–76.

［3］ 卢小根，邹达明.普陀鹅耳枥濒危原因的调查研究 [J]. 浙江林业科技，1990(05)：61–64.

［4］ 缪玲霞.舟山海岛重点保护野生植物 (树种) 的分布及远程迁地保存现状 [J]. 现代农业科技，2010(24)：219–220.

［5］ 张晓华，李修鹏，俞慈英，等.濒危植物普陀鹅耳枥种质资源保存现状与对策 [J]. 浙江海洋学院学报：自然科学版，2011, 30(02)：163–167.

［6］ 张晓华，王正加，李修鹏，等.濒危植物普陀鹅耳枥亲子代遗传多样性的 RAPD 分析 [J]. 山东林业科技，2011, 41(01)：1–5, 22.

［7］ 郑忠.普陀山国家重点保护树种分布现状及保护对策 [J]. 现代农业科技，2010(21)：251–252.

普陀鹅耳枥（1.果序枝条）

普陀鹅耳枥（2.植株；3.生境；4.雌花序；5.雄花序）

6

7

普陀鹅耳枥（6. 枝条叶背面；7. 果实）

国家保护	红色名录	极小种群	华东特有
二级	极危（CR）	是	是

桦木科　鹅耳枥属

天台鹅耳枥

Carpinus tientaiensis W. C. Cheng

条目作者

钟鑫

生物特征

乔木，高 16~20 m；树皮灰色；小枝棕色，无毛或疏被长软毛。**叶**革质，卵形、椭圆形或卵状披针形，顶端锐尖或渐尖，基部微心形或近圆形，边缘具短而钝的重锯齿，上面近无毛，下面除沿脉疏被长柔毛、脉腋间有簇生的髯毛外，其余无毛；侧脉 12~15 对；叶柄长 8~15 mm，上面沟槽内密被长柔毛。**果序**长 8~10 cm；序梗、序轴初时密被长柔毛，后渐变无毛；果苞内、外侧的基部均具明显的裂片而呈 3 裂状。**小坚果**宽卵圆形或三角状卵圆形，具 7~11 条肋。

种群状态

产于**浙江**（天台华顶国家森林公园有 19 个野生植株、磐安大盘山国家级自然保护区有 5 个野生植株、景宁约 20 个野生植株）。生于林中，海拔约 850 m。浙江特有种。红色名录评估为极危 CR B1ab(iii)+2ab(iii)；C2a(i)；D?，即指本种的分布区不足 100 km^2，占有面积小于 10 km^2，生境严重碎片化，栖息地的面积、范围持续性衰退；野外成熟个体不足 50 棵。

濒危原因

气候变迁；种群极小，雌雄花分期开放，同期相遇时间短，传粉期间雨水较多，导致结实率低。

应用价值

作为孑遗植物具科研价值；木材具经济价值。

保护现状

部分种群位于保护区内；国际植物园保护联盟（BGCI）于 2017 年立项资助浙江省林业科学研究院开展天台鹅耳枥的种群增强与迁地保护研究；多地已进行天台鹅耳枥的快速繁殖研究。

保护建议

迁地保育—繁殖—回归以增大有效种群；建立保护小区。

主要参考文献

［1］陈珍，陈模舜，孙骏威，等 . 天台鹅耳枥的组织培养与快速繁殖 [J]. 安徽农业大学学报 , 2013, 40(06): 1 009–1 012.

［2］金水虎,俞建,丁炳扬,等.浙江产国家重点保护野生植物(第一批)的分布与保护现状[J].浙江林业科技,2002(02):48–53.

［3］邱智敏,王国英,袁继标.天台鹅耳枥育苗试验初报[J].福建林业科技,2013,40(03):131–133,142.

［4］吴初平,张忠钊,刘志高.推进珍稀濒危植物天台鹅耳枥的保护工作[J].浙江林业,2017(11):32–33.

［5］张忠钊,孙永涛,季瑞炜,等.天台鹅耳枥自然生境植物群落调查[J].浙江林业科技,2018,38(05):33–39.

天台鹅耳枥(1.果期植株;2.野生植株;3.叶与幼叶;4.果与果序)

国家保护	红色名录	极小种群	华东特有
一级	极危（CR）	是	是

桦木科　铁木属

天目铁木

Ostrya rehderiana Chun

条目作者

葛斌杰

生物特征

落叶乔木；芽长卵圆形，长约 5 mm，锐尖，芽鳞无毛。叶长椭圆形或矩圆状卵形，长 3~10 cm，宽 1.8~4 cm；先端渐尖、长渐尖或尾状渐尖，基部近圆形或宽楔形；叶缘具不规则锐齿或具刺毛状齿。雄花序下垂，长 5~10 cm，单生或 2~3 枚簇生；花药先端具长柔毛。果多数，成稀疏总状；果苞膜质，膨胀，长椭圆形至倒卵状披针形，长 2~2.5 cm，先端圆，具短尖，基部缢缩呈柄状，上部无毛，基部具长硬毛，网脉显著。坚果红褐色，卵状披针形，无毛，具不明显的细肋。

种群状态

天目铁木野生大树仅 5 株，全部分布于西天目山大有村，海拔仅 250 m 的山脚下，属人为活动密集区。其中最老的一株，树龄约 350 年，现长于公路旁，自 1965 年起由天目林场工作人员在其周围砌石加以保护，每年能开花结实，曾在周围发现更新苗，但限于母树周遭均为水泥地面，没有进一步扩散空间。其余 4 株在河对岸约 400 m 处，树龄在 100 年左右，均为孤立木，鲜有更新苗，周围是茶园，近年在附近新建了房屋。据当地村民回忆，天目铁木此前数量更多，但在开辟茶园过程中被伐，现存的 5 株也因遮阳曾遭到过度修剪，致使其中仅 2 株可开花结实。自 1987 年起，西天目山自然保护区管理局与浙江林学院将这 4 株大树在内的 407 m² 土地买下作为保护区范围，才得到了保护。浙江特有种。红色名录评估为极危 CR D，即指本种成熟个体数量少于 50 株。

濒危原因

花粉活力弱，有效传粉时间短，种子发芽率极低。

应用价值

科研、观赏。

保护现状

浙江天目山国家级自然保护区已联合省内外高校和科研单位对天目铁木开展了针对性的就地保护和一系列基础研究，已积累了丰富的繁殖材料，使得天目铁木在个体水平方面得到了妥善的保护。

保护建议

　　每株编号挂牌，建立长期跟踪的种群资源档案；收集母树的种子及繁殖体，营造异龄林；深入开展保护生物学基础研究，为未来的保护和管理提供科学依据。

主要参考文献

［1］管康林，陶银周.濒危树种——天目铁木的现状和繁殖 [J].浙江林学院学报,1988(01): 93–95.

［2］金水虎，俞建，丁炳扬，等.浙江产国家重点保护野生植物(第一批)的分布与保护现状 [J].浙江林业科技,2002(02): 48–53.

［3］王昌腾，叶春林.浙江省特有野生珍贵植物濒危原因及保护对策 [J].福建林业科技,2007(02): 202–204, 218.

［4］张若蕙，龚关文，沈锡康，等.天目铁木花粉、种子及幼苗的研究 [J].浙江林业科技,1988(04): 7–11, 30.

天目铁木（1.群体；2.果序；3.枝叶；4.雄花序）

国家保护	红色名录	极小种群	华东特有
	极危（CR）		是

葫芦科　绞股蓝属

疏花绞股蓝

Gynostemma laxiflorum C. Y. Wu & S. K. Chen

条目作者

葛斌杰

生物特征

攀缘草本。茎细弱，具纵棱及沟槽。叶膜质，鸟足状，5 枚小叶，叶柄长 3 cm，上面具沟，沟内被短柔毛；小叶片长圆状披针形，中间 1 枚较长，侧生小叶小；卷须单一，无毛。雌花排成疏松的圆锥花序，腋生或顶生，长 2~5 cm，宽 1.5~2.5 cm，花序轴、侧枝和花梗均无毛，花梗丝状，长 4~5 mm；花萼裂片长圆状披针形，无毛；花冠裂片 5 枚，卵状披针形，长约 2.5 mm，先端尾状渐尖；退化雄蕊 5 枚，棒状。子房球形，被白色柔毛，花柱 3 枚，柱头新月形。蒴果钟形，绿色，无毛，具 3 枚长 2~3 mm 的喙。种子具疣状突起。花果期 11~12 月。

种群状态

野外种群具体情况尚不清楚，已有资料表明主要分布于安徽宣城地区，属狭域分布物种。红色名录评估为极危 CR D，即指本种成熟个体数量少于 50 株。

濒危原因

分布区狭小，种群内遗传多样性较低；栖息地遭到破坏，人为采挖；存在栽培种对野生种质资源污染风险。

应用价值

具科研、药用价值。

保护现状

目前不明。

保护建议

采取就地抚育为主，当地相关部门制定相应措施，限制野生资源的采挖，鼓励引种栽培。

主要参考文献

［1］ 丁建南 . 疏花绞股蓝黄酮化合物的分离与鉴定 [J]. 江西科学，1996(04): 223–227.

［2］何和明,吴毓持,符气浩.引种与野生绞股蓝药用成分比较研究 [J].海南大学学报:自然科学版,1996(02):161-167.

［3］王珅.绞股蓝属遗传多样性与亲缘地理学研究 [D].西安:西北大学,2008.

疏花绞股蓝(1.幼嫩果实；2.卷须；3.成熟果实)

国家保护	红色名录	极小种群	华东特有
	易危（VU）		

葫芦科　雪胆属

马铜铃

Hemsleya graciliflora (Harms) Cogn.

条目作者

葛斌杰

生物特征

多年生攀缘草本。卷须纤细，先端2歧。鸟足状复叶，小叶7枚。雄花成腋生聚伞圆锥花序，花序梗及分枝密被短柔毛。花萼裂片平展；花冠浅黄绿色，裂片平展，薄膜质；雄蕊5枚，花丝短，约1 mm；雌花呈圆锥花序，子房狭圆筒状，基部渐狭，子房柄长2~3 mm，花柱3枚，柱头2裂。果实筒状倒圆锥形，具10条细纹，果柄弯曲。种子长圆形，稍压扁，周生1.5~2 mm宽的木栓质翅。花期6~9月，果期8~11月。

种群状态

产于福建（政和）、江西（柴桑、靖安、庐山、铅山）。生于杂木林中，海拔500~2 400 m。分布于四川、湖北、湖南和广西。越南也有。红色名录评估为易危VU A2c，即指本种在10年或三世代内因栖息地减少等因素，种群规模缩小了30%以上，且仍在持续。

濒危原因

野外偶见，可能与杂木林受到樵伐有关，未见文献报道。

应用价值

具科研、药用价值。

保护现状

未见报道。

保护建议

开展野外种群调查，就地与迁地保护同步进行；加强引种栽培实验，建立资源圃。

主要参考文献

卢亚红,孙丽娟,张凤生,等.福建省新记录植物(Ⅵ)[J].福建师范大学学报:自然科学版,2019,35(04):63–68.

马铜铃（1.幼叶；2.成熟叶；3.雄花；4.雌花；5.果序；6.果实与种子；7.成熟果实）

国家保护	红色名录	极小种群	华东特有
	近危（NT）		是

秋海棠科　秋海棠属

美丽秋海棠

Begonia algaia L. B. Sm. & Wassh.

条目作者

田代科

生物特征

多年生**草本**；根状茎长 4~11 cm，节密，直径 5~15 mm，具有短的花茎。**基生叶**具长柄，轮廓宽卵形至长圆形，长 10~20 cm，宽 9~25 cm，先端尾状长渐尖或长渐尖，基部心形至深心形略偏斜，常中裂或略过之，裂片披针形至卵状披针形，边缘具疏而大小不等的三角形浅齿，上面散生粗柔毛，下面沿脉被短疏柔毛；叶柄长 13~26 cm，被锈褐色卷曲长毛。**花莛**高 17~27 cm，疏被锈褐色卷曲毛。花通常带白的玫瑰色，呈二歧聚伞状。**雄花**：花梗长 4~4.5 cm，无毛；花被片 4 枚，外面 2 枚宽卵形，长 2~2.7 cm，近等宽或稍宽，外面中部散生长柔毛，内面 2 枚倒卵状长圆形，长 2~2.6 cm，宽约 1 cm，无毛；花丝长 1.8~2.2 cm，基部合生，花药长 1.7~2.2 mm。**雌花**：花梗长 4~5 cm，无毛；花被片 5 枚，不等大，外面的宽卵形，长约 2.5 cm，宽约 2.2 cm，内面倒卵形，长约 2 cm，宽约 7 mm；子房长圆形，无毛，2 室，每室胎座具 2 裂片，花柱 2 枚。果梗长约 5 cm，无毛；**果实**具 3 枚不等翅，大者近直三角形，长约 13 mm，宽 8~11 mm，小者半月形，长 3~5 mm。花期 6~9 月，果期 7~10 月。

种群状态

产于**江西**（安福、上犹、遂川、井冈山、永新）、**浙江**（泰顺）。生于山谷水沟边阴湿处、石壁上和河畔阴山坡林下，海拔 320~800 m。

濒危原因

自然分布生境碎片化极严重，单个居群个体稀少，生境易受到人为和干旱气候影响。

应用价值

药用；叶片形态优美、花朵美丽，可作为阴生观赏植物。

保护现状

少数分布点在自然保护区内，但个体数很少。

保护建议

迁地保护适宜在室外湿润隐蔽处种植，温室盆栽易得白粉病和黑斑病。

主要参考文献

GU C Z, PENG C I, TURLAND N J. Begoniaceae. In: WU Z Y, RAVEN, P H, HONG D Y, eds. Flora of China, Vol. 13 [M]. Beijing: Science Press; St. Louis: Missouri Botanical Garden Press, 2007: 162.

美丽秋海棠（1. 植株与生境；2. 叶片；3. 果实）

国家保护	红色名录	极小种群	华东特有
	未评估		

秋海棠科　秋海棠属

丹霞秋海棠

Begonia danxiaensis D. K. Tian & X. L. Yu

条目作者

田代科

生物特征

　　球茎类，多年生落叶**草本**，株高 1~10 cm；地下茎近球形，2~4 个相连；地上茎仅 1 短节或偶尔缺失。**叶**互生，常 1 片，稀 2~4 片（其中 1~3 片位于短茎上），圆心形至卵圆心形，边缘具齿，重锯齿或浅裂，长 2~13 cm，宽 1.5~13.5 cm，上面绿色、黄绿色至暗绿色，被疏糙毛，下面绿色、粉红色至深紫红色。**花序**常 1 支，高 4~31 cm，远高于叶面，每花序有花 1~11 朵。**雄花柄**粉白色至红色，光滑，长 0.8~3 cm，粗小于 1 mm，花冠（8~24）mm ×（8~24）mm，光滑，外轮 2 枚，白色带粉或粉红色，卵形、椭圆形或长卵圆形，长 4~11 mm，宽 3~10 mm；内轮 2 枚，颜色较外轮花被片稍浅，倒披针形或倒卵状披针形，长 4~12 mm，宽 2~7 mm。**雄蕊** 10~38 枚，花丝基部部分联合。**雌花**花柄 0.6~2 cm，花被片 3（稀 2）枚，外轮 2 枚，粉红色，近圆形或宽卵圆形，长 3~9 mm，宽 4~9 mm，内轮 1 枚，倒卵状披针形，长 3~8 mm，宽 1.5~5 mm，柱头 3 裂，子房 3 室，中轴胎座，每室胎座裂片 1。**果实**粉绿色或粉红色，光滑，长 6 mm，宽 4 mm，具有不等 3 翅，最大翅三角形，长 6~12 mm，2 侧翅短，长 1~3 mm，宽 7~8 mm。花期 4~6 月，果期 5~7 月。

种群状态

　　产于**江西**（鹰潭、铜鼓、万安）。生于陡坡或悬崖石壁、石穴、洞口，阴生至接近全阳，海拔 140~290 m。成小片生长，居群碎片化，每个小居群个体数十到百，成年个体数千株。分布于湖南，中国特有种。

濒危原因

　　自然分布区狭小，生境易受到人为和气候（特别是干旱）的影响。

应用价值

　　植物小巧玲珑，花朵美丽，可观赏。

保护现状

　　除江西鹰潭龙虎山世界地质公园内的种群得到较好保护外，其他种群均不位于任何级别的保护区内。湖南永兴县便江风景区的种群因为景区没有规范管理易受人为影响破坏。其余分布点均为无人管理区域。仅上海辰山植物园有少量引种栽培，但长势不稳定。

加强就地保护，特别是避免分布地的生境被破坏；鼓励迁地引种保护，特别是条件较好的植物园。也可号召广大秋海棠爱好者利用种子繁殖等方式收藏养护。

主要参考文献

TIAN D K, LI C, YU X L, et al. A new tuberous species of Begonia sect. Diploclinium endemic to Danxia landforms in central China[J]. Phytotaxa, 2019, 407 (1): 101–110.

丹霞秋海棠（1. 生境；2. 叶片；3. 花期种群；4. 植株）

国家保护	红色名录	极小种群	华东特有
	无危（LC）		是

秋海棠科　秋海棠属

槭叶秋海棠

Begonia digyna Irmsch.

条目作者

田代科

生物特征

多年生草本，高 10~50 cm；根状茎短，横走，直径 0.8~1.5 cm，无直立茎，常有一节花茎。叶少数，柄长达 50 cm，粗 1.2 cm，被卷曲淡褐色柔毛；叶片两侧不等，轮廓宽卵形或近圆形，表面绿色，背面绿色或带紫红色，两面被毛，叶片长 6~38 cm，宽 7~40 cm，6~7 浅裂至深裂，裂片先端渐尖，边缘有大小不等重锯齿，齿尖带短芒，基部心形。花序腋生，呈二歧聚伞状，2~9 朵。花粉红色至玫瑰色，少白色，花序梗长 15~30 cm，被卷曲疏柔毛。雄花：花梗长 2~3.5 cm，被卷曲毛；花被片 4 片，外面 2 枚宽卵形，长 1.5~2.5 cm，宽 1.5~2.5 cm，先端钝，外面疏被长柔毛，内 2 枚长倒卵形，长 1.5~2 cm，宽 9~11 mm，光滑；雄蕊多数，整体呈球状，花丝长 1.5~3 mm，花药长 1.1~1.5 mm，先端微凹。雌花：花梗长 1.7~2.1 cm，被卷曲柔毛，花被片 5 枚，不等大，外面宽卵形，长 1.6~2.1 cm，宽 11~14 mm，外面被长柔毛，最内面的长椭圆形，长约 1.1 cm，宽约 7 mm，光滑。子房椭圆形，长 8~10 mm，宽 5~6 mm，疏被毛，2 室，每室胎座具 2 裂片，柱头外向螺旋状扭曲。蒴果下垂，梗长 1.7~2.1 cm，被毛；具不等 3 翅，光滑，大翅近直三角形或宽舌形，长 1.3~1.8 cm，宽 0.9~1 cm，先端圆，小翅偏三角形。花期 7~8 月，果期 9~10 月。

种群状态

产于福建（长汀、宁化、崇安）、江西（崇义、铅山、寻乌、石城、资溪、广昌）、浙江（泰顺、庆元）。生于溪沟旁石壁或陡坡、洼地等林下湿润阴凉处，海拔 280~700 m，个体稀疏或成小片生长；尽管分布地较多，但实际分布点很少，且单个居群个体少，通常不超过 50 株，总计不超过 2 000 株。

濒危原因

自然分布生境碎片化极严重，单个居群个体稀少，生境易受到人为和干旱气候的影响。开花量和结实少。

应用价值

药用；叶片形态、花朵美丽，可作为阴生观赏植物。

保护现状

少数分布点在自然保护区内，但个体数很少，如福建宁化牙梳山省级自然保护区。浙江省列为第一批重点保护野生植物。迁地保护适宜在室外湿润隐蔽处种植，温室盆栽易得白粉病和黑斑病。

保护建议

建议福建、江西将本种列为省级重点保护野生植物，开展已知和潜在分布区种群调查，加强保护区外种群的迁地保护。

主要参考文献

GU C Z, PENG C I, TURLAND N J. Begoniaceae. In: WU Z Y, RAVEN P H, HONG D Y, eds. Flora of China, Vol. 13 [M], Beijing: Science Press ; St. Louis Missouri Botanical Garden Press, 2007: 171.

槭叶秋海棠（1. 植株；2. 花背面；3. 雄花；4. 雌花）

国家保护	红色名录	极小种群	华东特有
二级	无危（LC）		

卫矛科　永瓣藤属

永瓣藤

Monimopetalum chinense Rehder.

条目作者

杜诚

生物特征

缠绕或匍匐状，半常绿木质**藤本**；小枝梢 4 棱，基部常宿存多数芽鳞。**叶**互生，纸质，卵形、窄卵形或椭圆形，托叶细丝状，宿存。**聚伞花序**有 2~3 次分枝。花直径 3~4 mm，淡白绿色。**花萼** 4 浅裂，裂片半圆形。**花瓣**卵圆形，长约 1 cm。**雄蕊** 4 枚，无花丝，生于花盘边缘。**子房**没于花盘，柱头圆形。**蒴果** 4 枚，深裂至果基部，常仅 1~2 室发育，宿存花瓣明显增大呈 4 翅状。花期 5~10 月，果期 7~11 月。

种群状态

产于**安徽**（皖南山区）、**江西**（德兴、浮梁、上饶、武宁、玉山）、**浙江**（金华）。生于山坡、路边及山谷杂林，海拔 1 000 m 以下。分布于湖北。野外存量较少，自我更新能力差，不易繁殖，生境遭受一定破坏，保护区里面有少量存在，推测过去居群下降大于 30%。中国特有种。

濒危原因

种子萌发率低，有性生殖能力差，主要靠无性繁殖扩展种群。多分布于低山人类活动频繁的区域，受到人类活动的严重威胁，生境和天然植被破碎化。

应用价值

卫矛科单型属，有重要的系统学研究价值。

保护现状

安徽省祁门县已经设立永瓣藤自然保护点，很多机构都开展了无性繁殖的研究。

保护建议

加强就地保护，促进种群规模扩大；研究其有性生殖，解除繁殖障碍；扩大无性繁殖的规模，在植物园等建立无性繁殖种群。

主要参考文献

［1］ XIE G W, WANG D L, YUAN Y M, et al. Population Genetic Structure of Monimopetalum chinense (Celastraceae), an

Endangered Endemic Species of Eastern China[J]. Annals of Botany, 2005, 95(5): 773–777.

［2］李海生, 余炼文, 谢国文, 等. 濒危植物永瓣藤所在群落物种多样性初步研究 [J]. 生态科学, 2012, 31(04): 401–405, 412.

［3］谢国文, 孙叶根. 中国稀危植物永瓣藤生态学特征研究 [J]. 生态学杂志, 1998(04): 3–5.

［4］谢国文, 文林. 永瓣藤的分布现状及其保护 [J]. 生物多样性, 1999(01): 3–5.

永瓣藤（1. 果期枝条；2. 枝条；3. 果实正面；4. 果实背面）

国家保护	红色名录	极小种群	华东特有
	易危（VU）		

杜英科　杜英属

绢毛杜英

Elaeocarpus nitentifolius Merr. & Chun

条目作者

陈彬

生物特征

乔木，高达 20 m；嫩枝被银灰色绢毛。叶革质，椭圆形，长 8~15 cm，宽 3.5~7.5 cm，先端急尖，尖头长 1~1.5 cm，基部阔楔形，初时两面有绢毛，不久上面变秃净，下面有银灰色绢毛，有时脱落变秃净，侧脉 6~8 对，与网脉在上面能见，在下面突起，边缘密生小钝齿；叶柄长 2~4 cm，被绢毛。总状花序生于当年枝的叶腋内，长 2~4 cm，花序轴被绢毛。花杂性；萼片 4~5 片，披针形，长 4 mm，外面被灰色柔毛；花瓣 4~5 片，长圆形，长 4 mm，先端有 5~6 个齿刻，外面无毛；雄蕊 12~14 枚，长 2.5 mm，花药无芒刺；花盘不明显分裂，被毛；子房 2 室，有稀疏绢毛，花柱长 2.5 mm，有毛，先端 2~3 裂。核果长 1.5~2 cm，宽 8~11 mm。种子 1，长约 1 cm。花期 4~5 月。

种群状态

产于福建（南靖）。生于低海拔常绿阔叶林中。分布于广东、广西、海南、云南。越南也有。红色名录评估为易危 VU A2c；B1ab(iii)，即指本种在 10 年或三个世代内因栖息地减少等因素，种群规模缩小了 30% 以上，且仍在持续；分布区不足 20 000 km^2，生境碎片化，栖息地面积、范围持续性衰退。

濒危原因

低海拔常绿阔叶林历史上被严重破坏，仅零星分布于村庄附近，面积小且相互隔离，不利于种群恢复和种群间遗传交流。

应用价值

花、果和树形美观，可观赏。经量化评估，绢毛杜英的观赏特性优于其他杜英属植物，适宜园林推广使用。

保护现状

华东地区的野生种群主要分布于南靖虎伯寮国家级自然保护区，受到较好保护。

保护建议

加强天然林保护，保护自然种群；在野生母树上大量采种育苗，在园林绿化中推广应用。

主要参考文献

［1］ 廖浩斌,冯志坚,戴磊,等.广东省11种杜英属植物园林观赏特性评价[J].广东园林,2012,34(03):66–69.

［2］ 廖浩斌,冯志坚,等.广东省11种杜英属园林植物的识别及其园林应用[J].福建林业科技,2012,39(01):127–131.

绢毛杜英（1.植株；2.枝叶；3.果枝）

国家保护	红色名录	极小种群	华东特有
二级	濒危（EN）		

川苔草科　川苔草属

川苔草

Cladopus doianus (koidz.) kôriba

条目作者

葛斌杰

生物特征

多年生小草本，外形似苔藓；根状茎扁平，肉质，匍匐于岩石表面，暗绿色，宽 0.8~3 mm，多分叉。不育枝上的叶莲座状排列，条形或近刚毛状，通常不裂，长约 3.5 mm，宽约 0.5 mm，开花时脱落；生于花莛上的叶呈扇形，6~9 指状分裂。花两性，单生于花莛顶端，幼时包藏于佛焰苞内，具短梗；萼片 2 片，条形或钻形，细小；无花瓣；雄蕊 1 枚；子房卵形，柱头 2 裂，菱状楔形，肥厚。蒴果球形，平滑，直径 1~2 mm。

种群状态

产于福建（长汀，实际分布点随着野外调查的深入可能更广，但暂时未见公开报道）。生于溪流岩石上。分布于广东东部，中国特有种。红色名录评估为濒危 EN D，即指本种成熟个体数量少于 250 株。

濒危原因

水体污染和人为干扰。

应用价值

属一类较特殊的溪生被子植物，具有科研价值。

保护现状

目前华南国家植物园等机构已开展研究，部分种群位于汀江源等国家级自然保护区内。

保护建议

在已知分布区，如福建长汀县有川苔草分布流域设立保护小区。

主要参考文献

罗柳青，林振昌，林爱英，等 . 川苔草生物学特征的观察研究 [J]. 生物学通报，2014, 49(10): 15–16, 63.

川苔草（1. 群体；2. 群体局部；3. 植株）

国家保护	红色名录	极小种群	华东特有
二级	未评估		

川苔草科　川苔草属

飞瀑草

Cladopus nymanii H.A. Möller

条目作者

葛斌杰

生物特征

多年生小草本，外形似苔藓；**根状茎**狭长（据报道可达 0.8 m）扁平，肉质，匍匐于岩石表面，暗绿色，宽 0.5~3 mm，羽状分叉。不育枝上的**叶**簇生，线形，长 3~4 mm，春季顶端紫色，夏季黄绿色；能育枝叶呈 6~7 指状分裂，长 1~2 mm，宽 1~3mm，花后脱落。**花**两性，单生于花莛顶端，幼时包藏于佛焰苞内，花莛长 5 mm；佛焰苞斜球形，直径约 2 mm。花被片 2 枚，线形，长约 1 mm，着生于花丝基部两侧；雄蕊 1 枚，花药 2 室；子房 2 室，卵形，柱头 2 裂，偏斜。**蒴果**椭圆状，平滑，直径 1.5~2 mm。**种子**多数，表面具瘤突。花期冬季。

种群状态

产于**福建**（长汀）。生于溪流岩石上。分布于广东、海南。印度尼西亚、日本和泰国也有。

濒危原因

水体污染和人为干扰，如修建水库和公路。

应用价值

属一类较特殊的溪生被子植物，具有科研价值。

保护现状

目前华南国家植物园等机构已开展研究，部分种群位于自然保护区内。

保护建议

在已知分布区流域设立保护小区，留意水质与水位的变化。

主要参考文献

王瑞江，温仕良，王刚涛．飞瀑草——激流中的花 [J]．森林与人类，2019(05): 100-109.

飞瀑草（1.苞叶与花被退化的花；2.果期植株，呈孢子释放状；3.花前期；4.果实脱落后宿存的萼片；5.果熟期的植株形态）

国家保护	红色名录	极小种群	华东特有
	数据缺乏（DD）		

杨柳科　柳属

井冈柳

Salix baileyi C. K. Schneid.

条目作者

陈彬

生物特征

灌木；小枝无毛，棕褐色；幼芽有柔毛，长达 14 mm，橄榄褐色，狭椭圆形，后无毛。叶厚纸质，披针形至椭圆状披针形，长 2.5~6 cm，宽 8~18 mm，小枝上部叶披针形，长至 11.5 cm，宽 2.5 cm，两端钝，或先端渐尖，上面暗绿色，无毛，或基部叶腋有疏毛，下面苍白色，边缘有尖腺锯齿，每 1 cm 长有 3~4 齿；叶柄粗短，长约 6 mm。花序无梗，圆柱形，长 3.5 cm，粗 3 mm，轴有柔毛。子房卵状圆柱形，长约 2 mm，无毛；柱头 2 裂；苞片倒卵形，先端圆，2 色，与子房柄等长；腺体 1 枚，腹生，约为子房柄长的 1/3。蒴果卵状圆柱形，无毛，长约 4 mm。

种群状态

产于江西（井冈山）、浙江（临安）。生于溪水旁。分布于湖南、河南、湖北，中国特有种。

濒危原因

因受人为影响，个体数量极少。

应用价值

绿化、造林。

保护现状

部分种群位于自然保护区内，未见针对该物种保护的报道。

保护建议

保护溪流生境。

主要参考文献

HE L. Taxonomy and nomenclature of Salix baileyi, S. rehderiana, and S. disperma[J]. Phytotaxa, 2019, 349(1): 54-60.

井冈柳（1. 生境；2. 枝叶；3. 托叶；4. 雄花序；5. 雌花序）

国家保护	红色名录	极小种群	华东特有
	极危（CR）		是

杨柳科　柳属

南京柳

Salix nankingensis C. Wang & S. L. Tung

条目作者

陈彬

生物特征

灌木或小乔木；枝暗紫褐色；小枝赤褐色，近光滑，幼时被柔毛；芽卵形，褐色，被毛。叶披针形或长圆状披针形，长 2~8 cm，宽 1~2 cm，先端长渐尖至渐尖，基部阔楔形或近圆形，边缘具细腺锯齿，上面绿色，下面淡绿色，中脉隆起，两面无毛，幼叶具褐灰色密毛；叶柄长 7 mm；托叶半卵形，边缘具疏锯齿，两面无毛。花与叶同时开放。雄花序无花序梗，基部无叶或具 2~3 枚鳞片状小叶，长 2~3 cm，粗 6 mm，花较密，轴被毛；雄蕊通常 5 枚，稀 3~(6) 枚，花丝长为苞片的 1 倍，近基部有白色丝状毛；腺体 2 枚，均 2 裂，褐黄色；花药球形，黄色；苞片卵圆形，先端圆，淡黄绿色，外面光滑，内面具疏毛。雌花序具梗，长 1 cm 有余，具 2~3 枚小叶；轴被密毛；子房卵状椭圆形，具短柄，柱头 2 浅裂；腺体 2 枚，均 2 裂，包围子房柄呈假花盘状，长为子房柄的 1/3；苞片卵形，外面仅基部具疏毛，内面有疏长毛，比子房柄长。果序长达 5 cm。蒴果长 4 mm。花期 3 月下旬，果期 6 月上旬。

种群状态

产于江苏（南京）。南京柳产于南京东郊梅花山附近和前湖岸边，模式树已死亡，目前仅在中山植物园内有栽培。江苏省特有种。红色名录评估为极危 CR D，即指本种成熟个体数量少于 50 株。

濒危原因

因受人为影响，个体数量极少。

应用价值

绿化、造林。

保护现状

南京中山植物园有栽培。

保护建议

扦插成活率良好。可以大量繁殖栽培，在园林、绿化中应用。

主要参考文献

何树兰,周康,邓飞,等.南京柳的生物学特性及繁殖技术[J].江苏林业科技,2001(01):33-36.

南京柳（1.果枝；2.栽培生境；3.果实成熟）

国家保护	红色名录	极小种群	华东特有
	易危（VU）		

黏木科　黏木属

黏木

Ixonanthes reticulata Jack

条目作者
陈彬

生物特征

灌木或乔木，最高达 20 m；树皮干后褐色，嫩枝顶端压扁状。单叶互生，纸质，无毛，椭圆形或长圆形，长 4~16 cm，宽 2~8 cm，表面亮绿色，背面绿色，干后茶褐色或黑褐色，有时有光泽，顶部急尖为镰刀状或圆而微凹，基部圆或楔尖，表面中脉凹陷，侧脉 5~12 对，通常侧脉有间脉；叶柄长 1~3 cm，有狭边。二歧或三歧聚伞花序，生于枝近顶部叶腋内，总花梗长于叶或与叶等长。花梗长 5~7 mm；花白色；萼片 5 片，基部合生，卵状长圆形或三角形，长 2~3 mm，顶部钝，宿存；花瓣 5 片，卵状椭圆形或阔圆形，比萼片长 1~1.5 倍；花盘杯状，雄蕊 10 枚，花蕾期花丝内卷，包于花瓣内，花期伸出花冠外，长约 2 cm；子房近球形；花柱稍长于雄蕊，柱头头状。蒴果卵状圆锥形或长圆形，长 2~3.5 cm，宽 1~1.7 cm，顶部短锐尖，黑褐色，室间开裂为 5 果瓣，室背有较宽的纵纹凹陷。种子长圆形，长 8~10 mm，一端有膜质种翅，种翅长 10~15 mm。花期 5~6 月，果期 6~10 月。

种群状态

产于福建（华安、南靖）、江西（寻乌）。生于海拔 1 000 m 以下的阔叶林中。分布于广东、广西、湖南、云南、贵州、海南、香港。印度、印度尼西亚、马来西亚、缅甸、新几内亚、菲律宾、泰国和越南也有。红色名录评估为易危 VU A2c；B1ab(i,iii)，即指本种在 10 年或三个世代内因栖息地减少等因素，种群规模缩小了 30% 以上，且仍在持续；分布区不足 20 000 km²，生境碎片化，分布区和栖息地的面积、范围持续性衰退。

濒危原因

森林砍伐。

应用价值

边缘分布于中国的单属科，具系统学研究价值；材用。

保护现状

未见针对性保护的报道。

保护建议

加强原生境保护。

主要参考文献

刘剑锋, 谢宜飞. 江西省种子植物新记录（二）[J]. 赣南师范大学学报, 2020, 41(03): 73-74.

黏木（1.花序；2.植株；3.果序；4.蒴果成熟）

国家保护	红色名录	极小种群	华东特有
二级	易危（VU）	是	

无患子科　槭属

庙台槭

Acer miaotaiense P. C. Tsoong

条目作者

葛斌杰

生物特征

落叶大**乔木**，高达 25 m；树皮深灰色；小枝无毛，皮孔圆形；冬芽椭圆形，鳞片 4 枚。**叶**纸质，宽卵形，长 7~9 cm，宽 6~8 cm，先端骤短尖，基部心形，稀平截，常 3 或 5 裂，裂片卵形、边缘微浅波状，上面无毛，下面被柔毛，沿叶脉较密，基脉 3~5，侧脉 5~7 对；叶柄细，长 6~7 cm，无毛。**花序**顶生，伞房状。花黄绿色，**花萼** 5 枚，椭圆形，长约 4 mm，具缘毛，**花瓣** 5 片，卵状披针形，与花萼近等长；**雄蕊** 8 枚。**果序**伞房状，长约 5 厘米，无毛；果柄长 3~6 mm。**小坚果**扁平，直径约 8 mm，密被黄色茸毛，果翅长圆形，宽 8~9 mm，连小坚果长 2~2.5 cm，两翅近水平。花期 5 月，果期 9 月。

Flora of China 将羊角槭并入本种。2021 年，裴宝林等以 "与 subsp. *miaotaiense* 的区别在于小枝、叶柄、叶片两面和花序始终有柔毛，翅果较大，长 3~3.5 cm，坚果直径 1~1.2 cm" 将羊角槭处理为庙台槭下 1 亚种，即 *Acer miaotaiense* P. C. Tsoong subsp. *yangjuechi* (W. P. Fang et P. L. Chiu) P. L. Chiu & Z. H. Chen，作者认为裴宝林等学者在对该物种重新处理过程中并未扩大调查取样范围，无新增有力证据，暂时按照 *Flora of China* 的处理意见。

种群状态

产于**浙江**（临安西天目山）。生于混交林中，海拔 700~1 600 m。分布于甘肃、河南、陕西，中国特有种。红色名录评估为易危 VU A2c；D2，即指本种在 10 年或三个世代内因栖息地减少等因素，种群规模缩小了 30% 以上，且仍在持续；占有面积小于 20 km²。

濒危原因

生境受破坏严重，曾遭受砍伐；洪水导致个体减少；成年大树数量少，自然更新能力差。木质化种皮抑制了其对水分的吸收，种子具有休眠特性。

应用价值

树皮和果实可作为栲胶的原料，种子榨油作为工业用油，木材可做家具；叶形和果形奇特，具有观赏价值；对于槭属系统演化具有研究价值。

保护现状

陕西太白山、浙江天目山已建立自然保护区并进行繁殖试验，扩大栽培。

保护建议

优先保护其天然种群和生境，加强幼苗幼树的抚育。

主要参考文献

［1］ 郭如刚,周晓刚.濒危树种庙台槭的繁育与栽培技术 [J].现代园艺,2020,43(03):63-64.

［2］ 胡选萍.秦岭庙台槭 (*Acer miaotaiense* Tsoong) 种子休眠特性的研究 (英文)[J]. Agricultural Science & Technology, 2020, 21(04): 44-49.

［3］ 李翔,侯璐,李双喜,等.濒危树种庙台槭种群数量特征及动态分析 [J].植物科学学报,2018,36(04):524-533.

［4］ 裘宝林,陈锋,谢文远,等.浙江槭树属植物新资料 [J].杭州师范大学学报:自然科学版,2021,20(01):34-40.

庙台槭（果枝）

国家保护	红色名录	极小种群	华东特有
二级	无危（LC）		

无患子科　伞花木属

伞花木

Eurycorymbus cavaleriei (H. Lév.) Rehder & Hand.-Mazz.

条目作者

葛斌杰

生物特征

高大落叶**乔木**；小枝圆柱状，被短茸毛。**叶**连柄长 15~45 cm，叶轴被皱曲柔毛；小叶 4~10 对，近对生，薄纸质，长圆状披针形或长圆状卵形，基部阔楔形，腹面仅中脉上被毛。**花序**半球状，稠密而极多花，主轴和呈伞房状排列的分枝均被短茸毛。花芳香，梗长 2~5 mm；**萼片**卵形，长 1~1.5 mm，外面被短茸毛；花瓣长约 2 mm，外面被长柔毛；子房被茸毛。**蒴果**的发育果爿长约 8 mm，宽约 7 mm，被茸毛。**种子**黑色，种脐朱红色。花期 5~6 月，果期 10 月。

种群状态

产于**福建**（省内广布）、**江西**（崇阳、龙南、庐山、信丰、资溪）。生于阔叶林中，海拔 300~1 400 m。分布于广东、广西、贵州、湖南、四川、台湾和云南，中国特有种。

濒危原因

生境与人类活动区重叠，易遭砍伐等干扰。

应用价值

具科研、观赏价值。

保护现状

中国科学院武汉植物园内有迁地保护种群，但收集种群数量较少。江西九连山、福建明溪县已开展就地保护措施。

保护建议

对生境较完整地区，遗传多样性水平较高的种群进行就地保护，退耕还林，伞花木在乔木层受到竞争激烈，需人为干预保证其种群的天然更新；对生境干扰严重，仅剩几株的种群，进行迁地保护。

主要参考文献

［1］ 朱红艳，康明，叶其刚，等. 雌雄异株稀有植物伞花木 (*Eurycorymbus caraleriei*) 自然居群的等位酶遗传多样性研究 [J]. 武汉植物学研究，2005(04): 310–318.

［2］ 王学兵.福建汀江源自然保护区伞花木群落特征研究 [J]. 林业勘察设计 , 2017, 37(02): 52-56.

伞花木（1.花序枝；2.植株；3.花序；4.果序）

国家保护	红色名录	极小种群	华东特有
二级	濒危（EN）		

芸香科　柑橘属

金柑

Citrus japonica Thunb.

条目作者

葛斌杰

生物特征

小乔木或灌木，枝有刺。小叶卵状椭圆形或长圆状披针形，长 4~8 cm，宽 1.5~3.5 cm；叶柄长 6~10 mm，翼叶狭至明显。花单朵或 2~3 朵簇生，花梗长稀超过 6 mm；花萼裂片 5 或 4 片；花瓣长 6~8 mm，雄蕊 15~25 枚，比花瓣稍短，花丝不同程度合生成数束，子房圆球形，4~6 室。果圆球形，果皮橙黄至橙红色，厚 1.5~2 mm，味甜，果肉酸或略甜。种子卵形，端尖或钝，单胚。花期 4~5 月，果期 11 月至翌年 2 月。

种群状态

产于福建（省内广布）、江西（崇义、井冈山、上犹、宜黄、资溪）。分布于广东、海南，中国特有种。红色名录评估为濒危 EN B1ab(iii)，即指本种分布区面积少于 5 000 km^2，分布点少于 5 个，且彼此分割，栖息地面积持续衰退。

濒危原因

未见报道，因具一定观果价值，可能存在采挖情况，另外栽培逸生对野生种群也存在基因污染风险。

应用价值

果树资源，食用和药用。

保护现状

部分种群位于保护区内，未见对物种的针对性保护报道。

保护建议

金柑已有长期栽培历史，需要通过野外调查和分子生物学手段确定真正的野生种群加以种质资源收集和就地保护，为今后栽培育种提供遗传物质保证。

主要参考文献

陈源,黄贤贵,余亚白,等.金柑果实功能成分研究进展 [J].中国南方果树,2014,43(01): 28–31.

金柑（1. 枝叶；2. 花枝；3. 果枝；4. 柑果）

国家保护	红色名录	极小种群	华东特有
二级	易危（VU）		

芸香科　黄檗属

黄檗

Phellodendron amurense Rupr.

条目作者

葛斌杰

生物特征

高大落叶**乔木**；枝扩展，成年树的树皮有厚木栓层，内皮薄，鲜黄色，味苦，黏质，小枝暗紫红色，无毛。**叶轴**及叶柄均纤细，有小叶 5~13 片，基部阔楔形，一侧斜尖，叶缘有细钝齿和缘毛。**花序**顶生；**萼片**细小，阔卵形，长约 1 mm；**花瓣**紫绿色，长 3~4 mm。**雄花**的雄蕊比花瓣长，退化雌蕊短小。**果**圆球形，直径约 1 cm，蓝黑色。花期 5~6 月，果期 9~10 月。

种群状态

产于**安徽**（霍山、金寨、休宁等地）。生于山地杂木林中或山区河谷沿岸。分布于东北与华北各省。朝鲜半岛、日本和俄罗斯远东地区也有。红色名录评估为易危 VU A2c；B1ab(i,iii)，即指本种在 10 年或三个世代内因栖息地减少等因素，种群规模缩小了 30% 以上，且仍在持续；分布区不足 20 000 km^2，生境碎片化，分布区和栖息地的面积、范围持续性衰退。

濒危原因

自然生境破坏，过度采伐。

应用价值

具药用、材用、科研价值。

保护现状

中国医学科学院药用植物园、国家植物园、哈尔滨森林植物园等地已有迁地保护种群，但遗传多样性水平均低于野外种群。

保护建议

尽快建立黄檗的专门保护区域；在迁地保育中，尽可能多地收集不同种群的种质资源；推进黄檗繁殖生物学研究，设立人工繁育基地提高种子萌发率与幼苗成活率，为回归引种提供基础。

主要参考文献

［1］张志鹏，张阳，张昭，等.我国黄檗野生种群生存现状及化学表征研究 [J]. 植物科学学报，2016,34(03): 381–390.

［2］闫志峰, 张本刚, 张昭. 迁地保护黄檗群体的遗传多样性评价 [J]. 中国中药杂志, 2008(10): 1 121–1 125.

［3］杨洪升, 李富恒, 王长宝, 等. 珍稀濒危植物黄檗种群遗传多样性 ISSR 分析 [J]. 东北农业大学学报, 2016, 47(06): 26–32.

黄檗（1. 果序；2. 树干；3. 果实；4. 树内皮鲜黄色）

国家保护	红色名录	极小种群	华东特有
二级	无危（LC）		

芸香科　黄檗属

川黄檗

Phellodendron chinense C. K. Schneid.

条目作者

葛斌杰

生物特征

高大落叶**乔木**；小枝粗壮，暗紫红色，无毛。奇数**羽状复叶**，对生，叶轴及叶柄粗壮，通常密被褐锈色或棕色柔毛，有小叶 7~15 片，**小叶**纸质，长圆状披针形或卵状椭圆形，基部阔楔形至圆形，两侧通常略不对称，叶背密被长柔毛或至少在叶脉上被毛；小叶柄长 1~3 mm，被毛。**花序**顶生，花通常密集，花序轴粗壮，密被短柔毛。**果**多数密集成团，直径约 1 cm 或大的达 1.5 cm，蓝黑色，有**分核** 5~8（10）个。花期 5~6 月，果期 9~11 月。

种群状态

产于**福建**（泰宁和冠豸山）、**江西**（龙虎山和龟峰）、**浙江**（方岩和江郎山）。生于海拔 900 m 以上的杂木林中。分布于重庆、广东、湖北、湖南和四川，中国特有种。

濒危原因

本种分布较广，有较强的适应性，被红色名录列为无危（LC），但仍存在作为药用植物被针对性采集利用的情况。

应用价值

含小檗碱等药用成分；也具观赏价值。

保护现状

部分种群位于保护区内，未见对物种的针对性保护报道。

保护建议

加强本种生理生态、种群动态和遗传多样性等基础性研究。

主要参考文献

［1］秦红玫 . 川黄檗快繁技术研究 [D]. 雅安：四川农业大学，2005.

［2］唐宗英，乔璐，阮桢媛，等 . 资源树种川黄檗的研究进展 [J]. 中国农学通报，2016,32(02): 82-86.

川黄檗（1. 枝叶；2. 花序；3. 果枝；4. 果序）

国家保护	红色名录	极小种群	华东特有
	易危（VU）		

芸香科 花椒属

朵花椒

Zanthoxylum molle Rehder

条目作者

葛斌杰

生物特征

落叶**乔木**；嫩枝暗紫红色；茎干有鼓钉状锐刺。叶有小叶 13~19 片，生于顶部小枝上的通常 5~11 片；小叶对生，几无柄，厚纸质，阔卵形或椭圆形，稀近圆形，基部圆形或略呈心形，两侧对称，叶背密被白灰色或黄灰色毡状茸毛，油点不显或稀少。**花序**顶生，多花；总花梗常有锐刺；花梗淡紫红色，密被短毛；**萼片及花瓣**均 5 片；花瓣白色，长 2~3 mm。**雄花**的退化雌蕊约与花瓣等长，顶端 3 浅裂。**雌花**的退化雄蕊极短；心皮 3 个。花期 6~8 月，果期 10~11 月。

种群状态

产于**安徽**（黄山、霍山、祁门、休宁、岳西等地）、江西（安义、上饶、铜鼓、宜丰、资溪）、浙江（景宁、龙泉、庆元、仙居、诸暨）。生于丘陵地区较干燥的疏林或灌木丛中，海拔 100~700 m。分布于贵州、河南、陕西，中国特有种。红色名录评估为易危 VU A2c；B1ab(iii)，即指本种在 10 年或三个世代内因栖息地减少等因素，种群规模缩小了 30% 以上，且仍在持续；分布区不足 20 000 km²，生境碎片化，栖息地面积、范围持续性衰退。

濒危原因

过度利用。

应用价值

提取植物精油做天然抗菌剂；栽培观赏。

保护现状

部分种群位于保护区内，未见对物种的针对性保护报道。

保护建议

加强本种种群动态和遗传多样性等基础研究。

主要参考文献

TIAN J, ZENG X B, FENG Z Z, et al. Zanthoxylum molle Rehd. essential oil as a potential natural preservative in management of

Aspergillus flavus[J]. Industrial Crops and Products, 2014, 60: 151–159.

朵花椒（1.花期植株；2.茎干有鼓钉状锐刺；3.花枝；4.小叶轴）

国家保护	红色名录	极小种群	华东特有
	易危（VU）		

棟科　香椿属

红花香椿

Toona fargesii A. Chev.

条目作者

陈彬

生物特征

常绿大**乔木**，胸径达 60 cm；树皮灰色，有纵裂缝；小枝圆柱形，有线纹和皮孔，疏生短柔毛。**羽状复叶**，连叶柄长 35~40 cm，小叶 8~9 对，叶轴和叶柄都有稀疏的皮孔，密生短柔毛；叶柄近圆柱形，长 6~9 cm；小叶互生或近对生，纸质，卵状长圆形至卵状披针形，长 4.5~13 cm，宽 2~4 cm，先端尾状渐尖，基部歪斜，两边不等长，全缘，侧脉 10~15 对，下面隆起，脉腋有簇毛，除中脉密生短柔毛及侧脉被稀疏的细柔毛外，其余近于无毛；小叶柄长 2~3 mm，密生短柔毛。圆锥**花序**顶生，花序轴有稀疏的皮孔，密生短柔毛；花梗长约 1 mm；**萼片**小，5 片，阔三角形，被小粗毛和短缘毛；**花瓣** 5 片，红色，覆瓦状排列，卵形，长 3~4 mm，宽约 2 mm，先端短尖，外面无毛，有隆起的中肋，里面密生粗毛；**雄蕊** 5 枚，无毛，花丝长约 2.5 mm，花药椭圆形；子房和花盘密生黄褐色的粗毛，5 室，每室有胚珠 13~15 颗；花柱无毛，柱头盘状。**蒴果**木质，干时黑色，密生苍白色粗大的皮孔，倒卵状长圆形，长 3.5~4.5 cm。**种子**两端有翅，连翅长 2~2.8 cm。花期 6 月，果期 11 月。

种群状态

产于**福建**（南靖、永定）、**江西**（安远、崇义、龙南、全南、资溪，在华东地区，此物种常被误鉴定为红椿 *Toona ciliata*）。生于山谷和溪边潮湿的密林中，零星分布，株形高大，可成为群落优势树种。分布于广东、广西、湖北、四川、云南，中国特有种。红色名录评估为易危 VU B1ab(i,iii)，即指本种分布区面积不足 20 000 km²，生境碎片化，分布区和栖息地面积、范围持续性衰退。

濒危原因

树干通直，材质好，长期的选择性采伐导致资源受到破坏。

应用价值

珍贵速生用材树种，可用于造林和绿化。

保护现状

部分种群位于保护区内，目前缺乏针对性的保护。可种子育苗，也可挖取粗根扦插育苗。

保护建议

针对性保护红花香椿古树和分布较为集中的群落。采集种子育苗，在绿化、造林中推广应用。

主要参考文献

［1］刘郁林，黄红兰. 红花香椿根插育苗技术 [J]. 科技信息，2011(36): 375.

［2］卢胜芬. 红花香椿群落种间联结性研究 [J]. 武夷学院学报，2016, 35(06): 10–13.

红花香椿（1. 植株；2. 果实；3. 花序）

国家保护	红色名录	极小种群	华东特有
	易危（VU）		

锦葵科　木槿属

庐山芙蓉

Hibiscus paramutabilis L. H. Bailey

条目作者

陈彬

生物特征

落叶灌木至小乔木，高 1~4 m；小枝、叶及叶柄均被星状短柔毛。叶掌状，5~7 浅裂，有时 3 裂，长 5~14 cm，宽 6~15 cm，基部截形至近心形，裂片先端渐尖形，边缘具疏离波状齿，主脉 5 条，两面均被星状毛；叶柄长 3~14 cm；托叶线形，长约 6 mm，密被星状短柔毛，早落。花单生于枝端叶腋间，花梗长 2~4 cm，密被锈色长硬毛及短柔毛；小苞片 4~5 片，叶状，卵形，长约 2 cm，宽 1~1.2 cm，密被短柔毛及长硬毛；萼钟状，裂片 5 片，卵状披针形，长 2~3 cm，下部 1/4 处合生，密被黄锈色星状茸毛；花冠白色，内面基部紫红色，直径 10~12 cm，花瓣倒卵形，长 5~7 cm，先端圆或微缺，具脉纹，基部具白色髯毛，花瓣外面被星状柔毛；雄蕊柱长约 3.5 cm；花柱分枝 5，被长毛。蒴果长圆状卵圆形，长约 2.5 cm，直径约 2 cm，果爿 5，密被黄锈色星状茸毛及长硬毛。种子肾形，被红棕色长毛，毛长约 3 mm。花期 7~8 月。

种群状态

产于江西（铜鼓、庐山、宜丰、永新）。生于山坡和谷地受一定人类活动干扰的区域，海拔 500~1 000 m。分布于湖南、广西，中国特有种。红色名录评估为易危 VU A2c，即指本种在 10 年或三世代内因栖息地减少等因素，种群规模缩小了 30% 以上，且仍在持续。

濒危原因

生境多在保护区外面，容易受到开荒、放牧等人类活动破坏。

应用价值

花大而美丽，可供园林观赏，可作为木槿属花卉育种材料。

保护现状

部分种群位于省级保护区内，未见对物种的针对性保护报道。

保护建议

加强引种栽培和园林应用。

主要参考文献

张辛华,李秀芬,张德顺,等.木槿应用研究进展 [J].北方园艺,2008(10):74-77.

庐山芙蓉（1.植株；2.花；3.果序）

国家保护	红色名录	极小种群	华东特有
	易危（VU）		

锦葵科　梭罗树属

密花梭罗树

Reevesia pycnantha Y. Ling

条目作者
陈彬

生物特征

乔木，高 6~10 m；小枝灰色，有条纹，无毛，或在幼时略被毛。叶薄，纸质，倒卵状矩圆形，长 8~12 cm，宽 2.5~5 cm，顶端急尖或渐尖，基部圆形或不明显的心形，全缘，稀在近基部有小齿牙，两面均无毛或幼时在主脉的基部有少许的疏生短柔毛，侧脉每边 7~8 条；叶柄长 1.5~2.5 cm，无毛。聚伞状圆锥花序密生，顶生，长达 5 cm，有多花，被红褐色星状短柔毛；花梗长 2~3 mm；萼倒圆锥状钟形，长约 3 mm，5 裂，外面被短柔毛，裂片广三角形，长不及 1 mm，内面有微柔毛；花瓣 5 片，浅黄色，长匙形，长约 7 mm，宽几达 1.5 mm；雌雄蕊柄长约 10 mm，无毛，子房有短柔毛。蒴果椭圆状梨形，长 1.5~2 cm，宽 1~1.5 cm，顶端截形，密被淡黄褐色短柔毛。种子连翅长 1.6 cm，翅膜质，矩圆状镰刀形或矩圆状椭圆形，顶端钝。花期 5~7 月。

种群状态

产于福建（将乐、三明）、江西（石城）。生于村边杂木林中和林缘，海拔 280 m。分布于广东，中国特有种。红色名录评估为易危 VU A2c; B1ab(ii,v)，即指本种在 10 年或三个世代内因栖息地减少等因素，种群规模缩小了 30% 以上，且仍在持续；分布区不足 20 000 km²，生境碎片化，占有面积成熟个体数持续性衰退。

濒危原因

低海拔植被破坏，生境严重丧失。

应用价值

观赏、营林护坡、涵养水源。

保护现状

少数古树名木已挂牌保护。庐山植物园已有引种栽培，顺利开花、结果，播种和扦插育苗均获得成功。

保护建议

加强人工繁育，用于造林、绿化。

主要参考文献

虞志军, 杜娟, 陈仕娟, 等. 密花梭罗在庐山植物园的引种繁育初报 [J]. 现代园艺, 2006(09): 14-16.

密花梭罗树（1. 生境；2. 植株；3. 枝叶）

国家保护	红色名录	极小种群	华东特有
	易危（VU）		

锦葵科　椴属

南京椴

Tilia miqueliana Maxim.

条目作者

葛斌杰

生物特征

高大**乔木**；嫩枝有黄褐色茸毛，顶芽卵形，被黄褐色茸毛。**叶**卵圆形，长 9~12 cm，宽 7~9.5 cm，先端急短尖，基部心形，稍偏斜，上面无毛，下面被灰色或灰黄色星状茸毛。聚伞**花序**长 6~8 cm，有花 3~12 朵，花序柄被灰色茸毛；花柄长 8~12 mm；苞片狭窄倒披针形，长 8~12 cm，宽 1.5~2.5 cm，两面有星状柔毛，下部 4~6 cm 与花序柄合生；**萼片**长 5~6 mm，被灰色毛；**花瓣**比萼片略长；**退化雄蕊花瓣状**；雄蕊比萼片稍短；子房有毛。**果实**球形，无棱，被星状柔毛。花期 7 月。

种群状态

产于**安徽**（皇藏峪、大方寺、半塔林场、琅琊山）、**江苏**（牛首山、宝华山、茅棚坞、盱眙铁山）、**浙江**（桃花岛、大猫岛、天目山）。日本也有。红色名录评估为易危 VU A2c，即指本种在 10 年或三个世代内因栖息地减少等因素，种群规模缩小了 30% 以上，且仍在持续。

濒危原因

生境破坏，人为干扰；种子饱满度低，通过有性生殖进行自然更新能力弱。

应用价值

观赏，材用，蜜源植物。

保护现状

部分种群位于保护区和风景区内，未见对物种的针对性保护报道。

保护建议

研究南京椴种子休眠机制，提高繁殖成功率；保护已知分布点，减少人为干预，控制人工林侵入。

主要参考文献

［1］史锋厚, 沈永宝, 施季森. 南京椴资源的保护和开发利用 [J]. 林业科技开发, 2012, 26(03): 11-14.

［2］史锋厚. 南京椴种子生物学特性与休眠机理初探 [D]. 南京: 南京林业大学, 2006.

［3］ 汤诗杰,汤庚国.南京椴的资源现状及园林应用前景 [J].江苏农业科学,2007(01):234-236.

［4］ 俞慈英,陈叶平,袁燕飞,等.舟山海岛普陀樟等 3 种特有树种种质资源清查 [J].浙江林学院学报,2007(04):413-418.

南京椴（1.花枝正面 ；2.植株 ；3.花序；4.花枝背面；5.花枝）

国家保护	红色名录	极小种群	华东特有
二级	濒危（EN）		

瑞香科　沉香属

土沉香

Aquilaria sinensis (Lour.) Spreng.

条目作者

寿海洋

生物特征

常绿乔木，高 6~20 m，树皮暗灰色，纤维坚韧，易剥离；小枝圆柱形，幼时被疏柔毛，后渐脱落。叶革质，椭圆形至长圆形，长 5~10 cm，宽 2~5 cm，先端具短尖头，两面均无毛；叶柄被毛。花芳香，黄绿色，组成伞形花序；萼筒浅钟状，5 裂；花瓣 10 片，鳞片状，着生于花萼筒喉部；雄蕊 10 枚，排成 1 轮；子房卵形，密被灰白色毛，2 室，每室 1 胚珠，花柱极短或无。蒴果卵球形，木质，密被黄色短柔毛，2 瓣裂。种子 1 或 2 个，卵球形，基部具长约 1.5 cm 的附属体，上端宽扁，下端成柄状。花期 3~5 月，果期 9~10 月。

种群状态

产于福建（福州、厦门、诏安）。生于山地雨林或半常绿季雨林中，海拔 400 m 以下。分布于广东、广西、海南、云南。中国特有种。红色名录评估为濒危 EN A2ac，即指直接观察到本种野生种群因分布区、栖息地缩减而存在持续衰退，种群规模在 10 年或三个世代内缩小 50% 以上。

濒危原因

土沉香是我国特有而珍贵的药用植物，也是我国生产中药沉香的唯一植物资源。由于沉香具有极高的经济价值和市场需求，导致土沉香被过度砍伐，加上生存环境破坏、种子自然繁殖率低（含油率高、极易变质）、病虫害（炭疽病、黄野螟等）等原因，其野生资源遭到了严重破坏。

应用价值

土沉香树干被损伤后，由于真菌侵入，薄壁组织细胞内的淀粉会发生一系列化学变化，最后形成香脂，凝结在木材内，即为"沉香"。长期以来，沉香既是一种高级香料，同时又是一种名贵的中药材，在我国具有悠久的药用历史。此外，土沉香的花可制浸膏；树皮纤维柔韧，色白而细致，可做高级纸张及人造棉。

保护现状

目前，残存的野生土沉香多呈零星状分布于沿海、近海丘陵、低山及少量的自然保护区、风水林中，偶尔在一些地区有较大面积的野生种群被发现，如 2011 年在广东省中山市五桂山区域内发现约 3 万株野生土沉香。另外，在广东和海南等地已开展大面积人工栽培，在其他地方的种植面积较为零散，尚未形成规模。

保护建议

　　建立原位保护基地、种质圃和基因库，在野生状态下最大限度地保护土沉香种质资源；村落周边风水林中的大树、母树划定为保护树，开展优良品种选育研究；开展结香机理和结香技术研究，为调控土沉香结香过程、建立高效结香技术体系奠定基础；加快发展土沉香人工林，实现沉香资源的可持续利用。

主要参考文献

［1］ CITES. Amendments to Appendix Ⅰ and Ⅱ of CITES [C]. Proceedings of Thirteenth Meeting of the Conference of the Parties. Bangkok, Thailand, 2004: 2–4.

［2］ 付开聪, 张绍云. 云南土沉香资源保护与开发 [J]. 中国野生植物资源, 2009, 28(06): 37–38, 43.

［3］ 傅立国. 中国植物红皮书 [M]. 北京: 科学出版社, 1991, 670–671.

［4］ 刘演, 韦健康. 芳香弥漫广西 [J]. 森林与人类, 2011(04): 64–71.

［5］ 裘树平等. 中国保护植物 [M]. 上海: 上海科技教育出版社, 1994, 261.

［6］ 邢福武. 中国的珍稀植物 [M]. 长沙: 湖南教育出版社, 2005, 101–102.

［7］ 晏小霞, 邓必玉, 王祝年, 等. 海南岛珍稀濒危药用植物白木香资源调查 [J]. 现代农业科技, 2010(23): 135–137.

土沉香（1. 枝叶）

土沉香（2.带树脂的木材，即沉香；3.树皮易剥离；4.花枝；5.蒴果；6.蒴果开裂，示种子）

国家保护	红色名录	极小种群	华东特有
二级	近危（NT）		

叠珠树科　伯乐树属

伯乐树

Bretschneidera sinensis Hemsl.

条目作者
钟鑫

生物特征

乔木，高 10~20 m；树皮灰褐色；小枝有较明显的皮孔。**羽状复叶**通常长 25~45 cm，总轴有疏短柔毛或无毛，小叶 7~15 片，纸质或革质，狭椭圆形，多少偏斜，顶端渐尖或急短渐尖，叶面绿色，无毛，叶背粉绿色或灰白色，有短柔毛；叶脉在叶背明显；小叶柄长 2~10 mm，无毛。花序总花梗、花梗、花萼外面有棕色短茸毛。**花**淡红色，**花萼**直径约 2 cm，顶端具短的 5 齿，内面有疏柔毛或无毛，**花瓣**阔匙形，内面有红色纵条纹；花丝基部有小柔毛；子房有光亮、白色的柔毛。**果**椭圆球形，近球形或阔卵形，被极短的棕褐色毛和常混生疏白色小柔毛，有或无明显的黄褐色小瘤体，果瓣厚 1.2~5 mm。**种子**椭圆球形。花期 3~9 月，果期 5 月至翌年 4 月。

种群状态

产于**福建**（崇安、古田、罗源、泰宁、永定等地）、**江西**（会昌、靖西、遂川、泰和、宜丰等地）、**浙江**（缙云、丽水、庆元、泰顺、云和等地）。生于沟谷、溪旁坡地及山地林中，海拔 500~2 000 m。分布于广东、广西、贵州、湖北、湖南、四川和云南。泰国北部和越南北部也有。

濒危原因

气候变迁，适生环境减少，大量野生伯乐树为单株分布，异花传粉概率低；生境破坏，原生地被开发；伯乐树无根毛，与特定真菌建立营养关系，生境破坏影响菌根，使幼树难以生长成活，种子难以萌发。

应用价值

木材有经济价值；作为叠珠树科仅剩的两种植物之一，在系统学、古气候学研究上有重要科学价值。

保护现状

部分种群位于保护区内，各地已相继建立保护小区；无性繁殖、有性繁殖、自然回归研究已经大量开展。

保护建议

继续就地建立保护小区，加强原生境保护；扩大实验性回归。

主要参考文献

［1］ 刘菊莲,周莹莹,潘建华,等.浙江九龙山国家级自然保护区伯乐树群落特征及种群结构分析 [J].植物资源与环境学报,
2013, 22(03): 95–99.

［2］ 许晶,韦建杏,李连珠,等.伯乐树种子育苗及扦插技术试验研究 [J].现代园艺,2019(05): 13–15.

［3］ 俞筱押,田华林,郭治友.贵州南部伯乐树群落特征及其种间关系研究 [J].四川农业大学学报,2016, 34(01): 29–33.

［4］ 张季,田华林,朱雁,等.伯乐树致濒机理研究 [J].现代农业科技,2019(04): 123–124, 127.

伯乐树（1.花枝；2.叶和花序；3.果序；4.花序特写）

国家保护	红色名录	极小种群	华东特有
	易危（VU）		是

十字花科　阴山荠属

武功山阴山荠

Yinshania hui (O. E. Schulz) Y. T. Zhao

条目作者

钟鑫

生物特征

一年生细小柔弱草本，全株无毛。茎直立或匍匐弯曲，具分枝。基生叶为具 1~2 对小叶的复叶，或为具 1 侧生小叶的单叶，叶片膜质，顶生小叶片卵形或近心形，侧生小叶片较小，歪卵形；中部茎生叶为 3 出复叶；最上部叶为单叶，叶片歪卵形，具极短叶柄；所有小叶片均先端微缺，边缘具波状弯曲钝齿。总状花序顶生，具花 6~8 朵，有时在花序基部叶腋生 1 小花序，有花 3 朵；萼片长圆形；花瓣淡紫红色，倒卵状楔形；子房短椭圆形，1 室，具胚珠 8 颗，排成 2 行。短角果椭圆形，密被小泡状突起。花果期 4~5 月。

种群状态

产于江西（武功山海拔 1 500 m 处）、浙江（文成、泰顺）。生于山坡石缝中。红色名录评估为易危 VU D2，即指本种占有面积不足 20 km²，可能在极短时间内成为极危种，甚至绝灭。

濒危原因

生境破碎化；分布区域过于狭小。

应用价值

中国特有物种，具系统学研究价值。

保护现状

部分种群位于保护区（乌岩岭）和风景区（武功山）内，未见对物种的针对性保护报道。

保护建议

在原生境设立保护小区；少量迁地保育。

主要参考文献

CHEO T Y, LU L L, YANG G, et al. Yinshania hui. In: WU Z Y, RAVEN P H, HONG D Y, eds. Flora of China, Vol. 8 [M]. Beijing: Science Press; St. Louis: Missouri Botanical Garden Press, 2001: 53.

武功山阴山荠（1.叶和花序；2.植株与潮湿生境）

国家保护	红色名录	极小种群	华东特有
二级	无危（LC）		

蓼科　荞麦属

金荞麦

Fagopyrum dibotrys (D. Don) H. Hara

条目作者

葛斌杰

生物特征

多年生草本；根状茎木质化；茎直立，高 50~100 cm，分枝，具纵棱，无毛，有时一侧沿棱被柔毛。叶三角形，长 4~12 cm，宽 3~11 cm，顶端渐尖，基部近戟形，边缘全缘；叶柄长可达 10 cm；托叶鞘筒状，膜质，偏斜，无缘毛。花序伞房状，顶生或腋生；每苞内具 2~4 朵花；花梗中部具关节；花被 5 深裂，白色，长约 2.5 mm；雄蕊 8 枚，比花被短；花柱 3 枚，柱头头状。瘦果宽卵形，具 3 锐棱，超出宿存花被 2~3 倍。花期 7~9 月，果期 8~10 月。

种群状态

主要分布于亚热带温暖湿润地区，海拔 250~3 200 m 均可生长，广布华东、华中、华南及西南省区。但随着市场需求和土地开发等原因，野生资源遭到极大破坏，许多地区已散生稀疏分布。印度、尼泊尔、克什米尔地区、越南、泰国也有。

濒危原因

红色名录列为无危（LC），但存在局部被过度采挖的情况。

应用价值

食、药用。

保护现状

已作为第一批中国野生农作物基因库成员加以保护，在重庆等多个地区设立了野生金荞麦原生境保护区。

保护建议

加快对金荞麦野生资源遗传多样性和优异性状的保护与研究，在主要产区设立原生境保护区或小区；大力发展人工栽培和深加工，使得金荞麦资源得到可持续性的开发利用。

主要参考文献

［1］ 刘光德,李名扬,祝钦泷,等.资源植物野生金荞麦的研究进展 [J].农业资源与环境科学,22(10): 380–389.

［2］ 彭勇,孙载明,肖培根.金荞麦的研究与开发 [J].中草药,1996,27(10):629-630.
［3］ 王昌华,刘翔,赵纪峰,等.金荞麦种质资源及其生态调查研究 [J].资源开发与市场,2010,26(6):544-546.

金荞麦（1.根茎；2.叶；3.托叶鞘；4.花序；5.幼果；6.果实）

国家保护	红色名录	极小种群	华东特有
	濒危（EN）		

苋科 滨藜属

海滨藜

Atriplex maximowicziana Makino

条目作者

陈彬

生物特征

多年生草本，高 30~100 cm。茎直立，圆柱形，多分枝；下部枝近对生，具微条棱，黄白色，有密粉。叶片菱状卵形至卵状矩圆形，通常长 2~3 cm，宽 1~2 cm，先端急尖或钝，并有短尖头，基部宽楔形至楔形并下延入短柄，两面都有密粉，上面灰绿色，下面灰白色，主脉在叶背突起，边缘通常略为 3 浅裂。团伞花序腋生，并于枝的先端集成紧缩的小型穗状圆锥花序。雄花花被 5 深裂，雄蕊 5 枚。雌花的苞片果时菱状宽卵形至三角状卵形，具长 1~2 mm 的短柄，果苞片的边缘仅在基部合生，靠基部的中心部在果实成熟时大多木栓化膨胀，无附属物，缘部灰绿色，边缘具三角形锯齿。胞果扁平，圆形，或双凸镜形；果皮膜质，淡黄色，与种子贴伏。种子红褐色，直径约 2 mm，胚乳块状，白色。花果期 9~12 月。

种群状态

产于福建（同安、福清、平潭）。生于海滩。分布于广东。琉球群岛也有。红色名录评估为濒危 END，即指本种成熟个体数量少于 250 株。

濒危原因

海滨生境破坏。

应用价值

绿化、固沙。

保护现状

暂无针对性保护。

保护建议

就地保护，增加在海滨绿化中的应用。

主要参考文献

曾宪锋 . 海滨藜在粤东的详实记录 [J]. 广东农业科学 , 2013, 40(06): 156, 185, 237.

海滨藜（1. 群体；2. 果期植株；3. 果序）

国家保护	红色名录	极小种群	华东特有
二级	濒危（EN）		

绣球科　黄山梅属

黄山梅

Kirengeshoma palmata Yatabe

条目作者

葛斌杰

生物特征

多年生草本。茎直立，近四棱形，无毛。叶生于茎下部的最大，圆心形，长和宽均 10~20 cm，掌状 7~10 裂，裂片具粗齿，基部近心形。聚伞花序生于茎上部叶腋及顶端，通常具 3 朵花，中部的花最大，无小苞片，两侧的花较小，具小苞片，有时退化仅具 1~2 花。花黄色，直径 4~5 cm；萼筒半球形，被柔毛；花瓣 5 片，离生；雄蕊 15 枚，外轮的与花瓣近等长，内轮的稍短；花柱线形。蒴果阔椭圆形或近球形，顶端具宿存花柱。种子黄色，周围具膜质斜翅。花期 3~4 月，果期 5~8 月。

种群状态

产于安徽（黄山、歙县清凉峰）、浙江（临安天目山、昌化龙塘山）。生于山谷林中阴湿处，海拔 700~1 800 m。朝鲜半岛和日本也有。红色名录评估为濒危 EN D，即指本种成熟个体数量少于 250 株。

濒危原因

生境破坏，天然更新能力弱；对生态环境的变化敏感。

应用价值

具科研、观赏、药用价值。

保护现状

部分种群位于保护区和风景区内，未见对物种的针对性保护报道。

保护建议

在黄山梅主要分布区域设立保护小区；采取迁地保护，扩大种群规模，但需遵循少取群体、群体内多取样的原则以保证获取较高的遗传多样性；探索组织快繁技术，为迁地保护和开发利用提供技术支持。

主要参考文献

［1］李晓红.濒危植物黄山梅的保护生物学研究 [D].芜湖：安徽师范大学,2005.
［2］林夏珍,楼炉焕.浙江省国家重点保护野生植物资源 [J].浙江林学院学报,2002(01):33-37.

[3] 钱啸虎. 国家重点保护的物种濒危植物研究 [J]. 安徽师大学报：自然科学版，1982，1：53-59.

黄山梅（1.生境；2.植株；3.叶背面；4.幼嫩花序）

国家保护	红色名录	极小种群	华东特有
二级	无危（LC）		

绣球科　蛛网萼属

蛛网萼

Platycrater arguta Siebold & Zucc.

条目作者
葛斌杰

生物特征

落叶灌木；茎下部近平卧或匍匐状；老后树皮呈薄片状剥落。叶膜质至纸质，披针形或椭圆形，长9~15 cm，宽 3~6 cm，先端尾状渐尖，基部沿叶柄两侧稍下延成狭楔形。伞房状聚伞花序近无毛。花少数，不育花具细长梗，梗长 2~4 cm；萼片 3~4 片，阔卵形，中部以下合生；孕性花萼筒陀螺状，结果时长达7 mm；花瓣稍厚，卵形，先端略尖；雄蕊极多数，花丝短；子房下位；花柱 2 枚，细长，结果时长达10 mm。蒴果倒圆锥状。种子暗褐色，椭圆形，两端有长 0.3~0.5 mm 的薄翅。花期 7 月，果期 9~10 月。

种群状态

产于安徽（黄山）、福建（武夷山）、江西（资溪马头山、贵溪双圳林场、上饶五府山）、浙江（百山祖、凤阳山、雁荡山）。生于溪沟边、滴水阴湿岩石旁，海拔 800~1 800 m。日本也有。

濒危原因

种子的生物学特性，如发芽率低，对温湿度要求高，适应性差等造成更新障碍；生境片段化，种群退缩至立地条件较差区域。

应用价值

科研、观赏。

保护现状

位于保护区内的种群，保护情况较好，但保护区外为著名风景区，其内的种群受到威胁。

保护建议

对种群遗传多样性高的地区，如江西资溪县和浙江百山祖地区实施就地保护；对位于保护区外的种群，设立禁止游览区域，减少人为干扰和破坏；在迁地保护中，要注意所取的样尽可能覆盖到更多的群体及其个体。

主要参考文献

［1］ 祁新帅.东亚特有间断分布植物蛛网萼属的生物地理学研究 [D].杭州：浙江大学，2013.

［2］ 张丽芳，林昌勇，俞群，等.珍稀濒危植物蛛网萼的种子形态及萌发特性 [J].江西农业大学学报，2015,37(03): 497-503.

［3］ 张丽芳，裘利洪.蛛网萼开花物候、花部特征及繁育系统研究 [J].广西植物，2017,37(10): 1 301-1 311.

蛛网萼（1.植株；2.生境；3.花序；4.花）

国家保护	红色名录	极小种群	华东特有
	易危（VU）		

报春花科 珍珠菜属

白花过路黄

Lysimachia huitsunae S.S. Chien

条目作者

邵剑文

生物特征

多年生草本，高约 10 cm；茎圆柱形。叶对生，有时在茎端互生，下部叶片小，鳞片状，中部呈卵形或披针形，长 5~20 mm，宽 4~9 mm，先端钝或稍渐尖，基部楔形，两面均有透明腺点，叶柄长 2~4mm，具狭翅。花单生于茎上部叶腋，花梗纤细，果时下弯，花萼长 5~6 mm，分裂近达基部，密布透明腺点，背面沿中肋被毛；花冠白色，裂片长 6~7 mm，宽 3~4 mm，卵状椭圆形或椭圆形，散生透明腺点，基部合生部分长约 1 mm；花丝长 3~3.5 mm，基部合生成高约 1 mm 的环；子房上半部被短柔毛；花柱长约 5 mm。蒴果圆球形，约 3 mm。花期 6~7 月，果期 7~9 月。

种群状态

产于安徽（黄山）、福建（建宁县金铙山和黄岗山）、江西（井冈山、笔架山和三清山）、浙江（遂昌、龙泉）。生于近山顶的沼泽地，或潮湿石缝中有零星分布，海拔 1 500 m 以上。分布于广西，中国特有种。红色名录评估为易危 VU B2ab(iii)，即指本种占有面积不足 2 000 km²，生境碎片化，栖息地的面积持续性衰退。

濒危原因

自然分布区狭小，种群规模小，生境受人类活动破坏和威胁严重。

应用价值

具科研、科普、观赏价值。

保护现状

除部分种群位于保护区内，暂无相关的科学研究及相应的保护措施。

保护建议

加强就地保护，促进种群更新和恢复；加强种群调查和相关保护生物学的科学研究。

主要参考文献

［1］陈封怀,胡启明.中国植物志 (第 59 卷,第二分册) [M].北京：科学出版社.1990.

［2］赵万义,刘忠成,张忠,等.罗霄山脉东坡—江西省种子植物新记录 [J].亚热带植物科学,2016,45(04):365-368.

［3］陈炳华,陈伟鸿,张媛燕,等.福建省新分布植物 (Ⅲ) [J].福建师范大学学报:自然科学版,2016,32(02):76-83.

白花过路黄（1. 植株；2. 花枝）

国家保护	红色名录	极小种群	华东特有
	未评估		是

报春花科　报春花属

堇叶报春

Primula cicutariifolia Pax

条目作者

邵剑文

生物特征

二年生草本。叶 6~15 枚簇生，长 5~11 cm，宽 0.7~1.5 cm，无毛，羽状全裂，羽片 3~6 对，小羽片浅裂。花葶通常 3~12 枚，直立，长 1~3 cm，稍矮于或等于叶丛，伞形花序 1 轮，每轮 1~3 朵花；苞片线形；花梗纤细，长 1~2 cm；花萼钟状，长约 4 mm，分裂达中部，裂片卵状披针形；花冠淡粉红色，冠筒长 5~7 mm，冠檐直径 7~11 mm，裂片楔状矩圆形，长 3~5.5 mm，宽 2~3 mm，先端近截形或具凹缺；花长柱同型（雄蕊与柱头同位于冠筒口）。蒴果近球形，直径约 3 mm。花期 3~5 月，果期 4~5 月。

种群状态

产于安徽（宁国、泾县等地）、浙江（临安天目山、舟山群岛、永嘉）。生于阴坡落叶阔叶林下。

濒危原因

自然分布区狭小，生境易受人类活动破坏。

应用价值

具科研、科普、观赏价值。

保护现状

除部分种群位于保护区内，暂无相应针对性的保护措施。

保护建议

加强就地保护，尤其是适宜生境的保护，促进种群更新和恢复。

主要参考文献

［1］SHAO J W, WU Y F, KAN X Z, et al. Reappraisal of Primula ranunculoides (Primulaceae), an endangered species endemic to China, based on morphological, molecular genetic and reproductive characters [J]. Botanical Journal of the Linnean Society, 2012, 169(2): 338–349.

［2］吴美秀, 陈佳丽, 吴玉南, 等. 温州植物区系新资料（Ⅱ）[J]. 温州大学学报：自然科学版, 2014, 35(02): 27–31.

董叶报春（1. 拍自宁国种群；2. 拍自灵隐寺种群；3. 拍自大猫岛种群；4. 叶形；5. 幼苗；标尺＝2 cm）
1–3. 原生境照片；4. 标本照片。

国家保护	红色名录	极小种群	华东特有
	易危（VU）		是

报春花科 报春花属

安徽羽叶报春

Primula merrilliana Schltr.

条目作者
邵剑文

生物特征

二年生草本。叶 8~20 枚簇生，长 2~14 cm，宽 0.7~1.5 cm，无毛，羽状全裂，羽片 6~10 对，小羽片全裂至浅裂。花莛通常 3~20 枚，直立，长 3~7 cm，稍高出叶丛，伞形花序 1~3 轮，每轮 2~3 朵花；苞片线形或狭三角形，长 1.5~3.5 mm；花梗纤细，长 1.5~3 cm；花萼钟状，长约 4.5 mm，外面被极稀疏的小腺体，分裂达中部，裂片卵状披针形；花冠白色或微带蓝紫色，冠筒长 5.5~9 mm，冠檐直径 12~19 mm，裂片倒卵状椭圆形或倒卵状矩圆形，长 6~10 mm，宽 3~5.5 mm，先端圆形，全缘；花两型（长柱花：雄蕊着生于冠筒中部，花柱长达冠筒口；短柱花：雄蕊近冠筒口着生，柱头位于花筒中部）或花长柱同型（雄蕊与柱头同位于花筒中部或冠筒口）。蒴果近球形，直径约 3 mm。花期 3~5 月，果期 5~6 月。

种群状态

产于安徽（南部黄山山脉延伸至牯牛降山脉及其周边丘陵山区）、浙江（临安、富阳、衢江）。生于阴坡落叶阔叶林下、林缘的沟谷岩壁上或道路及耕地边，海拔 50~1 000 m。红色名录评估为易危 VU A2c，即指本种在 10 年或三个世代内因栖息地减少等因素，种群规模缩小了 30% 以上，且仍在持续。

濒危原因

分布区狭小，生境易受人类活动破坏，物种分类问题有待进一步澄清（可能是包含多个物种的复合体，如位于分布区边缘的同型花种群有可能已分化形成独立的物种）。

应用价值

具科研、科普、观赏价值。

保护现状

除部分种群位于保护区内，暂无相应针对性的保护措施。

保护建议

加强就地保护，尤其是适宜生境的保护，促进种群更新和恢复；进一步整合分子、形态、杂交实验等证据及地理分布信息，采用整合分类学思想解决其物种分类问题。

主要参考文献

［1］ 杜丹丹, 邵剑文. 中国特有濒危植物安徽羽叶报春的研究现状及展望 [J]. 安徽师范大学学报: 自然科学版, 2010, 33(06): 562-565.

［2］ 邵剑文, 张文娟, 张小平. 濒危植物安徽羽叶报春两种花型的繁育特性及其适应进化 [J]. 生态学报, 2011, 31(21): 6 410-6 419.

［3］ 邵剑文, 张小平, 张中信, 等. 安徽羽叶报春的有效传粉昆虫及花朵密度和种群大小对传粉效果的影响 [J]. 植物分类学报, 2008(04): 537-544.

安徽羽叶报春 (1.拍自黄山谭家桥种群; 2.拍自齐云山种群; 3.拍自黄山六都乡种群; 4.幼苗; 5.叶标本照片)
1-4.原生境照片; 5.标本照片。

国家保护	红色名录	极小种群	华东特有
	无危（LC）		

报春花科　报春花属

毛茛叶报春

Primula ranunculoides F. H. Chen

条目作者

邵剑文

生物特征

二年生草本。叶两型，幼时外围具 1~5 枚近肾形的单叶，具浅波状齿，至开花期通常枯萎，后期叶为羽状全裂，连柄长 3~12 cm，宽 1~2 cm，羽片 (1)2~4 对，羽片轮廓椭圆形或矩圆形，最下方的 1 对极小，向上渐增大，具 2~4 粗齿或缺刻，顶生裂片较大，椭圆形至阔卵圆形，通常 3 深裂。花葶细弱，早期 1~10 枚具伞形花序 1~2 轮，每轮 (1)2~3 花；苞片线形，长 1.5~3 mm；花梗纤细，长 0.7~3 cm；花萼钟状，长 3~4.5 mm，分裂达中部以下，裂片披针形，先端锐尖或稍钝，具明显的中肋；花冠淡红色或淡蓝紫色，冠筒长 6~8 mm，冠檐直径 15~19 mm，裂片楔状矩圆形，先端具凹缺；花两型（长柱花：雄蕊着生于冠筒中部，花柱长达冠筒口；短柱花：雄蕊近冠筒口着生，柱头位于花筒中部）或花长柱同型（雄蕊与柱头同位于冠筒口）；后期 3~15 枚花葶不形成花朵，末端分化形成芽体进行无性繁殖。蒴果近球形，直径约 2.5 mm。花期 3~4 月，果期 4~5 月。

种群状态

产于江西（和湖北交界的丘陵山区）、浙江（景宁）。生于在阴坡落叶阔叶林下、林缘的沟谷或路旁岩壁上，分布于湖北，中国特有种。

濒危原因

自然分布区狭小，生境易受人类活动破坏，曾一段时间内被归并到堇叶报春 *Primula cicutariifolia* Pax 名下而没有引起重视。

应用价值

具科研、科普、观赏价值。

保护现状

暂无相应的针对性的保护措施。

保护建议

加强就地保护，尤其是适宜生境的保护，促进种群更新和恢复；可适当加强人工引种栽培试验研究。

主要参考文献

［1］ SHAO J W, WU Y F, KAN X Z, et al. Reappraisal of Primula ranunculoides (Primulaceae), an endangered species endemic to China, based on morphological, molecular genetic and reproductive characters[J]. Botanical Journal of the Linnean Society, 2012, 169(2): 338–349.

［2］ 宋丽雅, 李永权, 章伟, 等. 毛茛叶报春高分化的谱系地理结构 [J]. 植物科学学报, 2017, 35(04): 503–512.

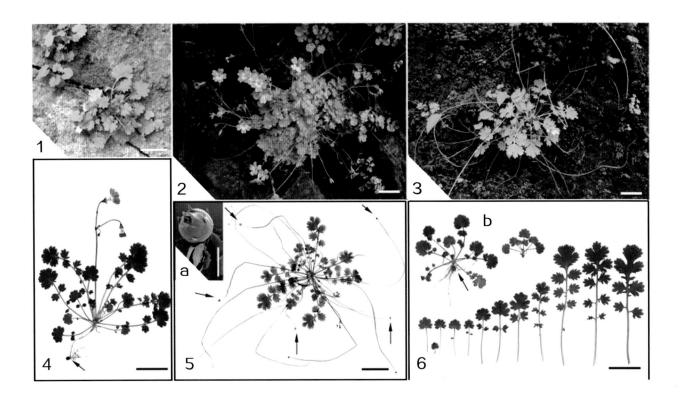

毛茛叶报春

1–3. 原生境照片；4–6. 标本照片；1、6. 幼苗；2、4. 花期；3、5. 开花末期, 示已长出很多不孕芽体的花葶；6. 叶形

a. 花变态形成的芽体（扫描电镜照片, 标尺 = 2 mm）；b. 示花葶顶端形成的芽体（标尺 = 2 cm）。

国家保护	红色名录	极小种群	华东特有
	易危（VU）		

山茶科　山茶属

红皮糙果茶

Camellia crapnelliana Tutcher

条目作者

钟鑫

生物特征

小乔木，树皮红色，嫩枝无毛。叶硬革质，倒卵状椭圆形至椭圆形，长 8~12 cm，先端短尖，基部楔形，上面深绿色，下面灰绿色，无毛，侧脉约 6 对，在下面明显突起，边缘有细钝齿，叶柄长 6~10 mm，无毛。花顶生，单花，直径 7~10 cm，近无柄；苞片 3 片，紧贴着萼片；萼片 5 片，倒卵形，长 1~1.7 cm，外侧有茸毛，脱落；花冠白色，长 4~4.5 cm，花瓣 6~8 片，倒卵形，长 3~4 cm，基部合生 4~5 mm，最外侧 1~2 片近离生，基部稍厚，革质，背面有毛；雄蕊长 1.2 cm，多轮，无毛，外轮花丝与花瓣合生约 5 mm；子房有毛，花柱 3 条，长 1.5 cm，有毛；胚珠每室 4~6 个。蒴果球形，直径 6~10 cm，果皮厚 1~2 cm，干后疏松多孔隙，3 室，每室有种子 3~5 个。

种群状态

产于福建（福州、德化、南平、屏南、永春等地）、江西（信丰、安远、会昌、瑞金、寻乌等地）、浙江（龙泉、庆元）。生于林中，海拔 100~800 m。分布于广西南部、广东、香港，中国特有种。红色名录评估为易危 VU A2c；B1ab(iii,v)，即指本种在 10 年或三个世代内因栖息地减少等因素，种群规模缩小了 30% 以上，且仍在持续；分布区不足 20 000 km²，生境碎片化，栖息地面积、范围和成熟个体数量持续性衰退。

濒危原因

生境破坏；所生长的亚热带常绿阔叶林生境随过去的天然林砍伐和经济林种植而遭破坏。

应用价值

白色花大而美丽，极具观赏价值；种子油脂含量高，具潜在的经济价值；潜在的药用价值。

保护现状

种群可能减少的原因尚不清楚；目前尚无保护区对红皮糙果茶进行专项保护；多地已种植红皮糙果茶作为庭园观赏植物。

保护建议

调查红皮糙果茶的野生实际种群现状，对于较大片野生种群建议成立保护区，以开展进一步保护研究。

主要参考文献

［1］ XIONG J, WAN J, DING J, et al. Camellianols A–G, Barrigenol–like Triterpenoids with PTP1B Inhibitory effects from the endangered ornamental plant Camellia crapnelliana[J]. Journal of Natural Products, 2017, 80(11): 2 874–2 882.

［2］ 万江，熊娟，丁杰，等 . 观赏性珍稀濒危植物红皮糙果茶枝叶化学成分研究 [J]. 天然产物研究与开发 , 2017, 29(08): 1 324–1 327, 1 395.

［3］ 姚月华，吴应齐，胡东升，等 . 庆元县红皮糙果茶资源分布及开发应用前景初探 [J]. 南方林业科学 , 2017, 45(02): 53–55.

红皮糙果茶（1. 特征性的光滑树干；2. 花；3. 花期的植株形态；4. 果）

国家保护	红色名录	极小种群	华东特有
	易危（VU）		

山矾科　山矾属

福建山矾

Symplocos fukienensis Y. Ling

条目作者

李晓晨

生物特征

小乔木，高约 3 m；芽、嫩枝被卷曲柔毛，老枝无毛，有疏散的皮孔。叶坚纸质，长圆形或长圆状椭圆形，长 7~10 cm，宽 2.5~4 cm，先端急尖，基部阔楔形，叶面无毛，叶背嫩时被卷曲柔毛，全缘，稍反卷；中脉在叶面凹下，侧脉每边 7~8 条；叶柄长 1.5~2 cm，被锈色毛。团伞**花序**腋生或腋生于叶脱落后的叶痕上；苞片及小苞片匙形或圆形，长约 2 mm，背面被锈色柔毛。花萼长约 2 mm，裂片圆形，被锈色柔毛，与萼筒等长；**花冠黄色**，长约 4 mm，5 深裂几达基部，裂片长圆形；**雄蕊**约 40 枚；花盘环形，无毛；子房 3 室。**核果**椭圆形，长约 1 cm，宽约 4 mm。花期 6 月，果期 8 月。

种群状态

产于**福建**（清流县大岭、建瓯市万木林、三明、屏南等地）、**江西**（黎川、石城、铅山、寻乌、资溪）。生于混交林中，海拔约 900 m。分布于广东，中国特有种。红色名录评估为易危 VU D1+2，即指本种成熟个体数少于 1 000 棵，占有面积不足 20 km²，可能在极短时间内成为极危种，甚至绝灭。

濒危原因

未见报道。

应用价值

对于研究山矾属系统发育和华东植物区系具有重要意义。

保护现状

部分种群位于保护区和风景区内，未见对物种的针对性保护报道。

保护建议

开展针对性的野外种群调查和分类学研究，确认其分类学地位。

主要参考文献

唐忠炳 . 寻乌县种子植物区系及野生果树资源研究 [D]. 赣州：赣南师范大学 , 2019.

福建山矾［1.萌枝；2.枝叶；3.叶；4.果序（发育不良）］

国家保护	红色名录	极小种群	华东特有
二级	易危（VU）	是	是

安息香科　秤锤树属

细果秤锤树

Sinojackia microcarpa Tao Chen bis & G. Y. Li

条目作者
李晓晨

生物特征

　　落叶灌木，丛生，树皮灰褐色，侧枝与主干近垂直，当年生枝条绿色，密被星状毛，二年生枝条褐色，无毛。叶互生，纸质，椭圆形至椭圆状倒卵形，边缘具细锯齿，先端短渐尖，基部楔形或近圆形，叶柄长 3~4 mm，幼叶上面和背面沿脉被稀疏星状毛。花序总状，密集，花 3~7 朵，基部 1~3 朵常具叶状苞片，花序轴与花梗纤细，密被星状毛。花冠白色，6~7 深裂，裂片矩圆形至披针形，长 7~8 mm，宽 2~3 mm，先端稍内卷；雄蕊 12~14 枚，基部合生，不等大，离生部分常 5~6 mm，花丝稍内凹成弧形，花药椭圆形，纵裂；子房下位，3 室，每室具胚珠 4~8 枚；花柱细长，无毛，长 5~8 mm，柱头 3 裂。果实纺锤形，基部渐狭，先端锥形，具 0.5~1 cm 的喙，疏被星状毛，灰棕色，干后具 6~12 条棱，不裂，长 1.5~2 cm，宽 3~4 mm，中果皮不发育，内果皮薄，骨质。种子仅 1 枚，长约 1 cm，种皮光滑。花期 3~4 月，果期 9 月。

种群状态

　　产于安徽（歙县）、浙江（临安居群由于旅游开发，沿湖分布的已遭到严重破坏；建德居群自我更新较好，但人为砍伐严重）。海拔不超过 100 m。红色名录评估为易危 VU D1，即指本种成熟个体数少于 1 000 棵。

濒危原因

　　生境狭窄，居群间相互隔离；结果率较低，种子空瘪率高，外果皮硬，种子萌芽率低，野外居群更新困难；人为活动，如旅游开发、乱砍滥伐。

应用价值

　　对于研究安息香科系统发育及华东植物区系具有重要意义；花色洁白美丽，可做园林观赏。

保护现状

　　上海辰山植物园、杭州植物园、浙江农林大学校园植物园有迁地栽培，个体生长良好。

保护建议

　　建立保护小区，防止盗挖；适当抚育疏伐，为其提供生长空间，促进自然更新。

主要参考文献

胡长贵 . 细果秤锤树调查初报 [J]. 安徽林业科技 , 2018, 44(05): 54-55.

细果秤锤树（1. 枝叶；2. 栽培植株；3. 花枝）

4

5

细果秤锤树（4. 果枝；5. 花）

国家保护	红色名录	极小种群	华东特有
二级	濒危（EN）		

安息香科　秤锤树属

狭果秤锤树

Sinojackia rehderiana Hu

条目作者

葛斌杰

生物特征

落叶**乔木**或**灌木**，高达 5 m；当年生枝条密被星状毛。**叶**互生，叶柄长 14 mm；叶具二型，花枝基部叶片卵形，（2~3.5）cm ×（1.5~2）cm，叶基圆形至微心形；其余叶片卵状披针形至披针形，（5~9）cm ×（3~4）cm，叶基平截至圆形；叶纸质，幼时除叶脉和齿缘外密被星状毛；侧脉 5~7 对。**花序**疏散，花 4~6 朵。花梗长约 2 cm；花萼长 5 mm，密被灰色星状毛；具 5 或 6 枚萼齿；**花冠**白色，5 或 6 裂，裂片卵状披针形，12 mm× 4 mm；花柱长约 6 mm；子房下位，3 室，每室具胚珠 4~8 枚；花柱细长，无毛，长 5~8 mm，柱头 3 裂。**果实**椭圆形，圆柱状，含喙（2~2.5）cm ×（1~1.2）cm，下部渐狭，外果皮薄，肉质，厚约 1 mm，中果皮木栓质，厚约 3 mm，内果皮坚硬，木质，厚约 1 mm。**种子** 1 枚，长圆柱形，褐色。花期 4~5 月，果期 7~9 月。

种群状态

产于**安徽**（泾县）、**江西**（彭泽、永修，模式产地南昌望城镇由于开发区建设已消失殆尽）。生于沟谷和林下，海拔 500~800 m。分布于广东，中国特有种。红色名录评估为濒危 EN B1ab(i,iii)，即指本种分布区面积少于 5 000 km²，分布点少于 5 个，且彼此分割，分布区及栖息地面积持续衰退。

濒危原因

生境破碎化和丧失；种子萌发率低，且对生境要求高。

应用价值

对于研究安息香科系统发育及华东植物区系具有重要意义；花色洁白芬芳，可做园林观赏。

保护现状

武汉植物园有迁地栽培，居群有 49 株，已能开花结实。

保护建议

野生种群在不受干扰的情况下具有一定的适应性，因此在开展广泛调查的基础上，加强就地保护，禁止砍伐；同步采取迁地保护措施；开展种子萌发的生理生态基础研究。

主要参考文献

［1］姚小洪，叶其刚，康明，等 . 秤锤树属与长果安息香属植物的地理分布及其濒危现状 [J]. 生物多样性 , 2005(04): 339–346.

［2］张仲卿 . 安息香科树种在湖南的分布与检索 [J]. 湖南林业科技 , 1991(04): 38–41.

［3］周赛霞，彭焱松，高浦新，等 . 狭果秤锤树群落结构与更新特征 [J]. 植物资源与环境学报 , 2019, 28(01): 96–104.

狭果秤锤树（1. 花枝；2. 果实；3. 花；4. 果序）

国家保护	红色名录	极小种群	华东特有
二级	濒危（EN）		

安息香科　秤锤树属

秤锤树

Sinojackia xylocarpa Hu

条目作者

李晓晨

生物特征

　　乔木，高达 7 m；胸径达 10 cm；嫩枝密被星状短柔毛，灰褐色，成长后红褐色而无毛，表皮常呈纤维状脱落。**叶**纸质，倒卵形或椭圆形，长 3~9 cm，宽 2~5 cm，顶端急尖，基部楔形或近圆形，边缘具硬质锯齿，生于具花小枝基部的叶卵形而较小，长 2~5 cm，宽 1.5~2 cm，基部圆形或稍心形，两面除叶脉疏被星状短柔毛外，其余无毛，侧脉每边 5~7 条；叶柄长约 5 mm。总状聚伞**花序**生于侧枝顶端，有花 3~5 朵；花梗柔弱而下垂，疏被星状短柔毛，长达 3 cm；**萼管**倒圆锥形，高约 4 mm，外面密被星状短柔毛，萼齿 5 枚，少 7 枚，披针形；**花冠**裂片长圆状椭圆形，顶端钝，长 8~12 mm，宽约 6 mm，两面均密被星状茸毛；**雄蕊** 10~14 枚，花丝长约 4 mm，下部宽扁，联合成短管，疏被星状毛，花药长圆形，长约 3 mm，无毛；花柱线形，长约 8 mm，柱头不明显 3 裂。**果实**卵形，连喙长 2~2.5 cm，宽 1~1.3 cm，红褐色，有浅棕色的皮孔，无毛，顶端具圆锥状的喙，外果皮木质，不开裂，厚约 1 mm，中果皮木栓质，厚约 3.5 mm，内果皮木质，坚硬，厚约 1 mm。**种子** 1 枚，长圆状线形，长约 1 cm，栗褐色。花期 3~4 月，果期 7~9 月。

种群状态

　　产于**安徽**（贵池、青阳）、**江苏**（南京燕子矶、句容宝华山，据调查江苏的野生种群可能已经全部灭绝）、**江西**（彭泽、新建）、**浙江**（慈溪）。生于林缘，500~800 m。分布于湖北、湖南，中国特有种。红色名录评估为濒危 EN A4ac；C1，即指直接观察到本种野生种群数量因分布区、栖息地缩减而存在持续减少，种群规模在 10 年或三个世代内减小 50% 以上；成熟个体数量不足 2 500 棵，种群规模将在二个世代内缩减 20%。

濒危原因

　　栖息地海拔较低，居群易受人为活动干扰，生境片段化；外果皮坚硬，居群更新能力很差。

应用价值

　　花色洁白美丽，果实形似秤锤，颇具趣味，可作园林绿化树种；在研究安息香科的系统发育方面也有重要意义。

保护现状

　　多家植物园迁地栽培了数量不等的植株，武汉植物园开展了秤锤树属植物的保护遗传学研究，并建立秤锤树属种质资源库。

保护建议

　　加强保护宣传，减少生境破坏；进一步开展种子繁育技术攻关；在迁地保护过程中做好空间隔离，避免种间杂交。

主要参考文献

姚小洪. 秤锤树属与长果安息香属植物的保育遗传学研究 [D]. 武汉：中国科学院研究生院（武汉植物园），2006.

秤锤树（1.花枝；2.花序；3.花冠；4.果序；5.果实）

国家保护	红色名录	极小种群	华东特有
	极危（CR）		是

安息香科　安息香属

浙江安息香

Styrax zhejiangensis S. M. Hwang & L. L. Yu

条目作者

李晓晨

生物特征

落叶灌木；小枝圆柱形，嫩时褐色，后无毛，老枝灰褐色。叶互生，纸质，叶形变异大，除宽椭圆形或卵状长圆形外，长 5~8 cm，宽 3~5 cm，小枝最下两叶近对生而较小，卵状长圆形，长 2~12 cm，宽 1.5~7 cm，边缘具微细锯齿或近全缘，上面无毛，下面除主脉和侧脉散生白色星状长柔毛外无毛，侧脉每边 6~8 条；叶无柄或近无柄。花单生叶腋（偶尔双生），白色，芳香，花梗长 5~8 mm，密被星状毛；苞片 3 枚，椭圆形至倒披针形，长 4~5 mm，密被星状毛，位于花梗中下部，宿存；花萼膜质，淡绿色，高约 5 mm，仅萼筒下部被毛；萼齿 5~6 枚，半圆形至三角状卵形；花冠直径 3.6~5.5 cm，花冠裂片 6~8 枚，裂片长椭圆形，被星状短柔毛，长 2~3.3 cm，宽 1~1.6 cm，花蕾时呈覆瓦状排列；花冠筒长约 3 mm；雄蕊 14~16 枚，直立并紧靠；花丝白色，粗壮，稍扁，长 1~1.3 cm，下部被星状毛，基部连合与花冠筒合生；花药黄色披针形，长 4~6 mm；子房密被星状毛；花柱长 1.8~2.2 cm，仅下部被毛。果实近梨形，长 1.3~2.1 cm，宽 1~1.2 cm，先端具短尖头，密被浅灰色星状长柔毛。种子 1 枚，少数 2~3 枚，卵状椭圆形，无毛或疏被白色星状长柔毛，具种脊，表面具瘤状突起。花期 4 月，与叶同放。果期 8~9 月。

种群状态

产于浙江（建德林场泷江林区桃花坞）。生于溪边，海拔约 900 m。浙江省特有种。红色名录评估为极危 CR D，即指本种成熟个体数量少于 50 株。

濒危原因

落花落果严重，种子饱满率低；生境群落演替，林相郁闭。

1

浙江安息香（1. 花枝）

应用价值

该种对研究该属的系统演化及华东与华南的区系联系具有一定意义。花大而美丽、芳香，可供园林观赏，种子可供榨油。

保护现状

以主要分布点泷江林区桃花坞为中心，建立 3 000 亩保护小区，对区内实施抚育管理；地方林场与林业科学研究院已开展采种育苗，迁地保护和回归，并挂牌监测，目前生长良好。

保护建议

进一步开展保育生物学研究和营养繁殖技术研究；结合城市园林景观建设、油用树种筛选与科普宣传，探索新的迁地保护与应用模式。

主要参考文献

［1］傅国林,吴初平,张晔华,等.让浙江安息香开枝散叶 [J].浙江林业,2018(07):30–31.

［2］刘政.中国安息香属（安息香科）的形态分类修订 [D].南京:南京林业大学,2019.

［3］李根有,丁林.关于浙江安息香形态特征的订正与补充 [J].浙江林学院学报,1989(04):110–111.

浙江安息香（2. 花冠；3. 花萼）

国家保护	红色名录	极小种群	华东特有
	易危（VU）		

狝猴桃科　狝猴桃属

条目作者

厚叶狝猴桃

陈彬

Actinidia fulvicoma Hance var. *pachyphylla* (Dunn) H. L. Li

生物特征

中型落叶藤本；小枝洁净无毛，直径 2.5 mm 左右，有皮孔，肉眼难见，髓褐色或淡褐色，片层状。叶纸质，狭椭圆形，长 7~10 cm，宽 2.5~3.2 cm，顶端尾状短渐尖，基部阔楔形，锯齿不很显著且内弯，两面完全洁净无毛，背面脉腋上也无髯毛；叶脉不显著，侧脉 6~7 对；叶柄无毛，长 1.5~5.5 cm。聚伞花序薄被小茸毛，1~2 回分枝，有花 1~7 朵；花序柄长 10~12 mm，花柄长 7~15 mm；苞片小，钻形，长约 1 mm。花绿白色，直径约 15 mm；萼片 5 片，有时 4 片，卵形至长方卵形，长 3~6 mm，除边缘有流苏状缘毛外，它处均无毛；花瓣 5 片，有时 4 片或 6 片，匙状倒卵形，长 6~13 mm；花药黑色，长方箭头状，长约 2 mm，花丝丝状，长约 3 mm；子房瓶状，洁净无毛，长约 7 mm，花柱长 4~5 mm。果瓶状卵球形，长约 3 cm，无毛，无斑点，顶端有喙，基部萼片早落。种子小，长约 2 mm。花期 5~6 月上旬，果期 11 月。

种群状态

产于福建（南靖、建宁）、江西（井冈山）。生于山地疏林中或灌丛中，海拔 130~400 m。分布于广东东部、广西、湖南，中国特有种。红色名录评估为易危 VU A2c；D1，即指本种在 10 年或三个世代内因栖息地减少等因素，种群规模缩小了 30% 以上，且仍在持续；成熟个体数少于 1 000 棵。

濒危原因

分布范围海拔较低，和人类密集活动区域重叠，生境破坏较为严重。

应用价值

果可食，可用于垂直绿化。

保护现状

部分种群位于保护区和风景区内，未见对物种的针对性保护报道。

保护建议

加强原生境保护。

主要参考文献

姜景魁.建宁县猕猴桃种质资源状况及保护策略 [J].福建果树,2005(04):40-42.

厚叶猕猴桃（1.枝叶；2.花枝；3.果序）

国家保护	红色名录	极小种群	华东特有
	易危（VU）		是

狝猴桃科　狝猴桃属

长叶狝猴桃

Actinidia hemsleyana Dunn

条目作者

陈彬

生物特征

大型落叶藤本；着花小枝直径 3~4 mm，薄被稀疏红褐色长硬毛，皮孔不显著；隔年枝皮孔较为显著；髓茶褐色，片层状。叶纸质，长方椭圆形、长方披针形至长方倒披针形，两侧常不对称，大小悬殊，长 8~20 cm，顶端短尖至钝形，基部楔形至圆形，边缘一般具小锯齿，有的锯齿不显著而近于全缘，有的具圆齿，有的具波状粗齿，腹面绿色，无毛，背面淡绿色、苍绿色至粉绿色，无毛或有毛，侧脉 8~9 对，大小叶脉不甚显著至较显著；叶梗长 1.5~5 cm，基本无毛至薄被稀疏软化长硬毛。伞形花序 1~3 朵花，花序梗长 5~10 mm，密被黄褐色茸毛，花柄长 12~19 mm；苞片钻形，长 3 mm，均被短茸毛。花淡红色；萼片 5，卵形，长 5 mm，密被黄褐色茸毛；花瓣 5，无毛，倒卵形，长约 10 mm；雄蕊与花瓣近等长；子房扁球形，直径约 6 mm，密被黄褐色茸毛，退化子房直径 2 mm，被茸毛。果卵状圆柱形，长约 3 cm，直径约 1.8 cm，幼时密被金黄色长茸毛，成熟时毛变黄褐色，并逐渐脱落；果皮上有多数疣状斑点；宿存萼片反折。种子纵径 2 mm。花期 5 月上旬至 6 月上旬，果期 10 月。

种群状态

产于福建（省内北部广布）、江西（崇义、井冈山、铅山、资溪）、浙江（景宁、平阳、庆元、遂昌、云和等地）。生于低海拔的山地水沟边及山坡林下。红色名录评估为易危 VU A2c；D1，即指本种在 10 年或三个世代内因栖息地减少等因素，种群规模缩小了 30% 以上，且仍在持续；成熟个体数少于 1 000 棵。

濒危原因

原生低山森林生境受到人类生产活动破坏，以及被当作抗肿瘤中草药采集。

应用价值

可作为狝猴桃育种和研究材料。

保护现状

暂无针对性保护。

保护建议

加强低山风水林、河边、沟谷等有长叶狝猴桃及其他野生物种的原生境保护，迁地栽培。

主要参考文献

［1］ 猕猴桃资源调查协作组.福建猕猴桃资源调查 [J]. 福建省农科院学报,1986(01):50-58.

［2］ 姚小洪,徐小彪,高浦新,等.江西猕猴桃属 (*Actinidia*) 植物的分布及其区系特征 [J].武汉植物学研究,2005(03): 257–261.

［3］ 赵云鹏.抗肿瘤中草药猫人参的种质鉴别及其与近缘种的活性比较研究 [D].杭州:浙江大学,2006.

长叶猕猴桃(1.枝叶;2.髓部;3.雄花;4.雌花;5.果序)

国家保护	红色名录	极小种群	华东特有
	易危（VU）		

狝猴桃科　狝猴桃属

小叶狝猴桃

Actinidia lanceolata Dunn

条目作者

陈彬

生物特征

中型落叶**藤本**，茎粗达 5 cm；着花小枝直径约 2 mm，密被锈褐色短茸毛，皮孔可见；隔年枝灰褐色，秃净无毛，皮孔小，不很显著；髓褐色，片层状。**叶**纸质，卵状椭圆形至椭圆披针形，长 4~7 cm，宽 2~3 cm，顶端短尖至渐尖，基部钝形至楔尖，边缘的上半部有小锯齿，腹面绿色，散被粉末状微毛或完全无毛，背面粉绿色，密被短小且密致的灰白色星状茸毛，侧脉 5~6 对，横脉和网状小脉不明显；叶柄长 8~20 mm，密被锈褐色茸毛。聚伞**花序** 2 回分歧，花多达 7 朵，密被锈褐色茸毛，花序梗长 3~6 mm，花梗长 2~4 mm；苞片钻形，长 1~1.5 mm。**花**淡绿色，直径约 1 cm；**萼片** 3~4，卵形或长圆形，长约 3 mm；**花瓣** 5，条状长圆形或条状倒卵形，长 4~5.5 mm，雄花的稍较长；花丝 1~4 mm，花药长圆形，长 1~1.5 mm，雄花的均稍较长；子房球形或卵形，直径约 1.5 mm，密被茸毛，花柱下部 1/3 或基部小部分粘连，粘连部分有毛或无毛，不育子房卵形，被毛。果小，绿色，卵形，长 8~10 mm，秃净，有显著的浅褐色斑点，宿存萼片反折。**种子**纵径 1.5~1.8 mm。花期 5 月中旬至 6 月中旬，果期 11 月。

种群状态

产于**福建**（崇安、光泽、建阳、延平，南平为模式产地）、**江西**（九江、庐山、上犹、遂川、资溪）、**浙江**（省内广布）。生于山地上的高草灌丛中或疏林中和林缘，海拔 200~800 m。分布于湖南、广东，中国特有种。红色名录评估为易危 VU A2c；D1，即指本种在 10 年或三个世代内因栖息地减少等因素，种群规模缩小了 30% 以上，且仍在持续；成熟个体数少于 1 000 棵。

濒危原因

分布范围海拔较低，和人类密集活动区域重叠，生境破坏较为严重。

应用价值

嫩叶红色美丽，可用于垂直绿化。果可食。

保护现状

部分种群位于保护区和风景区内，未见对物种的针对性保护报道。

保护建议

加强原生境保护。

主要参考文献

［1］ 猕猴桃资源调查协作组 . 福建猕猴桃资源调查 [J]. 福建省农科院学报 , 1986(01): 50–58.

［2］ 黄演濂 . 江西野生猕猴桃资源 [J]. 植物杂志 , 1994, (4): 17.

小叶猕猴桃 (1. 枝叶；2. 幼叶；3. 雄花花枝；4. 果序)

国家保护	红色名录	极小种群	华东特有
	易危（VU）		

獼猴桃科　獼猴桃属

清风藤獼猴桃

Actinidia sabiifolia Dunn

条目作者

陈彬

生物特征

小型落叶**藤本**；枝条干后灰褐色，着花小枝直径 2.5~3 mm，洁净无毛，皮孔显著；隔年枝直径 3~5 mm，皮孔显著，凸起，易开裂，髓褐色，片层状。**叶**薄，纸质，常卵形，少数长卵形、椭圆形或近圆形，长 4~8 cm，宽 3~4 cm，顶端圆形至钝而微凹，或短尖至渐尖（营养枝），基部圆形或钝形，两侧对称或稍不对称，边缘有不显著的圆锯齿；上面深绿色，背面灰绿色，两面洁净无毛，叶脉不发达，甚细，侧脉 5~6 对，稍弯曲或近直线形，横脉几不可辨，网脉细密；叶柄水红色，无毛，长约 2 cm。**花序** 1~3 朵花，洁净无毛，花序梗长约 5 mm，花梗长约 1 cm；苞片披针形，长约 1 mm。**花**白色，直径约 8 mm；**萼片** 5，卵形至长圆形，长 2~3 mm，除边缘有少量缘毛外，余皆洁净；**花瓣** 5，倒卵形，长 5~6 mm；花丝线形，长约 2 mm，花药黄色，卵形，长约 1 mm；子房球形，长约 2 mm，被红褐色茸毛。果成熟时暗绿色，秃净，具细小斑点，卵球状，长 15~18 mm，直径 10~12 mm；果通常单生，果柄水红色，长 8~10 mm。**种子**长约 2.5 mm。花期 5 月。

种群状态

产于**安徽**（九华山）、**福建**（南平、泰宁等地）、**江西**（上饶）。生于山地疏林中，海拔约 1 000 m。分布于湖南，中国特有种。红色名录评估为易危 VU D1，即指本种成熟个体数少于 1 000 棵。

濒危原因

清风藤獼猴桃在獼猴桃属中个体较小，在植物群落中生存竞争能力较低，适宜生境较少，种群数量较小，对生境破坏比较敏感。

应用价值

果实可食。在獼猴桃属中叶、花、果较为奇特，可做园林绿化。

保护现状

部分种群位于保护区（武夷山）和风景区内，未见对物种的针对性保护报道。

保护建议

加强就地保护，增加迁地引种栽培。

主要参考文献

［1］黄宏文,龚俊杰,王圣梅,等.猕猴桃属 (*Actinidia*) 植物的遗传多样性 [J]. 生物多样性,2000(01): 1–12.

［2］卢开椿,金光,郭祖绳.福建猕猴桃的系统研究与开发利用 [J]. 福建果树,1994(04): 38–43.

清风藤猕猴桃 (1. 枝叶；2. 果枝；3. 果序)

国家保护	红色名录	极小种群	华东特有
	易危（VU）		

狝猴桃科　狝猴桃属

安息香狝猴桃

Actinidia styracifolia C. F. Liang

条目作者

陈彬

生物特征

中型落叶**藤本**；着花小枝直径 2.5~3 mm，密被茶褐色茸毛，皮孔小而少，很不显著；隔年枝灰褐色，直径 2.5 mm，秃净无毛，或薄被灰白色残存的皮屑状茸毛，皮孔小，可见，不显著，茎皮常自皮孔两端开裂纵伸；髓白色，片层状。**叶**纸质，椭圆状卵形或倒卵形，长 6~9 cm，宽 4.5~5 cm，顶端短渐尖至急尖，基部阔楔形，边缘具硬头突尖状小齿，腹面绿色，幼嫩时疏被短而小的糙伏毛，成熟时秃净无毛，背面灰绿色，密被灰白色星状短茸毛，侧脉常 7 对，横脉和网状小脉均甚显著；叶柄长 12~20 mm，密被茶褐色短茸毛。聚伞**花序** 2 回分歧，5~7 朵花，密被茶褐色短茸毛，花序梗长 4~8 mm，花梗长 5~7 mm；苞片钻形，长 2.5~3.5 mm；**雄花**橙红色，直径约 13 mm；**萼片** 2~3，卵形或近圆形，长约 5 mm，两面均被茶褐色茸毛；**花瓣** 5，长圆形或长方倒卵形，长 6~8 mm；**花丝**丝状，长 4~5 mm，花药长圆形，长 1.2~1.5 mm。花期 5 月中旬。

种群状态

产于**福建**（屏南、浦城、泰宁、新罗、延平等地）、**江西**（贵溪、南丰、寻乌）。生于海拔 600~900 m。分布于贵州和湖南，中国特有种。红色名录评估为易危 VU D1，即指本种成熟个体数少于 1 000 棵。

濒危原因

分布范围海拔较低，和人类密集活动区域重叠，生境破坏较为严重。

应用价值

果可食。花朵美丽，可作垂直绿化。可用于选育狝猴桃栽培砧木。

保护现状

部分种群位于保护区和风景区内，未见对物种的针对性保护报道。

保护建议

加强原生境保护。

主要参考文献

李洁维,王新桂,莫凌,等.美味猕猴桃优良株系"实美"的砧木选择研究 [J].广西植物,2004(01): 43-48.

安息香猕猴桃（1. 枝叶；2. 花期枝条；3. 花序；4. 果序）

国家保护	红色名录	极小种群	华东特有
	易危（VU）		

狝猴桃科　狝猴桃属

毛蕊狝猴桃

Actinidia trichogyna Franch.

条目作者
陈彬

生物特征

中型落叶**藤本**；着花小枝直径 2~4 mm，洁净无毛，皮孔不显著至较显著；隔年枝直径 3~6 mm，皮孔较显著，髓淡褐色，片层状。**叶**纸质至软革质（成熟叶），卵形至长卵形，长 5~10 cm，宽 3~6 cm，顶端急尖至渐尖，基部钝形至圆形乃至浅心形，两侧对称或稍不对称，边缘有小锯齿，腹面绿色，背面粉绿色，两面完全无毛，叶脉不发达，侧脉 6~7 对，横脉几不可辨，网脉细密；叶柄水红色，长 2.5~5 cm，洁净无毛。**花序** 1~3 朵花，洁净无毛，花序梗短，2~3 mm，花梗 7~8 mm；苞片狭三角形，长约 1.5 mm。**花**白色，直径约 2 cm；**萼片** 5，长圆形，长 5~6 mm，外面的边缘部分和内面全部薄被灰黄色短茸毛；**花瓣** 5，倒卵形，基本平展，长 9~10 mm；花丝丝状，长 4~6 mm，花药黄色，长圆形，长 2.5~3 mm；子房柱状近球形，长约 3 mm，薄被灰黄色茸毛，花柱比子房稍短。果成熟时暗绿色，秃净具褐色斑点，近球形、卵球形或柱状长圆形，长 15~30 mm，直径 10~20 mm；果大多数单生，少数一序 2 果甚有 3 果。**种子**长约 2 mm。花期 5 月下旬至 7 月上旬，果期 10 月。

种群状态

产于**江西**（景德镇、黎川）。生于山地树林中，海拔 1 000~1 800 m。分布于湖北和四川，中国特有种。红色名录评估为易危 VU B1ab(i,iii)；D1，即指本种分布区面积不足 20 000 km²，生境碎片化，分布区和栖息地面积、范围持续性衰退；成熟个体数不足 1 000 棵。

濒危原因

分布范围海拔较低，和人类密集活动区域重叠，生境破坏较为严重。

应用价值

可用于垂直绿化，果可食。

保护现状

部分种群位于保护区和风景区内，未见对物种的针对性保护报道。

保护建议

加强原生境保护。

主要参考文献

姚小洪，徐小彪，高浦新，等 . 江西猕猴桃属 (*Actinidia*) 植物的分布及其区系特征 [J]. 武汉植物学研究 , 2005(03): 257–261.

毛蕊猕猴桃（1. 雄花；2. 果期枝叶；3. 果序）

国家保护	红色名录	极小种群	华东特有
	极危（CR）		是

狝猴桃科　狝猴桃属

浙江狝猴桃

Actinidia zhejiangensis C.F. Liang

条目作者

陈彬

生物特征

落叶大**藤**本；着花小枝绿褐色或红褐色，初时被茸毛，后毛脱净变无毛；不育小枝密被黄褐色茸毛；髓白色，片层状。**叶**片卵形、长圆形或长卵形，长 5~20 cm，宽 2.5~8 cm，先端渐尖或短渐尖，基部浅心形至垂耳状，上面完全无毛或中脉上残存茸毛，下面灰绿色，老时近脱净，或密被银白色至黄褐色茸毛或分叉的星状毛，毛被随叶片老化而逐渐脱落；侧脉一般 7 对，叶柄长 1~4 cm，无毛或被褐色茸毛。聚伞**花**序常有花 1~3 朵，密被黄褐色茸毛，总花梗长 1~1.5 cm。**雌花**多为单朵着生，淡红色，直径 1~2.5 cm；萼片 4~5，稀 3，密被褐色茸毛。果黄绿色，长圆状圆柱形，长 3.5~4 cm，两端近截平，表面有一层糠秕状短茸毛和银白色或黄褐色的长毡毛，基部具宿存萼片。花期 5 月中旬，果期 9 月下旬。

种群状态

产于福建（泰宁）、浙江（庆元、瑞安、泰顺）。生于山坡林缘、路旁灌丛中，海拔 500~900 m。红色名录评估为极危 CR B1ab(i,iii)；C1，即指本种的分布区不足 100 km²，生境严重碎片化，分布区和栖息地的面积、范围持续性衰退；成熟个体数量少于 250 棵，种群规模将在一个世代内缩小 25%。

濒危原因

生境受人为活动影响。

应用价值

本种鲜果维生素 C 含量略高于中华狝猴桃，具有较高的营养价值。

保护现状

部分种群位于保护区和风景区内，未见对物种的针对性保护报道。

保护建议

加强原生境保护，以及植物园、狝猴桃种质资源圃等研究和保护机构加强引种繁殖。

主要参考文献

浙江省植物志编辑委员会.浙江植物志第四卷 [M].杭州:浙江科学技术出版社,1993.

浙江猕猴桃(1.枝叶;2.花序;3.果期枝条)

国家保护	红色名录	极小种群	华东特有
	濒危（EN）		

栲叶树科　栲叶树属

城口栲叶树

Clethra fargesii Franch.

条目作者

陈彬

生物特征

落叶灌木或小乔木，高 2~7 m；小枝圆柱形，黄褐色，嫩时密被毛，老时无毛。叶硬纸质，披针状椭圆形或卵状披针形或披针形，长 6~14 cm，宽 2.5~5 cm，先端尾状渐尖或渐尖，基部钝或近于圆形，稀为宽楔形，两侧稍不对称，嫩叶两面疏被星状柔毛，其后上面无毛，下面沿脉疏被长柔毛及星状毛或变为无毛，侧脉腋内有白色髯毛，边缘具锐尖锯齿，齿尖稍向内弯，叶脉上面微下凹，下面凸起，侧脉 14~17 对；叶柄长 10~20 mm。总状花序 3~7 枝，近伞形圆锥花序；花序轴和花梗均密被毛；苞片锥形，长于花梗，脱落；花梗细，在花期长 5~10 mm；萼片 5 深裂，裂片卵状披针形，长 3~4.5 mm，宽 1.2~1.5 mm，渐尖头，外具肋，密被灰黄色星状茸毛，边缘具纤毛；花瓣 5，白色，倒卵形，长 5~6 mm，顶端近于截平，稍具流苏状缺刻，外侧无毛，内侧近基部被疏柔毛；雄蕊 10，长于花瓣，花丝近基部疏被长柔毛，花药倒卵形，长 1.5~2 mm；子房密被灰白色，有时淡黄色星状茸毛及绢状长柔毛，花柱长 3~4 mm，无毛，顶端 3 深裂。蒴果近球形，直径 2.5~3 mm，下弯，疏被短柔毛，向顶部有长毛，宿存花柱长 5~6 mm；果梗长 10~13 mm。种子黄褐色，不规则卵圆形，有时具棱，长 1~1.5 mm，种皮上有网状浅凹槽。花期 7~8 月，果期 9~10 月。

种群状态

产于江西（铜鼓、修水）。生于山地疏林及灌丛中，海拔 700~2 100 m。分布于贵州、湖北、湖南和四川，中国特有种。红色名录评估为濒危 EN A2c；B1ab(i,iii)；C1，即指本种在 10 年或三个世代内因栖息地减少等因素，种群规模缩小了 50% 以上，且仍在持续；分布区不足 5 000 km²，生境严重碎片化，分布区和栖息地的面积、范围持续性衰退；成熟个体数量不足 2 500 棵，种群规模将在二个世代内缩小 20%。

濒危原因

生境破坏。

应用价值

株形美丽，可作园林绿化观赏树种。

保护现状

部分种群位于保护区和风景区内，未见对物种的针对性保护报道。

保护建议

原生境保护，以及迁地繁殖栽培。

主要参考文献

覃海宁，杨永，董仕勇，等 . 中国高等植物受威胁物种名录 [J]. 生物多样性，2017, 25(07): 696–744.

城口桤叶树（1. 树干；2. 植株；3. 花；4. 花序）

国家保护	红色名录	极小种群	华东特有
二级	濒危（EN）		

杜鹃花科　杜鹃花属

江西杜鹃

Rhododendron kiangsiense W. P. Fang

条目作者

葛斌杰

生物特征

灌木，高约 1 m；茎皮灰色、灰褐色或灰黑色；幼枝绿色，圆柱形，被鳞片。叶片革质，长圆状椭圆形，长 4~5 cm，宽 2~2.5 cm，顶端钝尖具小短尖头，基部平截，边缘稍反卷，上面深色，无鳞片，下面灰色，被鳞片，鳞片相距为其直径的 1~2 倍，侧脉 8~9 对在两面均微微凸起；叶柄长 3~5 mm，无沟槽，疏生粗毛，被鳞片。聚伞花序顶生，有花 2 朵。花梗长 1~1.4 cm，褐色，粗壮，密被鳞片；花萼 5 裂，裂片长 7~8 mm，卵形，边缘波状，外面被鳞片；花冠宽漏斗形，长 4~6.2 cm，直径 4 cm，白色，外面被鳞片，5 裂，裂片圆形，直径 2.4 cm，边缘波状。雄蕊 8(10) 枚，花丝线形，长 2.5 cm，基部扁平，下部 1/3 被白色短柔毛，花药长 4 mm。子房密被鳞片，长 6 mm，花柱长 3.5 cm，基部被鳞片，柱头大。蒴果圆锥形。花期 4~5 月，果期 8~10 月。

种群状态

产于福建（龙岩）、江西（吉安、萍乡）、浙江（遂昌县九龙山山顶）。生于岩石旁灌丛中，海拔 1 100 m 以上。中国特有种。红色名录评估为濒危 EN A2c，即指本种在 10 年或三个世代内因栖息地减少等因素，种群规模缩小了 50% 以上，且仍在持续。

濒危原因

生境退化或丧失。

应用价值

适合盆栽和地栽，具有园林观赏价值。

保护现状

部分种群位于保护区（浙江九龙山）和风景区（武功山）内，开展了栽培技术研究；江西省已列入保护名录。

保护建议

对原产地野生种群加强保护，禁止砍伐；开展引种栽培试验，推广优良种质资源。

主要参考文献

［1］ 曾晓辉, 胡雪华, 肖宜安, 等. 井冈山江西杜鹃的物候观测 [J]. 井冈山大学学报: 自然科学版, 2012, 33(01): 104-106.

［2］ 方文培. 江西杜鹃一新种 [J]. 植物分类学报, 1958, 7(2): 191-192.

［3］ 宋怀芬, 李志远. 江西杜鹃的栽培技术 [J]. 农业与技术, 2014, 34(02): 155.

江西杜鹃（1. 群体；2. 枝叶；3. 花；4. 叶背面；5. 蒴果开裂）

国家保护	红色名录	极小种群	华东特有
	近危（NT）		

帽蕊草科　帽蕊草属

帽蕊草

Mitrastemon yamamotoi (Makino) Makino

条目作者

钟鑫

生物特征

肉质草本，株高 3~8 cm，直立，不分枝；根茎杯状，高 2~2.5 cm，直径约 2 cm，外被瘤状突起，口部 4~5 齿裂。鳞片叶交互对生，共排成 4 列，每列有鳞片叶 3~4 片，卵形或卵状长圆形，上部的较大，向下渐小，顶端 1 对叶基部增厚，内有蜜腺。花单朵顶生；花被杯状，高 5~6 mm，直径 10~17 mm，口部全缘或微波状，白色；雄蕊筒部长约 7 mm，花药环长约 6 mm，花药极多数，帽状药隔长 2 mm，顶端孔裂；子房球形或椭圆形，连花柱长 12 mm，直径 9 mm，1 室，侧膜胎座 10~20 个，不规则地内伸；胚珠倒生，多数，珠被单层；花柱粗短，柱头短锥形，顶端微凹。花期 2~3 月，果期 10 月。

种群状态

产于福建（武夷山）。寄生于锥栗属 (*Castanopsis*)、栎属 (*Quercus*) 植物的根部。分布于贵州、广东、广西、台湾和云南。柬埔寨、日本和印度尼西亚也有。

濒危原因

生境破坏；日本南部的相关研究认为其传粉昆虫为胡蜂、蟋蟀及蜚蠊，此类地表昆虫减少或为致危原因。

应用价值

作为杜鹃花目帽蕊草科的寄生植物具科研价值。

保护现状

部分种群位于保护区内，未见对物种的针对性保护报道。

保护建议

保护原有生境；减少林下疏伐；对其种群实际状况和下降趋势开展研究。

主要参考文献

SUETSUGU, K. Social wasps, crickets and cockroaches contribute to pollination of the holoparasitic plant Mitraste monyamamotoi (Mitraste monaceae) in southern Japan[J]. Plant Biology, 2019, 21(1): 176–182.

帽蕊草（1.花期植株与生境；2.居群状况；3.雌花期植株）

国家保护	红色名录	极小种群	华东特有
	野外灭绝（EW）		

杜仲科　杜仲属

杜仲

Eucommia ulmoides Oliv.

条目作者

李晓晨

生物特征

落叶**乔木**，树皮灰褐色，粗糙，内含杜仲胶，折断拉开有多数细丝；嫩枝有黄褐色毛，不久变秃净，老枝有明显的皮孔。**叶**椭圆形、卵形或矩圆形，薄革质，拉开有细丝，长 6~15 cm，宽 3.5~6.5 cm；基部圆形或阔楔形，先端渐尖；上面暗绿色，初时有褐色柔毛，不久变秃净，老叶略有皱纹，下面淡绿色，初时有褐毛，以后仅在脉上有毛；侧脉 6~9 对，与网脉在上面下陷，在下面稍突起；边缘有锯齿；叶柄长 1~2 cm，上面有槽，被散生长毛。**花**生于当年枝基部，**雄花无花被**；花梗长约 3 mm，无毛；苞片倒卵状匙形，长 6~8 mm，顶端圆形，边缘有睫毛，早落；雄蕊长约 1 cm，无毛，花丝长约 1 mm，药隔突出，花粉囊细长，无退化雌蕊。**雌花**单生，苞片倒卵形，花梗长 8 mm，子房无毛，1 室，扁而长，先端 2 裂，子房柄极短。**翅果**扁平，长椭圆形，长 3~3.5 cm，宽 1~1.3 cm，先端 2 裂，基部楔形，周围具薄翅；果核位于中央，稍突起，子房柄长 2~3 mm，与果梗相接处有关节。**种子**扁平，线形，长 1.4~1.5 cm，宽 3 mm，两端圆形。早春开花，秋后果实成熟。

种群状态

散布于陕西、甘肃、河南、湖北、四川、云南、贵州、湖南、**浙江**、**江西**等地，实际调查中所见该种多为栽培或伴人、近村落生长，无法确定为自然野生，已有报道的只有神农架地区一株古树。红色名录评估为野外灭绝 EW。

濒危原因

树皮入药的传统招致大量盗采。

应用价值

杜仲为我国特有种，杜仲科为单属单种科，对研究被子植物区系地理具有科学意义；植株所含杜仲胶是一种重要工业原料，亦可作园林观赏树种。

保护现状

各地植物园和农村广为栽培。西北农林科技大学系统搜集和评估各地种质资源，初步构建了杜仲核心种质库。

保护建议

加强物种保护宣传和立法执法力度；进一步研究其遗传多样性，为人工引种栽培提供理论基础。

主要参考文献

［1］ 邓建云，李建强，黄宏文. 一株具有特异 AFLP 指纹图谱的杜仲古树 [J]. 武汉植物学研究，2006(06): 509–513.
［2］ 于靖. 杜仲种质资源及其果实质量评价 [D]. 咸阳 : 西北农林科技大学，2015.

杜仲（1. 果实；2. 果枝；3. 雄花）

国家保护	红色名录	极小种群	华东特有
二级	近危（NT）		

茜草科　香果树属

香果树

Emmenopterys henryi Oliv.

条目作者
李晓晨

生物特征

落叶大**乔木**，树皮灰褐色，鳞片状；小枝有皮孔，粗壮，扩展。**叶**纸质或革质，阔椭圆形、阔卵形或卵状椭圆形，长 6~30 cm，宽 3.5~14.5 cm，顶端短尖或骤然渐尖，稀钝，基部短尖或阔楔形，全缘，上面无毛或疏被糙伏毛，下面较苍白，被柔毛或仅沿脉上被柔毛，或无毛而脉腋内常有簇毛；侧脉 5~9 对，在下面凸起；叶柄长 2~8 cm，无毛或有柔毛；托叶大，三角状卵形，早落。圆锥状聚伞**花序**顶生；花芳香，花梗长约 4 mm；**萼**管长约 4 mm，裂片近圆形，具缘毛，脱落，变态的**叶状萼裂片**白色、淡红色或淡黄色，纸质或革质，匙状卵形或广椭圆形，长 1.5~8 cm，宽 1~6 cm，有平行脉数条，有长 1~3 cm 的柄。花冠漏斗形，白色或黄色，长 2~3 cm，被黄白色茸毛，裂片近圆形，长约 7 mm，宽约 6 mm；花丝被茸毛。**蒴果**长圆状卵形或近纺锤形，长 3~5 cm，直径 1~1.5 cm，无毛或有短柔毛，有纵细棱。**种子**多数，小而有阔翅。花期 7~8 月，果期 8~11 月。

种群状态

除山东，华东各省均产。生于林中沟谷，海拔 400~1 600 m。分布于甘肃、广东、广西、贵州、河南、湖北、湖南、山西、四川和云南，中国特有种。

濒危原因

个体性成熟时间晚，间隔开花野生状态的首次开花时间为 20~30 龄，每 2~4 年开花 1 次；种子败育率极高，发芽率仅为 13% ~20%，且种子生活力仅有 1 年。

应用价值

对于理解晚第三纪气候变化对东亚温带植物演化历史和分布的影响具有重要意义；花洁白、芳香，可作园林观赏树种。

保护现状

多家植物园、树木园有引种，被多地列为重点保护植物，野外种群的分布和群落成分调查较充分，但对于香果树遗传多样性和遗传结构的研究较少。

保护建议

在野生香果树种群处就地建设保护区，对群落进行适当人为干预，促进其复壮；加强引种，扩展人工繁育技术，扩大香果树的资源。

主要参考文献

张永华.中国特有第三纪孑遗植物香果树(*Emmenopterys henryi*)的亲缘地理学和景观遗传学研究[D].杭州：浙江大学,2016.

香果树（1.枝叶；2.叶片；3.花；4.花序；5.特化萼片；6.果实与种子）

国家保护	红色名录	极小种群	华东特有
二级	极危（CR）		

茜草科　巴戟天属

巴戟天

Gynochthodes officinalis (F. C. How) Razafim. & B. Bremer

条目作者

李晓晨

生物特征

藤本；根粗厚，肉质，多少收缩成念珠状，根略紫红色，干后紫蓝色；嫩枝被长短不一粗毛，后脱落变粗糙，老枝无毛，具棱。叶纸质，长圆形-卵状长圆形或倒卵状长圆形，干后棕色，长 6~13 cm，宽 3~6 cm，全缘，有时具稀疏短缘毛，上面初时被稀疏、紧贴长粗毛，后变无毛，中脉线状隆起，多少被刺状硬毛或弯毛，下面无毛或中脉处被疏短粗毛；侧脉弯拱向上，在边缘或近边缘处相连接；叶柄长 4~11 mm，下面密被短粗毛；托叶长 3~5 mm，顶部截平，干膜质，易碎落。由 3~7 个头状花序组成伞形复花序，顶生；花序梗长 5~10 mm，被短柔毛，基部常具卵形或线形总苞片 1 枚；每个头状花序具花 4~10 朵；花 (2~)3(~4) 基数，无花梗；花萼倒圆锥状，下部与邻近花萼合生，顶部具波状齿 2~3，外侧一齿特大，三角状披针形，其余齿极小；花冠白色，近钟状，稍肉质，长 6~7 mm，冠管长 3~4 mm，外面被疏短毛，内面中部以下至喉部密被髯毛；雄蕊与花冠裂片同数，着生于裂片基部，花丝极短；花柱外伸，柱头长圆形或花柱内藏；子房 (2~)3(~4) 室，每室胚珠 1 颗。聚花核果由多花或单花发育而成，成熟时红色，扁球形或近球形，直径 5~11 mm；核果具分核 (2~)3(~4) 个；分核三棱形，被毛状物，果柄极短。种子成熟时黑色，略呈三棱形，无毛。花期 5~7 月，果期 10~11 月。

种群状态

产于福建（安溪、南靖、新罗）。生于山地林下和灌丛中，海拔 100~500 m。分布于广东、广西和海南，中国特有种。红色名录评估为极危 CR A4ad，即指直接观察到本种野生种群数量因开发基建而存在持续减少，种群规模在 10 年或三个世代内减小 50% 以上。

濒危原因

过度采挖和砍伐导致野生资源锐减。

应用价值

对研究该属的分类学具有重要意义，同时也是药用植物。

保护现状

目前关于巴戟天的研究多集中于功能成分、中药材基源植物考证，以及药材生产技术方面，对于巴戟天保护生物学研究较少。

保护建议

开展巴戟天保护生物学研究，同时引种栽培，扩大药源，加强公众科普宣教，破除盲目崇拜野生类群的迷信。

主要参考文献

俞群.江西重点保护野生植物的分布格局与热点地区研究 [D].南昌：江西农业大学，2016.

巴戟天（1.花序；2.果枝；3.幼嫩果实；4.果实）

国家保护	红色名录	极小种群	华东特有
	濒危（EN）		

龙胆科　龙胆属

条叶龙胆

Gentiana manshurica Kitag.

* 国家第一批 Ⅲ 级保护野生药材物种

条目作者

曹海峰

生物特征

多年生草本，高可达 60 cm，茎直立，不分枝，具棱。叶对生，无柄，基部多少联合成短鞘，下部叶鳞片状，中上部叶披针形或线形，叶质较厚，边缘平滑，外卷，顶端急尖或锐尖。花 1~2 朵顶生或腋生，无梗或具短梗，蓝紫色或紫色，长 4~6 cm，每朵小花下具叶状苞片 2 枚；花萼钟状，裂片线状披针形，等长或长于萼筒；花冠钟状，裂片卵形或卵状三角形，先端锐尖或急尖，褶短，三角形；雄蕊 5 枚，着生于花冠筒下部；子房具柄，花柱短。蒴果内藏或稍外露，柄长至 3 cm。种子线形，表面具增粗的网纹，二端具翅。花期 8~10 月，果期 9~11 月。

种群状态

产于华东各省区。生于山坡草地、湿草甸、山路边草丛中，海拔 100~1 100 m。分布于广东、广西、河南、黑龙江、湖北、湖南、吉林、辽宁、内蒙古。朝鲜半岛也有。红色名录评估为濒危 EN C1，即指本种成熟个体数量少于 2 500 棵，种群规模将在二个世代内缩小 20%。

濒危原因

主要是人为大量不合理采挖；过度开发使得其生存环境遭到破坏，自然生境渐小；具特殊的生物学特性，其种子自然繁殖率低。条叶龙胆的资源量已日趋枯竭。

应用价值

具药用、观赏价值。本种为《中国药典》中"龙胆"药材的主要基原之一，其干燥根和根茎可入药，是重要的常用药物之一；其花开放时十分美丽，具有极好的观赏价值和开发前景。

保护现状

相关单位已收集野生种子，建立种子库保存。本种在华东地区部分自然保护区内得到保护。栽培学亦有初步研究成果。但野生采挖仍比较严重，应密切监测其种群动态。

保护建议

　　加强就地保护，建立针对性的濒危药材自然保护区。提升保护等级，并将其列入国家重点野生植物保护名录；加强条叶龙胆的栽培学研究并推广和扩大基地种植，防止野生药材被继续大量采挖。

主要参考文献

［1］ 国家药典委员会.中国药典第一部[M].北京：中国医药科技出版社，2015.
［2］ 孟祥才，孙晖，韩莹，等.条叶龙胆药材资源变化及未来发展建议[J].中国现代中药，2011,13(02):10-12,28.

条叶龙胆（1.花枝；2.花冠正面；3.示根及根茎处芽和下部节间；4.叶缘）

国家保护	红色名录	极小种群	华东特有
	易危（VU）		

茄科　散血丹属

广西地海椒

Physaliastrum chamaesarachoides (Makino) Makino

条目作者

陈彬

生物特征

　　直立灌木，幼嫩部分有疏柔毛，不久变成无毛；茎稀疏二歧分枝；枝条略粗壮，多曲折，带黄褐色。叶连叶柄长 3~7 cm，宽 2~4 cm，叶片草质，阔椭圆形或卵形，顶端短渐尖，基部歪斜、圆形或阔楔形，变狭而成长 0.5~1 cm 的叶柄，边缘有少数牙齿，稀全缘而波状，两面几乎无毛，侧脉 5~6 对。花萼在果时膀胱状膨大，下垂，球状卵形，长 1.8 cm，直径 1.5 cm，具 10 道纵向的翅，翅具三角形牙齿，基部圆，顶端逐渐萎缩，顶口张开。浆果单生或 2 个近簇生，球状，远较果萼为小；果梗细瘦，弧状弯曲，长 1.5~1.8 cm。种子浅黄色，花期 7~9 月，果期 8~11 月。

种群状态

　　产于安徽（祁门、歙县）、福建（德化）、江西（德兴）、浙江（衢州、遂昌）。生于林下和山坡路旁，海拔 200~700 m。分布于贵州、广西和台湾。日本也有。红色名录评估为易危 VU B1ab(i,iii)，即指本种分布区面积不足 20 000 km²，生境碎片化，分布区和栖息地面积、范围持续性衰退。

濒危原因

　　过度采集；生境破坏。

应用价值

　　具药用价值。

保护现状

　　部分种群位于保护区和风景区内，未见对物种的针对性保护报道。

保护建议

　　果实形态奇特，可迁地栽培用于观赏。

主要参考文献

马丹丹,陈征海,陈煜初,等.7种浙江新记录植物[J].浙江大学学报(理学版),2013,40(03): 330–333.

广西地海椒（1. 群体；2. 花序；3. 果萼膨大）

国家保护	红色名录	极小种群	华东特有
	易危（VU）		

茄科　散血丹属

地海椒

Physaliastrum sinense (Hemsl.) D'Arcy & Zhi Y. Zhang

条目作者
陈彬

生物特征

多年生**草本**，高 1~2 m，全无毛；茎具稀疏二歧分枝，枝条细瘦，极伸长。**叶**具较长的叶柄，连叶柄长可达 10 cm，宽 2~4 cm，叶片草质，卵形或卵状披针形，顶端渐尖，基部歪斜变狭而成长可达 3 cm 的叶柄，边缘全缘而波状或具少数牙齿，侧脉 5~7 对。**花** 2~3 朵簇生，花梗长 2~2.5 cm，弧状弯曲；**花萼**长约为花冠的 2/5，长约 4 mm，直径 3 mm，萼齿扁三角形，钝头，具细睫毛，果时成扁球状，长约 1.5 cm，直径 1.8~2 cm，具 10 纵棱和 10 纵肋，基部截形，顶端缢缩，顶口开张；**花冠**长及直径各为 1 cm，白色，内面喉部具 10 个绿色斑点，5 中裂，裂片狭卵形，外面密被细柔毛，边缘具细睫毛；**雄蕊**长约 8 mm；子房长约 2 mm，花柱长约 8 mm。**浆果**黄绿色。**种子**浅黄色。花期 7~8 月，果期 9~10 月。

种群状态

产于**安徽**（皖南山区）。生于山坡林下，海拔 1 200~1 400 m。分布于贵州、湖北西部和四川东部至西部，中国特有种。红色名录评估为易危 VU A2c，即指本种在 10 年或三个世代内因栖息地减少等因素，种群规模缩小了 30% 以上，且仍在持续。

濒危原因

过度采集。

应用价值

具药用价值。

保护现状

部分种群位于保护区和风景区内，未见对物种的针对性保护报道。

保护建议

果实形态奇特，可迁地栽培用于观赏。

主要参考文献

刘应迪,张代贵,朱晓文,等.湖南植物新记录18种[J].湖南师范大学自然科学学报,2009,32(04):84-87.

地海椒（1.枝叶；2.果序；3.果实）

国家保护	红色名录	极小种群	华东特有
	易危（VU）		是

苦苣苔科　马铃苣苔属

江西全唇苣苔

Oreocharis jiangxiense (W. T. Wang) Mich. Möller & A. Weber

条目作者
温放

生物特征

多年生**草本**；根状茎短。**叶**基生，12~18 枚；叶片草质，椭圆形，长 2.5~10 cm，宽 1.3~5 cm，边缘有重锯齿，两面被白色贴伏短柔毛，下面中脉和侧脉上被褐色短绵毛，侧脉每侧 6~8 条，上面平，下面稍隆起；叶柄长 0.5~7 cm，被褐色绵毛或密柔毛。聚伞**花序** 2~6 条，1~3 回分枝，每朵花序具花 2~8 朵；花序梗与花梗均被开展白色短柔毛和短腺毛；苞片线形；**花萼** 5 裂片稍不等大，线形或匙状线形，边缘每侧有 1~2 小齿，外面被短柔毛，内面无毛；**花冠**淡紫色，长约 1.5 cm，外面上部被短柔毛，内面无毛；筒漏斗状筒形，长约 1.1 cm，口部直径约 4 mm；上唇近半圆形，顶部近截形，下唇 3 浅裂，中裂片矩圆形，侧裂片三角形；**雄蕊**无毛，花丝着生于花冠基部，伸出花冠筒之外，花药分生，长圆形；无退化雄蕊；花盘杯状，边缘浅波状；**雌蕊**无毛，子房线形，顶端渐狭成花柱，柱头小，扁头形。**蒴果**线形，长 2.5~3 cm，2 裂，先端锐尖。花期 7~9 月，果期 10~11 月。

种群状态

产于**福建**（将乐）、**江西**（寻乌）、**浙江**（桐庐县富春江镇白云源景区）。生于沟谷路边的潮湿石壁上。红色名录评估为易危 VU A2c；B2ab(ii,v)；D1，即指本种在 10 年或三个世代内因栖息地减少等因素，种群规模缩小了 30% 以上，且仍在持续；占有面积不足 2 000 km²，生境碎片化，占有面积和成熟个体数持续性衰退；成熟个体数少于 1 000 棵。

濒危原因

分布区域狭窄，资源量极少，受到景区开发影响，面临灭绝风险。

应用价值

具有科研和保育的价值。

保护现状

严彩霞等人进行了组织培养快繁技术研究，炼苗移栽成活率可达 90%，为资源的扩繁和回归引种奠定了基础。

保护建议

对目前已知分布点进行就地保护，设立防护措施，加强宣传教育。

主要参考文献

［1］ 严彩霞.江西全唇苣苔生物学特性与快繁技术研究 [D].杭州：浙江农林大学,2014.

［2］ 张芬耀,陈征海,叶喜阳,等.浙江省苦苣苔科一新记录属——全唇苣苔属 [J].热带亚热带植物学报,2010,18(04):403-404.

江西全唇苣苔（1.生境；2.植株；3.花序）

国家保护	红色名录	极小种群	华东特有
	易危（VU）		是

苦苣苔科　佛肚苣苔属

宽萼佛肚苣苔

Oreocharis latisepala (Chun ex K. Y. Pan) Mich.Möller & W. H. Chen

条目作者

温放、洪欣

生物特征

多年生草本。叶基生；叶片椭圆形，长 4.5~6.5 cm，宽 2~3.5 cm，顶端圆形，基部宽楔形至圆形，边缘具锐齿；叶柄长 1~2.5 cm。聚伞花序 1~2 条，每条花序具 2 朵花或更多；花序梗长 9.5~18 cm；苞片 2 片；花梗长 1~2cm。花萼 5 裂至近基部；花冠粗筒状，下方肿胀，长约 4 cm；冠筒长 3 cm，口部直径 1.5 cm；上唇 2 深裂，下唇 3 裂；雄蕊 4 枚；退化雄蕊 1 枚；子房线形，柱头 2 裂。蒴果未见。花期 9 月。

种群状态

产于浙江（顺溪、云和）。生于山坡阴处石上，海拔 700~950 m。浙江特有种。红色名录评估为易危 VU A2c，即指本种在 10 年或三个世代内因栖息地减少等因素，种群规模缩小了 30% 以上，且仍在持续。

濒危原因

仅报道在浙江两个地点分布，种群数量小，分布范围狭小。

应用价值

花较大、美丽，可以开展观赏品种开发。

保护现状

原产地种群数量很大，但是自然分布狭隘，受到修路等因素影响。迁地保护的引种限制因子尚不明确，很难成功，因此迁地保护难度较大。

保护建议

以加强就地保护、促进种群更新和恢复为主；并鼓励迁地引种。

主要参考文献

[1] MÖLLER M, CHEN W H, SHUI Y M, et al. A new genus of Gesneriaceae in China and the transfer of Briggsia species to other genera[J]. Gardens' Bulletin Singapore, 2014, 66: 195–205.

［2］ WANG W T, PAN K Y, LI Z Y, et al. Gesneriaceae. In: WU Z Y, RAVEN P H, HONG D Y, eds. Flora of China, Vol. 18[M]. Beijing: Science Press, St Louis: Missouri Botanical Garden Press,1998.

［3］ 覃海宁, 杨永, 董仕勇, 等 . 中国高等植物受威胁物种名录 [J]. 生物多样性 , 2017, 25(07): 696–744.

［4］ 王文采 , 等 . 苦苣苔科 . 中国植物志第 69 卷 [M]. 北京 : 科学出版社 , 1990: 125–581.

宽萼佛肚苣苔（1. 生境；2. 植株；3. 果萼）

国家保护	红色名录	极小种群	华东特有
	濒危（EN）		是

苦苣苔科　报春苣苔属

休宁小花苣苔

Primulina xiuningensis (X. L. Liu & X. H. Guo) Mich. Möller & A. Weber

条目作者

葛斌杰

生物特征

多年生草本。叶 4~12 枚，均基生；叶片薄草质，卵形、宽卵形、椭圆形或近圆形，有时两侧不相等，长 2~9 cm，宽 1~6 cm，顶端钝或圆形，基部楔形、浅心形或近圆形，边缘具浅波状齿或近全缘；叶柄长 1~8 cm。聚伞花序 1~3 回分枝，每花序有 2~10 朵花；花序梗长 3~14cm；苞片 2 片，条形；花梗长 0.8~2.5 cm。花萼 5 裂达基部；花冠淡黄色，长约 1.2 cm；冠筒部近筒形，近顶端口部处稍变粗，长约 9 mm，口部直径约 4 mm，有紫红色斑点；上唇 2 浅裂，下唇 3 深裂；雄蕊 2 枚；退化雄蕊 2 枚；子房卵球形，柱头倒梯形，2 浅裂。蒴果长卵球形。花期 6~8 月。

种群状态

产于安徽（休宁）、浙江（江山）。生于沉积岩、砾岩山地岩石近山顶悬岩下阴湿石缝中，海拔 570~580 m。数量尚可维持其种群自然繁衍与扩增，但零星分布，受到其依赖环境的严格限制。本种是唯一一个远离报春苣苔属小花类型分布中心——广东、广西喀斯特地貌的原小花苣苔属物种，并且秋季落叶，仅存较厚并具多毛的冬季叶来适应寒冷环境。红色名录评估为濒危 EN A2c，即指本种在 10 年或三个世代内因栖息地减少等因素，种群规模缩小了 50% 以上，且仍在持续。

濒危原因

目前已知仅在华东地区有 2 个分布地点，分布范围狭小，对环境要求极其严格。

应用价值

科普教育；具有一定的育种价值和较强的生物地理学等方面的研究价值。

保护现状

由于分布在风景名胜区，游客众多，且分布紧靠路旁石缝，随着齐云山旅游步道扩建，原齐云山记载的数个分布于道旁的较大居群已经消亡，尤其是模式产地的居群已经完全消失。目前本种其余残存居群也处于衰退状态中。

保护建议

　　建议立即采取措施保护，加强野外分布调查与种群监测，加强景区管理与科普宣教工作，有序开展野生种质资源引种与繁育技术研发。

主要参考文献

［1］　WANG W T, PAN K Y, LI Z Y, et al. Gesneriaceae. In: WU Z Y, RAVEN P H, HONG D Y, eds. Flora of China, Vol. 18[M]. Beijing: Science Press, St. Louis: Missouri Botanical Garden Press, 1998.

［2］　WEBER A, MIDDLETON D J, FORREST A, et al. Molecular systematics and remodelling of Chirita and associated genera (Gesneriaceae). Taxon, 2011, 60, 767–790.

［3］　李振宇, 王印政. 中国苦苣苔科植物 [M]. 郑州：河南科学技术出版社, 2004.

［4］　覃海宁, 杨永, 董仕勇, 等. 中国高等植物受威胁物种名录 [J]. 生物多样性, 2017, 25(07): 696–744.

［5］　王文采, 等. 苦苣苔科. 中国植物志第 69 卷 [M]. 北京：科学出版社, 1990: 125–581.

休宁小花苣苔（1. 生境；2. 植株；3. 花序）

国家保护	红色名录	极小种群	华东特有
	无危（LC）		是

苦苣苔科　报春苣苔属

西子报春苣苔

Primulina xiziae F. Wen, Yue Wang & G. J. Hua

条目作者

葛斌杰

生物特征

多年生草本，无地上茎；根状茎稍压扁，圆球形至圆柱形，长 1~1.5 cm，直径 0.8~1.2 cm。叶 4~6 片，基生或簇生于根状茎顶部；叶片纸质，卵状披针形或卵形，（10~15）cm×（7.0~11.5）cm，基部偏斜，宽楔形，全缘或浅波状，具缘毛，先端圆钝，两面具伏毛，侧脉 3~4 对；叶柄压扁，（3~10.5）cm× 1 cm，被毛。聚伞花序，腋生，分枝或不分枝，每条花序有花 2~8 朵；花序梗细长，长 8.5~15cm，直径 1.5~2 cm，密被毛；苞片 2 片，对生，卵形，1.2 cm×1 cm，外面被硬毛，内侧光滑，早落或于盛花期前枯萎；花梗长 12~15 mm，密被短小直立腺毛。花萼 5 裂至基部，裂片等大，线状披针形，长约 8 mm，外面密被直立短腺毛，内侧光滑。花冠长 3.4~3.6 cm，冠口径 7.5 mm，白色具淡紫色或紫红色斑纹，花冠喉部颜色与花冠相同，但无两道黄色蜜导，花冠漏斗状，内部上方具 2 列毛；冠筒细长，外侧上部密被直立腺毛，中部至基部密被直立毛；冠檐二唇形，上唇 2 裂至中部，裂片长约 8 mm；下唇 3 裂至中部，裂片椭圆形，长 1.1~1.3 cm。雄蕊 2 枚，贴生于花冠基部以上 1.1 cm 处；花药肾形，长 4~4.5 mm，中部稍缢缩，光滑；花丝长约 1.2 cm，下半部薄片状，基部被毛，中部膝曲，上部具不明显短腺毛；不育雄蕊 3 枚，侧方 2 枚基部宽大，沿先端渐狭，上部弯曲，先端头状，光滑，第 3 枚不育雄蕊不明显，细小，头状；花盘环形，厚 1.2~1.5 mm。雌蕊长 2.5~2.8 cm，密被直立腺毛；子房线形；花柱长 5~6 mm。柱头 2 裂，长 4~5 mm。蒴果线形，长 5 cm，稍扭曲。花期 6 月，果期 8~9 月。

种群状态

产于江西、浙江（金华、临安、余杭）。生于常绿阔叶林下潮湿的石灰岩上，海拔 70~110 m。

濒危原因

2012 年发表，已知分布地区受人为活动干扰频繁，濒危原因除野外种群规模小外，其他未见报道。

应用价值

科普教育；具有一定的育种价值和较强的生物地理学等方面的研究价值。

保护现状

未见报道。

保护建议

对已知分布地采取保护措施，深入邻近地区进一步考察；开展迁地与就地保护。

主要参考文献

LI J, WANG Y, HUA G J, et al. Primulina xiziae sp. nov. (Gesneriaceae) from Zhejiang Province, China[J]. Nordic Journal of Botany, 2012, 30: 77–81.

西子报春苣苔（1.植株；2.花序）

国家保护	红色名录	极小种群	华东特有
二级	无危（LC）		

狸藻科　狸藻属

盾鳞狸藻

Utricularia punctata Wall. ex A. DC.

条目作者

钟鑫

生物特征

水生草本；通常无假根；匍匐枝圆柱状，具稀疏的分枝。叶器多数，互生，2 或 3 深裂几达基部，裂片先羽状深裂，后 2 至数回二歧状深裂；末回裂片毛发状。捕虫囊少数，侧生于叶器裂片上，斜卵球形，侧扁，具短柄；口侧生，边缘疏生小刚毛。花序直立，6~20 cm，中部以上具 5~8 朵多少疏离的花，无毛；花序梗圆柱状，具 1~2 枝与苞片同形的鳞片；苞片中部着生，呈盾状，卵形，膜质；无小苞片；花梗丝状，直立或上升。花萼 2 裂达基部，无毛，裂片近相等，圆形，膜质；花冠淡紫色，喉突具黄色斑；雄蕊花丝线形，弯曲，上方明显膨大；药室汇合；雌蕊无毛；子房卵球形，表面具微小的疣状突起；花柱约与子房等长；柱头正三角形。蒴果椭圆球形，长约 3 mm，果皮膜质，无毛，室背开裂。种子少数，双凸镜状，边缘环生具不规则牙齿的翅。花期 6~8 月，果期 7~9 月。

种群状态

产于福建（龙海）。生于靠近海平面的湖泊、滩涂及水稻田中。分布于广西（东兴市）。缅甸、越南、泰国、印度尼西亚、马来西亚也有。

濒危原因

水体污染；生境破坏。

应用价值

作为狸藻科食虫植物具科研价值。

保护现状

部分种群位于保护区和风景区内，未见对物种的针对性保护报道；尚无保护区以盾鳞狸藻为保护目标。

保护建议

加强相关研究，摸清种群现状；对特定生长区域划定保护小区。

主要参考文献

［1］ LI Z Y , CHEEK M R , TAYLOR P G. Lentibulariaceae. In: WU Z Y , RAVEN P H , HONG D Y , eds. Flora of China, Vol. 19[M]. Beijing: Science Press; St. Louis: Missouri Botanical Garden Press, 2011.

［2］ LI Z Y. Lentibulariaceae. In: Wang Wentsai, ed[M]. Fl. Reipubl. Popularis Sin., 1990, 69: 582–605.

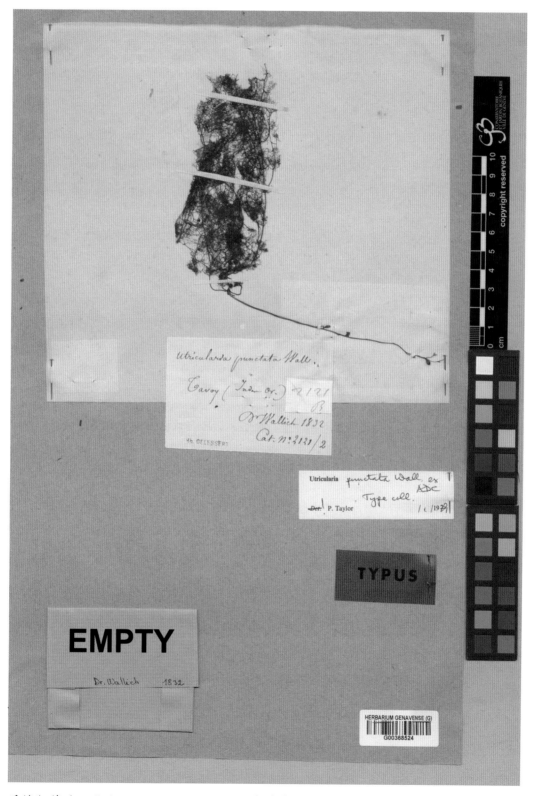

盾鳞狸藻（Wallich, N., #2121B，于 1932 年采自缅甸土瓦）

国家保护	红色名录	极小种群	华东特有
二级	无危（LC）		

唇形科　石梓属

苦梓

Gmelina racemosa (Lour.) Merr.

条目作者

李波

生物特征

乔木，高约 15 m，树皮灰褐色，呈片状脱落。叶对生，厚纸质，卵形或宽卵形，长 5~16 cm，宽 4~8 cm，全缘，背面粉绿色，基生脉三出，侧脉 3~4 对。聚伞花序排成顶生圆锥花序，总花梗长 6~8 cm，被黄色茸毛；花萼钟状，长 1.5~1.8 cm，呈二唇形，顶端 5 裂，裂片卵状三角形；花冠漏斗状，黄色或淡紫红色，长 3.5~4.5 cm，两面均有灰白色腺点，呈二唇形；二强雄蕊，长雄蕊和花柱稍伸出花冠管外；子房上部具毛，下部无毛。核果倒卵形，顶端截平，肉质，长 2~2.2 cm。花期 5~6 月，果期 6~9 月。

种群状态

产于江西（龙南、南昌、寻乌、兴国、资溪）。生于海拔 250~500 m 丘陵次生林中。分布于海南。越南北部也有。

濒危原因

自然分布区狭小，生境易遭受人工造林和垦荒的威胁，造成自然种群缩小或消失。

应用价值

木材纹理通直，结构细致，是优良的木材；树干通直，树形美观，适合作行道树。

保护现状

在海南尖峰岭、鹦哥岭、霸王岭、五指山等国家级自然保护区内均有野生种群分布，在江西南部、浙江、福建、广东及广西等地已通过扦插繁殖技术建立了人工种群。

保护建议

加强就地保护，促进种群更新和恢复；加大保护区巡视力度，杜绝非法砍伐。

主要参考文献

［1］何雨,陶春清,狄新令.海南石梓的引种和繁殖技术分析 [J]. 现代园艺 ,2017(07): 42.

［2］吴持平 . 海南石梓扦插育苗试验 [J]. 林业科技通讯 ,1985(09): 1–2, 33.

［3］赵永光.海南石梓也是速生造纸树种 [J].今日科技,1982(01):9-10.

主要参

苦梓（1.植株；2.枝叶；3.叶背面；4.果实；5.花冠）

国家保护	红色名录	极小种群	华东特有
	易危（VU）		

列当科　　马先蒿属

江西马先蒿

Pedicularis kiangsiensis P. C. Tsoong & S. H. Cheng

条目作者

李晓晨

生物特征

半寄生**草本**，具根茎；茎直立，高 70~80 cm，紫褐色，有 2 条被毛的纵浅槽。**叶**假对生，生在茎顶部者常为互生，具长柄，柄长 1~2.5 cm，有纵纹，被疏毛；一般在中下部的边缘作羽状深裂，上部呈缺刻状分裂，上面被疏粗毛，前端较密，沿中脉更密，暗绿色，下面浅绿，网脉密而明显，近于无毛，裂片长圆形至斜三角状卵形，大者长达 20 mm，宽达 9 mm，每边 4~9 枚，裂片自身亦有缺刻状小裂或有重锯齿，齿有刺尖头。**花序**总状而短，生于主茎与侧枝之端，苞片叶状有柄；花梗长短不一，被有密毛，常多少弯曲使花前俯。**花萼**狭卵形，长 7 mm，被腺毛，有主脉 2 条；**花冠**之管稍在萼内向前弓曲，由萼管裂口斜伸而出，长 12 mm，喉部稍稍扩大，脉不扭转，盔略作镰状弓曲，背略有毛，长 8~9 mm，下唇不展开，长 8 mm，宽 7 mm，侧裂斜肾脏状椭圆形，内侧大而耳形，甚大于中裂，中裂三角状卵形，多少凸出于侧裂之前，与侧裂组成 2 个狭而深的缺刻，初开时后方有 2 条不明显的褶襞通向花喉；**雄蕊**花丝 2 对均无毛；柱头头状，自盔端伸出。花期 8~9 月，果期 9~10 月。

种群状态

产于**江西**（武功山和井冈山）、**浙江**（景宁望东垟、大仰湖保护区和泰顺乌岩岭保护区）。生于阳坡石上或山顶灌丛边缘。分布于广西、湖南，中国特有种。红色名录评估为易危 VU A2c，即指本种在 10 年或三个世代内因栖息地减少等因素，种群规模缩小了 30% 以上，且仍在持续。

濒危原因

旅游和放牧导致的栖息地破坏。

应用价值

对于研究马先蒿属的发源中心和华东、华南植物区系的联系具有启示意义。

保护现状

部分种群位于保护区和风景区内，未见对物种的针对性保护报道。部分种群分布在保护区外，且未被列入地方保护物种名录，未得到有效保护。

保护建议

开展野外调查，明确居群的分布和数量，引种栽培与就地保护相结合，在开展人工繁育技术研究的同时，推动该物种进入地方保护物种名录。

主要参考文献

［1］ 陈志晖, 刘忠成, 赵万义, 等. 湖南省种子植物分布新资料 [J]. 亚热带植物科学, 2019, 48(02): 181–185.
［2］ 中国科学院广西植物研究所. 广西植物志第四卷 [M]. 南宁: 广西科学技术出版社, 2017.

江西马先蒿（1. 花枝；2. 花冠；3. 叶背面）

国家保护	红色名录	极小种群	华东特有
	易危（VU）		

冬青科　冬青属

浙江冬青

Ilex zhejiangensis C. J. Tseng ex S. K. Chen & Y. X. Feng

条目作者

葛斌杰

生物特征

常绿小**乔木**或**灌木**，高 2~4 m；小枝被柔毛或变无毛。**叶片**革质，卵状椭圆形，稀卵形，边缘具疏离的 (2~)4~7 枚小刺状黑色锯齿，叶正面除沿主脉密被微柔毛外，余无毛，背面无毛，主脉在叶面凹陷，在背面隆起；叶柄被微柔毛，长 4~5 mm。**花序**簇生于叶腋，每 1 条聚伞花序具单花。**雄花**：花萼 4 裂，裂片三角状卵形，具缘毛；花瓣 4，长圆形，基部合生；雄蕊 4，与花瓣等长。**雌花**：花萼 4 裂，花瓣 4，长圆形；不育雄蕊 4，与花瓣近等长。**果梗**长 4~8 mm，被微柔毛或变无毛，基部 2 枚小苞片宿存；果实近球形，直径 7~8 mm，成熟时变红色，基部具盘状花萼，裂片宽三角形，具缘毛。**分核** 4 枚，轮廓卵形，长约 4 mm，背部宽约 3 mm，具不规则的皱纹和槽，内果皮木质。花期 4 月，果期 8~10 月。

种群状态

产于**浙江**（景宁、天台）。生于山坡林中或林缘，海拔 250 m，野外种群小，本种果期模式标本采自杭州植物园，雄花模式标本采集地不详，另有一号模式采自天台山。分布于湖南，中国特有种。红色名录评估为易危 VU D2，即指本种占有面积不足 20 km^2，可能在极短时间内成为极危种，甚至绝灭。

濒危原因

生境退化或丧失；存在采挖或砍伐。

应用价值

花果具有观赏价值，具有园林观赏木本开发潜力。

保护现状

杭州植物园有迁地栽培；开展引种栽培的生理实验，浙江冬青耐低温能力一般（半致死温度为 −13.6℃），在极端低温年份露地越冬须注意保温。

保护建议

对已知分布区加强管理，严禁砍伐；开展迁地保护工作。

主要参考文献

［1］　曾沦江.中国冬青科植物志资料 [J]. 植物研究 , 1981(Z1): 1–44.

［2］　毛志滨 , 谢晓金 , 汤庚国 . 7 种冬青树种耐低温能力比较 [J]. 南京林业大学学报 : 自然科学版 , 2006(01): 33–36.

［3］　游健荣 , 喻勋林 , 李家湘 . 湖南省种子植物 3 种新记录 [J]. 亚热带植物科学 , 2019, 48(02): 186–189.

浙江冬青（1. 花枝；2. 果枝）

国家保护	红色名录	极小种群	华东特有
二级	易危（VU）		

忍冬科　七子花属

七子花

Heptacodium miconioides Rehder

条目作者

葛斌杰

生物特征

小乔木；幼枝略呈四棱形，红褐色，疏被短柔毛；茎干树皮片状剥落。叶厚纸质，卵形或矩圆状卵形，长 8~15 cm，宽 4~8.5 cm，顶端长尾尖，基部钝圆或略呈心形，下面脉上有稀疏柔毛，三出脉近平行。圆锥花序近塔形，长 8~15 cm，宽 5~9 cm；小花序头状。花芳香；萼裂片长 2~2.5 mm，与萼筒等长，密被刺刚毛；花冠长 1~1.5 cm，外面密生倒向短柔毛。果长 1~1.5 cm，直径约 3 mm，具 10 条棱。种子长 5~6 mm。花期 6~7 月，果期 9~11 月。

种群状态

产于安徽（泾县、宁国）、浙江（天台山、四明山、义乌北山、金华东白山、昌化汤家湾）。生于崖壁、灌丛和林下，海拔 600~1 000 m。分布于湖北，中国特有种。红色名录评估为易危 VU B1ab(ii,iii)，即指本种分布区面积不足 20 000 km²，生境碎片化，占有面积和栖息地面积持续性衰退。

濒危原因

历史时期气候变迁导致七子花原有分布区的大幅缩减和种群数量下降，人为干扰进一步导致生境片段化和资源量减小，从而降低生态适应性。

应用价值

忍冬科系统发育学中重要的研究类群之一；花形美丽具花香，有栽培观赏价值。

保护现状

庐山植物园与上海辰山植物园有引种保育。

保护建议

在七子花遗传多样性高、种群规模大的地区设立自然保护区；在生境退化、种群小的地区，特别是清凉峰、大盘山等地，采取迁地保护，并加以人工繁育手段增加个体数量；东白山等地种群面临局部绝灭，急需就地保护。

主要参考文献

[1] 陈辉 . 珍稀濒危植物七子花的迁地保存 [J]. 江西林业科技 , 1994(06): 12-13.

[2] 郝朝运 , 刘鹏 . 我国特有珍稀植物七子花濒危原因分析 (英文)[J]. 林业科学 , 2007(07): 86-92.

[3] 李鸣 , 顾詠洁 , 张欣 , 等 . 浙江大盘山濒危植物七子花的种群结构 [J]. 华东师范大学学报 : 自然科学版 , 2004(04): 117-121.

七子花（1. 花序；2. 树皮；3. 花；4. 果序；5. 幼果）

国家保护	红色名录	极小种群	华东特有
	易危（VU）		

忍冬科　猬实属

猬实

Kolkwitzia amabilis Graebn.

条目作者

张庆费

生物特征

落叶灌木，多分枝直立，高可达 3 m，茎皮呈片状剥落，枝条略呈弓状弯曲。单叶对生，椭圆形至卵状椭圆形，基部圆形或阔楔形，全缘，少有浅齿状，上面深绿色，两面散生短毛，脉上和边缘密被直柔毛和睫毛。伞房状聚伞花序具长 1~1.5 cm 的总花梗。花冠淡红色或粉红色，基部甚狭，中部以上突然扩大，外有短柔毛。果实密被黄色刺刚毛。花期 5~6 月，果期 8~9 月。

种群状态

产于安徽（贵池、青阳、歙县）。生于山谷和山坡灌丛中，海拔 300~1 300 m。分布于甘肃、河南、湖北、山西、陕西，中国特有种。红色名录评估为易危 VU A2c，即指本种在 10 年或三个世代内因栖息地减少等因素，种群规模缩小了 30% 以上，且仍在持续。

濒危原因

猬实自然群体呈零星或斑块状间断分布，种群间相距较远，多生长阳坡或崖边，土壤贫瘠干燥，不利于向幼苗转化；猬实具有同步大量开花特性，不利于花粉在种群间的扩散，导致一定程度的自交和近交衰退，胚发育停留在幼态鱼雷形阶段，有性繁殖方式受阻，自然状态结籽率低，种子饱满度低，且果实坚硬，不易发芽，难见实生苗，主要通过根蘖产生克隆植株进行繁殖。猬实多处于演替初级阶段，群落稳定性差，不利于种群拓展；放牧和旅游等人为干扰导致种群数量下降，生态位严重变窄，且生境恶化，天然更新不良，野生植株日趋稀少。

应用价值

花序繁密，粉红花色，优良花灌木；忍冬科残遗属种，分类上孤立和形态上特殊的物种，对植物分类和系统进化研究具有重要价值。

保护现状

由于零星自然分布，在保护区内得到重点保护，但在分布区的各植物园几乎都有引种栽培，在城市绿地广泛栽植。

保护建议

　　保护好猬实原产地，实行专类重点保护，并促进繁衍更新和幼苗成长，旅游线路应避免对猬实生境的破坏。

主要参考文献

［1］柏国清，陈智坤，李为民，等.猬实的研究开发与利用进展 [J].中国农学通报，2015,31(10): 39–43.

［2］高润梅，石晓东，杨鹏.猬实植物群落外貌和物种多样性的研究 [J].湖北林业科技，2005(04): 5–8.

［3］李智选，苏建文，王玛丽.稀有花卉植物猬实在华山地区的种群繁育和分布特征 [J].西北植物学报，2004(11): 2 113–2 117.

［4］毛少利，周亚福，李思锋，等.珍稀濒危植物猬实的开花特性与传粉生物学研究 [J].广西植物，2014,34(05): 582–588.

［5］沈植国，谭运德，薛茂盛，等.我国稀有保护植物猬实研究进展 [J].江苏农业科学，2012,40(04): 193–197.

猬实（1.花蕾期；2.花期植株；3.花枝；4.花）

国家保护	红色名录	极小种群	华东特有
	易危（VU）		是

伞形科　当归属

天目当归

Angelica tianmuensis Z. H. Pan & T. D. Zhuang

条目作者

吴宝成

生物特征

多年生草本；高 1~2 m；茎圆柱形，单生，有细条棱，上部节处被短柔毛。基生叶及茎下部叶具长柄，长 15~25 cm；叶片轮廓卵形至宽卵形，长 20~30 cm，宽 15~30 cm，2~3 回 3 出式羽状全裂，叶轴及羽片柄膝曲状弯曲，末回裂片长卵形，长 3~6 cm，宽 1.7~2.5 cm，上面沿脉有短刺毛，背面无毛，基部楔形或宽楔形，歪斜，边缘不裂或 1~2 裂，具不规则粗大锯齿；茎中、上部叶渐小，叶鞘渐膨大。复伞形花序顶生和侧生，直径 4~7 cm；总苞片 1 枚，长卵形，长 2~2.5 cm，顶端渐尖；伞幅 14~20，棱上粗糙，不等长，长 1.5~3.5 cm；小总苞片 5~7 枚，线形，边缘白色膜质，长 5~7 mm，被毛；小伞形花序有花 20~25 朵，花柄不等长，被毛；萼齿不发育；花瓣白色，卵形至宽卵形，顶端微凹，有内折小舌片；花柱基短圆锥形。果实狭长圆形，长 6~7 mm，宽约 3.5 mm，背棱肥厚隆起，侧棱具狭翅，棱内有油管 1 条，合生面有油管 2~4 条。花果期 8~10 月。

种群状态

仅产于浙江天目山倒挂莲花下，海拔约 1 100 m，种群数目不详。红色名录评估为易危 VU A4(e)，即指本种野生种群可能由于外来生物竞争或水体污染等原因，导致种群规模在 10 年或三个世代内缩小了30% 以上，且仍将持续。

濒危原因

自然分布区极其狭窄，生境受到旅游开发的威胁。

应用价值

具科普、科研价值。

保护现状

尚未建立保护小区，模式产地处于天目山旅游区，受威胁程度较大。

保护建议

建议加强就地保护；鼓励迁地保护；开展濒危原因、人工繁育等研究。

主要参考文献

潘泽惠, 庄体德. 当归属二新种及一新记录 [J]. 植物分类学报, 1995(01): 86-90.

天目当归（1. 花序；2. 花期植株；3. 果序）

国家保护	红色名录	极小种群	华东特有
二级	易危（VU）		

伞形科　明党参属

明党参

Changium smyrnioides H. Wolff

条目作者

吴宝成

生物特征

多年生草本；株高达 1 m；根圆球状、纺锤状或圆柱状；茎幼嫩时有白色粉霜，上部分枝，疏散开展。基生叶具长柄，柄长 30~35 cm，1 回羽片广卵圆形，有小柄，长约 10 cm；2 回羽片卵圆形至长圆状卵圆形，有小柄，长约 3 cm；3 回羽片广卵圆形，长宽约 2 cm，基部截形或楔形，无小柄，3 裂或羽状缺刻，小裂片长圆状披针形，长 2~4 mm。茎上部叶缩小呈鳞片状或叶鞘状。伞梗长 3~10 cm，伞辐 6~10；小伞形花序有花 10~15 朵；侧生伞形花序的花多数不孕；花瓣白色。果实卵球状至长卵球状，果棱不明显。花期 4~5 月。

种群状态

产于安徽（滁州、宁国等地）、江苏（南京、镇江、苏州、无锡等地）、江西（浮梁、婺源）、上海（松江区佘山地区有零星分布，部分种群在游步道边，受到干扰）、浙江（安吉、临安、宁海、嵊州、诸暨）。生于山区向阳山坡的草丛、林缘、竹林边，海拔 100~300 m。分布于湖北，中国特有种。红色名录评估为易危 VU A2ac；B1ab(i,iii)，即指直接观察到本种野生种群因分布、栖息地缩减而存在持续衰退，种群规模在 10 年或三个世代内缩小 30% 以上；分布区不足 20 000 km²，生境碎片化，分布区和栖息地的面积、范围持续性衰退。

濒危原因

群落生存竞争性弱、繁育系统效率低、遗传多样性水平低；乱采滥挖、生境破碎、除草剂影响。

应用价值

具药用价值。

保护现状

已开展了明党参濒危机制、种群动态变化、种子散布能力、遗传多样性等方面的研究，但未建立专门的保护小区。在某些自然分布集中区数量锐减，如上海西佘山内一处种群在游客步道附近，因步道扩宽而消失。

保护建议

建议在明党参分布集中区建立至少 6 个保护小区；加大迁地保护，必要时采取人工采种和播种，扩大幼苗数量；加强科普宣传，禁止掠夺式采挖。

主要参考文献

［1］ 胡方方,李宗芸,黄淑峰,等.明党参濒危机制研究进展 [J].预防医学情报杂志,2007(05): 585–588.

［2］ 胡琼,金明龙.杭州地区明党参濒危现状及机制研究 [J].黑龙江农业科学,2016(06): 101–105.

［3］ 李伟成,葛滢,盛海燕,等.濒危植物明党参种群生存过程研究 [J].生态学报,2004(06): 1 187–1 193.

［4］ 刘晓宁,巢建国,侯芳洁,等.濒危植物明党参研究新进展 [J].中华中医药学刊,2008(09): 1 966–1 967.

［5］ 盛海燕,常杰,殷现伟,等.濒危植物明党参种子散布和种子库动态研究 [J].生物多样性,2002(03): 269–273.

明党参（1.基生叶；2.植株；3.果序；4.果实）

国家保护	红色名录	极小种群	华东特有
二级	极危（CR）		

伞形科　珊瑚菜属

珊瑚菜

Glehnia littoralis (J. G. Cooper) F. Schmidt ex Miq.

条目作者

吴宝成

生物特征

多年生草本；株高 5~25 cm；全株有柔毛；根长圆柱形或长索状，直径 0.5~1.5 cm，基部露于沙滩地面。基生叶有长叶柄，长 5~15 cm，有微硬毛或近无毛；叶片革质，卵圆形至长圆状卵圆形，3 出式分裂至 2 回 3 出式羽状分裂，末回裂片卵圆形至倒卵圆形，长 1~6 cm，宽 0.8~3.5 cm，顶端圆至尖锐，基部楔形至截形，边缘骨质，有近于缺刻状牙齿。复伞形花序有浓密的长柔毛，花序梗长 2~6 cm；总苞片无；小总苞片 8~12 枚，条状披针形；花瓣白色。果实近倒卵球状，长 6~10 mm，有棕色长柔毛，果棱发达，翅状，木栓质；分生果横切面呈半圆形；棱槽和合生面油管多数；胚乳的腹面有深而阔的凹陷。花期 4~6 月，果期 5~7 月。

种群状态

产于福建（福清、晋江、平潭、诏安、漳浦）、江苏（野外种群已灭绝）、山东（胶东沿海地区）、浙江（岱山、普陀、平阳、嵊泗、象山）。生于海边沙滩。分布于广东、河北、辽宁和台湾。朝鲜半岛、日本和俄罗斯也有。红色名录评估为极危 CR A2c，即指本种在 10 年或三个世代内因栖息地减少等因素，种群规模缩小了 80% 以上，且仍在持续。

濒危原因

种群数量较少，狭域分布，繁育能力低；受到旅游开发、人为采挖的威胁。

应用价值

具药用价值。

保护现状

因出于发展地方旅游经济的考虑，目前尚无珊瑚菜的保护小区。河北地区有成规模的珊瑚菜种植基地，江苏沿海地区也有一定的栽培面积。

保护建议

加强迁地保护，在原生境附近寻找未开发的沙滩近地保护；加强栽培和开发的力度，扩大种植面积，减少对野生资源的依赖。

主要参考文献

［1］李和平，姚拂，陈艳，等 . 浙江省舟山群岛野生珊瑚菜资源调查与致濒原因分析 [J]. 江苏农业科学，2014, 42(12): 394-397.

［2］刘启新，惠红，刘梦华 . 渐危植物珊瑚菜种子活力和萌发率测定 [J]. 植物资源与环境学报，2004(04): 55-56.

［3］宋春风，刘启新，周义峰，等 . 珊瑚菜居群遗传多样性的 SRAP 分析 [J]. 广西植物，2014, 34(01): 15-18, 129.

［4］宋春风，吴宝成，胡君，等 . 江苏野生珊瑚菜生存现状及其灭绝原因探析 [J]. 中国野生植物资源，2013, 32(04): 56-57, 69.

珊瑚菜（1. 生境；2. 植株；3. 花序；4. 散落果实；5. 幼苗）

国家保护	红色名录	极小种群	华东特有
	易危（VU）		是

伞形科　岩风属

济南岩风

Libanotis jinanensis L. C. Xu & M. D. Xu

条目作者

吴宝成

生物特征

多年生草本；株高 25~50 cm，疏生微柔毛；茎基部分枝，有时单生，具细凹槽。基生叶多数；叶片长卵形，长 6~32 cm，宽 2~16 cm，2 或 3 回羽状全裂；羽片 4~7 对，具小叶柄；小羽片 1~2 对，菱状倒卵形，2~3 裂；顶端裂片倒卵状楔形，长 2~4 cm，宽 1.2~2.5 cm，具不规则齿；侧裂片长圆形或卵形，长 12~24 mm，宽 8~16 mm，具齿或浅裂。复伞形花序多分枝；伞形花序直径 2~6 cm；花序梗密被茸毛；无苞片或偶有；伞辐 4~9，1.5~3 cm，约等长，密被茸毛；小苞片 10~12 枚，狭三角形，约 2 mm×0.3 mm；小伞形花序有花 12~30 朵；花梗 2~3 mm。花萼齿三角状披针形，约 0.5 mm；花瓣白色或带粉红色，背面密被微柔毛。果长圆形卵球状，背稍压扁，（3~4）mm×（1.5~1.8）mm，密被白色短柔毛；棱等长，具短龙骨状突起；每棱槽有油管 1 条，合生面有油管 2 条。花果期 8~10 月。

种群状态

产于山东（济南）。生于山坡，海拔 500~600 m。山东特有种。红色名录评估为易危 VU A2c；C1，即指本种在 10 年或三世代内因栖息地减少等因素，种群规模缩小了 30% 以上，且仍在持续；成熟个体少于 10 000 棵，种群规模将在三个世代内缩小 10%。

濒危原因

自身繁育系统、生态位特征还没有相关报道和研究，外部环境主要受到人为干扰的影响。

应用价值

具科普、科研价值。

保护现状

尚未建立保护小区，也未受到相应的重视。

保护建议

加强濒危机制的研究，建立就地保护小区，鼓励迁地引种和繁育，扩大种群数量。

主要参考文献

SHE M L , PIMENOV M G , KLJUYKOV E V , et al. Libanotis. In: WU Z Y , RAVEN P H , HONG D Y , eds. Flora of China, Vol. 14[M]. Beijing: Science Press; St. Louis: Missouri Botanical Garden Press, 2005: 119.

济南岩风（1. 生境；2. 枝叶；3. 果序；4. 伞形花序正面；5. 伞形花序背面）

国家保护	红色名录	极小种群	华东特有
	未评估		是

伞形科　岩风属

条目作者
吴宝成

老山岩风

Libanotis laoshanensis W. Zhou et Q. X. Liu

生物特征

多年生草本；株高可达 1 m；根长圆锥形，根颈部分有纤维状叶鞘残余；茎直立，有棱槽，髓部充实，上部多分枝。基生叶及茎下部叶有柄，基部有叶鞘；叶片宽椭圆形或近菱形，长 15~26 cm，宽 6~16 cm，2 或 3 回羽状分裂，末回裂片卵形，长 2~6 cm，羽状深裂，边缘具齿，齿端有突尖头；茎上部叶与基生叶类似，2 回羽状分裂，向上渐变小，叶柄渐短至无柄，有鞘。复伞形花序顶生与侧生，伞辐 3~7(~10)；总苞片无或数枚，披针状线形，易脱落；小总苞片 8~10 枚，披针状线形，长约 2 mm。花梗长 4~6 mm；萼齿狭三角形；花瓣白色，宽卵形，背面有毛，顶端凹陷处有内折的小舌片；子房被毛，花柱反曲，长约 1 mm。果实卵状，长 4~4.5 mm，有短毛；分生果具 5 条棱，稍突出；每条棱槽中有油管 1(2) 条，合生面有油管 2(4) 条。花期 8~9 月，果期 10~11 月。

种群状态

产于江苏（江浦老山为模式产地）、山东（济南、青岛、烟台）。生于山坡林下或林缘草丛，单个群体数量不超过 15 株。

濒危原因

濒危原因尚不清楚，未见相关报道和研究，但生境容易受到人为干扰。

应用价值

具科普、科研价值。

保护现状

为近年来新发现的种，未建立就地保护小区。

保护建议

加强就地保护，促进种群更新和恢复；加强濒危机制研究。

主要参考文献

周伟, 刘启新, 宋春凤, 等. 中国岩风属一新种——老山岩风 [J]. 植物资源与环境学报, 2015, 24(03): 107–108.

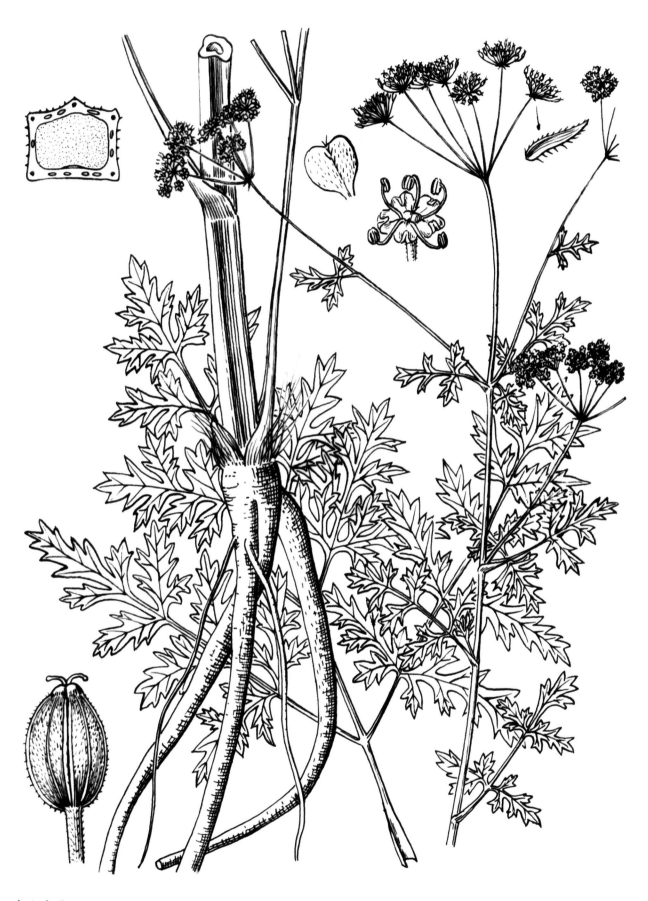

老山岩风

国家保护	红色名录	极小种群	华东特有
	易危（VU）		

伞形科　翅棱芹属

脉叶翅棱芹

Pterygopleurum neurophyllum (Maxim.) Kitag.

条目作者

吴宝成

生物特征

多年生草本，株高 70~100 cm。全株光滑。根纺锤形。茎直立，有槽纹。叶片卵圆形，长 10~14 cm，1 或 2 回羽状分裂或 3 出式羽状分裂，末回裂片条形或条状披针形，长 2.5~ 10 cm，宽 1~5 mm，全缘；叶柄长约 4 cm。顶生复伞形花序直径 3~5 cm，花序梗长 1~5 cm；伞辐 6~8，长 2~3.5 cm，近相等；总苞片 5~8 枚，线形，长 3~8 mm；小总苞片 6~8 枚，线形，长 1~3 mm。花梗长 3~8 mm，细且不等长；萼齿披针形，长于花柱基；花瓣白色。果实椭圆球状或圆球状，长约 3 mm，宽约 2.5 mm，光滑，侧面略扁压；果棱翅状，基部膨大；每棱槽中有油管 1 条，合生面有油管 2 条。花果期 9~11 月。

种群状态

产于安徽（广德、铜陵、宣城）、江苏（宜兴，但近年的野外调查中已很难找到）、浙江（安吉）。生于山坡沟旁潮湿处。日本和朝鲜半岛也有。红色名录评估为易危 VU A2c；D1，即指本种在 10 年或三世代内因栖息地减少等因素，种群规模缩小了 30% 以上，且仍在持续；成熟个体数少于 1 000 棵。

濒危原因

濒危原因和机制还没有相关的报道和研究。

应用价值

具科普、科研价值。

保护现状

未建立保护小区，未开展相关的濒危机制和保护的研究。

保护建议

建议建立保护小区，加强人工采种和繁殖，扩大种群数量。研究濒危机制，提出保护策略。

主要参考文献

PU F D，WATSON M F. Pterygopleurum. In: WU Z Y，RAVEN P H，HONG D Y，eds. Flora of China, Vol. 14[M]. Beijing: Science Press; St. Louis: Missouri Botanical Garden Press, 2005: 135.

脉叶翅棱芹（1. 生境；2. 叶片；3. 叶脉；4. 花序；5. 花部特写）

国家保护	红色名录	极小种群	华东特有
	近危（NT）		是

伞形科　变豆菜属

天目变豆菜

Sanicula tienmuensis R. H. Shan & Constance

条目作者
吴宝成

生物特征

多年生草本；植株高 20~30 cm；根茎短，暗褐色，多有肉质须根；茎 2~5 根，分枝。基生叶数枚；叶柄 7~22 cm；叶片圆状心形至圆形，（3~5.5）cm×（5~9）cm，掌状 3 深裂，初级裂片 2~3 浅裂，边缘有锯齿；中间裂片倒卵形，（3~5.5）cm×（1.5~3）cm；侧裂片宽倒卵形，通常深裂至中部或近基部。花序梗 1~3 三歧分枝，通常具单一的伞形花序，侧枝长，具复合的伞形花序；苞片 2 枚，对生，线形或卵形，2 或 3 浅裂；伞辐 3~5，不等长；小苞片 7 枚，卵形，约 1 mm×0.5 mm；小伞形花序有花 3~7 朵；每个小伞形花序有雄花 5 朵或 6 朵；花瓣白色，可育花 1 朵，无梗；萼齿卵形，约 0.6 mm×0.5 mm；花柱 2~3 mm，下弯。果实近球状，约 2.5 mm×2 mm，密被鳞片和小瘤；油管不明显。花果期 4~5 月。

种群状态

产于浙江（西天目山和天台山）。生于林缘、溪流岸边潮湿处或路旁，海拔 500~800 m，野外种群数量不超过 50 株。浙江特有种。

濒危原因

自然分布区极其狭窄，种群数量较少。生境容易受到人为干扰。

应用价值

具科普、科研价值。

保护现状

未建立自然保护小区，未开展相关的濒危机制研究。

保护建议

加强濒危机制的研究，建立就地保护小区，鼓励迁地引种和繁育，扩大种群数量。

主要参考文献

SHE M L , PIMENOV M G , KLJUYKOV E V , et al. Libanotis. In: WU Z Y , RAVEN P H ,HONG D Y , eds. Flora of China, Vol. 14[M]. Beijing: Science Press; St. Louis: Missouri Botanical Garden Press, 2005: 119.

天目变豆菜（1.花序；2.花枝）

天目变豆菜（3. 花；4. 果）

图片提供者

以下列出了本书所用 1 104 幅图片的 91 位图片提供者、供图数量以及文中的图片序号。图片提供者按姓名汉语拼音排序。物种名后图片序号即该物种所在页面的图片排序，未标注图片序号的表示该物种在本书中有且仅有 1 幅图片，或该物种全部照片由该提供者提供。

安昌共 3 图（广西地海椒），曹海峰共 4 图（条叶龙胆），岑华飞共 2 图（宽距兰），陈彬共 75 图（东方水韭：图 1；蕨萁；笔筒树：图 2；轴果蕨；大别山五针松：图 1；长叶榧树：图 1，3；沉水樟：图 1~4；闽楠：图 1；青牛胆；东至景天：图 1；图 2；烟豆；腋毛勾儿茶：图 3；小勾儿茶；椭果雀梅藤；大叶榉树；吊皮锥：图 2；天目铁木：图 2~4；疏花绞股蓝；马铜铃：图 1~2；庙台槭；金柑：图 2~3；朵花椒：图 1，3~4；南京椴：图 1~2，3；黄山梅；蛛网萼；长叶猕猴桃：图 1；小叶猕猴桃；清风藤猕猴桃；地海椒；七子花：图 1，3），陈炳华共 16 图（冠果草：图 1；落叶兰：图 1；尖叶火烧兰：图 3~4；长苞羊耳蒜：图 2；大明山舌唇兰；闽粤蚊母树；短绒野大豆；政和杏：图 1~2；福建山矾：图 1；长叶猕猴桃：图 3），陈世品共 7 图（黏木：图 1，3~4；密花梭罗树：图 3；厚叶猕猴桃：图 3；长叶猕猴桃：图 2，5），陈贤兴共 4 图（安息香猕猴桃），陈新艳共 28 图（闽楠：图 2~3；锥囊坛花兰；广东隔距兰；尖叶火烧兰：图 1~2；心叶带唇兰；长苞谷精草：图 2；白背瑞木：图 2~3；格木：图 3，5；吊皮锥：图 1，3~4；卷毛柯；江西全唇苣苔：图 2），陈又生共 1 图（夜香木兰：图 1），邓敏共 7 图（台湾水青冈：图 1，3；栎叶柯：图 3~4；倒卵叶青冈），杜峰共 4 图（突托蜡梅），杜巍共 12 图（浙江楠：图 1，3；冠果草：图 2；醉翁榆；永瓣藤；红花香椿），杜习武共 3 图（黄山玉兰：图 2~3；宝华玉兰：图 1），高连明共 4 图（南方红豆杉），高贤明共 3 图（台湾杉木），葛斌杰共 105 图（东方水韭：图 2，5；膀胱蕨：图 2，5；苏铁；银杏：图 2；百山祖冷杉：图 2，5；百日青：图 1，3~4；榧树：图 1；普陀樟：图 1，4；沉水樟：图 5；天目木姜子：图 1~2；舟山新木姜子：图 4~6；闽楠：图 4~6；华重楼；白及：图 1，3；城口卷瓣兰：图 3~4；蕙兰：图 3~4；兔耳兰：图 1；台湾独蒜兰：图 1，4；蛤兰：图 3~5；时珍兰：图 2，4；风兰：图 1；拟高粱；中华结缕草：图 2；八角莲：图 1；短萼黄连；台湾蚊母树；连香树；油楠：图 2，4；天目朴树；白桂木：图 2；普陀鹅耳枥；天目铁木：图 1；马铜铃：图 7；川苔草；朵花椒：图 2；金荞麦：图 2；福建山矾：图 2~4；江西杜鹃；杜仲：图 3；香果树：图 1，6；七子花：图 2，4~5；明党参：图 2，4；珊瑚菜：图 1~4；天目变豆菜），顾钰峰共 2 图（黑边铁角蕨：图 2~3），顾子霞共 1 图（老山岩风重绘），何理共 5 图（井冈柳），黄健共 2 图（福建含笑：图 1，3），黄文荣共 1 图（茫荡山润楠线描图），金冬梅共 4 图（笔直石松；心叶瓶尔小草；狭叶瓶尔小草），蒋虹共 3 图（普陀樟：图 3；长叶猕猴桃：图 4；浙江猕猴桃：图 2），蒋洪共 1 图（巴戟天：图 3），蒋蕾共 4 图（长距美冠兰：图 1；小花水毛茛），李波共 5 图（苦梓），李策宏共 2 图（红豆杉：图 1~2），李敏共 2 图（南京椴：图 3~4），李攀共 10 图（白背瑞木：图 1；长柄双花木：图 1；牛鼻栓；银缕梅），李晓晨共 24 图（血红肉果兰：图 3~4；花榈木：图 5；红豆树；细果秤锤树；秤锤树；浙江安息香；杜仲：图 1~2；香果树：图 2~5），廖浩斌共 1 图（绢毛杜英：图 2），林建勇共 1 图（黏木：图 2），林秦文共 7 图（长苞谷精草：图 1，3~5；绢毛杜英：图 1；城口桤叶树：图 1，3），刘昂共 19 图（资源冷杉：图 2；金钱松：图 4；黄杉：图 3；竹柏：图 4；福建柏：图 1，4；长叶榧树：图 2；落叶木莲：图 1，3；毛桃木莲；紫花含笑：图 3；观光木：图 1，3；冠果草：图 3~4；长柄双花木：图 3~4），刘冰共 11 图（青岛百合；南天麻；光萼斑叶兰），刘军共 35 图（油杉：图 2；长苞铁杉：图 3；黄杉：图 1~2；罗汉松：图 1~2；莼菜；黄精叶钩吻：图 1，4；旗唇兰：图 3；土元胡：图 1，3；东至景天：图 2~3；山豆根；琅琊榆；

长序榆：图1，3；天台鹅耳枥：图2~3；伯乐树：图1~3；红皮糙果茶：图1~2；狭果秤锤树：图1，3；江西全唇苣苔：图1，3；浙江冬青），刘璐妹共1图（福建含笑：图2），刘培亮共4图（马蹄香），刘兴剑共3图（南京柳），柳明珠共1图（厚叶猕猴桃：图1），骆适共3图（银珠：图2~3；油楠：图1），马清温共1图（土沉香：图4），南程慧共5图（普陀樟：图2；腋毛勾儿茶：图1~2；宝华鹅耳枥：图2~3），潘成椿共3图（短茎萼脊兰：图1~3），邵剑文共18图（白花过路黄；堇叶报春；安徽羽叶报春；毛茛叶报春），寿海洋共5图（土沉香：图1~3，5~6），苏享修共4图（长苞羊耳蒜：图1；油楠：图3；密花梭罗树：图1~2），汤睿共1图（宝华鹅耳枥：图4），田代科共19图（野大豆；花榈木：图1~4；美丽秋海棠；丹霞秋海棠；槭叶秋海棠），王刚涛共2图（龙眼润楠），王江波共1图（宝华鹅耳枥：图1），王军峰共2图（政和杏：图3~4），王亚玲共1图（紫玉兰：图1），王玉兵共3图（毛蕊猕猴桃：图2~3；城口桤叶树：图4），王正伟共12图（舟山新木姜子：图1~3；浙江楠：图6~7；长喙毛茛泽泻；马铜铃：图3~6），王孜共2图（西子报春苣苔），韦宏金共13图（东方卷柏；黄山鳞毛蕨：图2；无盖耳蕨：图1~2；重唇石斛；长距美冠兰：图2~3；毛叶芋兰），温放共6图（宽萼粗筒苣苔；休宁小花苣苔），吴宝成共3图（明党参：图1，3；珊瑚菜：图5），吴棣飞共4图（雁荡润楠），吴林芳共1图（绢毛杜英：图3），辛晓伟共5图（济南岩风），徐晔春共15图（油杉：图1，4；蛤兰：图1~2；半枫荷：图2~4；伯乐树：图4；红皮糙果茶：图3~4；狭果秤锤树：图2，4；巴戟天：图1~2，4），徐永福共8图（资源冷杉：图1，3~4；庐山芙蓉；厚叶猕猴桃：图2；城口桤叶树：图2），寻路路共4图（具柄重楼），严岳鸿共58图（笔直石松：图2~3；长柄石杉：图1，3；直叶金发石杉；柳杉叶马尾杉；东方水韭：图3~4；中华水韭：图1；松叶蕨；福建观音座莲：图2；粤紫萁；桫椤；仙霞铁线蕨：图1，3；粗梗水蕨；亚太水蕨；岩穴蕨：图2~3，5~6；骨碎补铁角蕨；黑边铁角蕨：图1；苏铁蕨；长叶蹄盖蕨：图1~2；霞客鳞毛蕨；东京鳞毛蕨；骨碎补；毛蕊猕猴桃：图1），阳亿共4图（柄叶羊耳蒜），杨成梓共4图（浙江楠：图5；海滨藜），杨晓洋共1图（雅致含笑），杨永川共5图（金钱松：图1~2；水松：图1~2，6），叶康共29图（落叶木莲：图2；平伐含笑；乐昌含笑；紫花含笑：图2~3；观光木：图2；峨眉含笑；乐东拟单性木兰：图1~3；罗田玉兰：图1~2；天目玉兰；黄山玉兰：图1；紫玉兰：图1~2；景宁玉兰；宝华玉兰：图3，5），叶喜阳共25图（油杉：图3；长苞铁杉：图1~2；罗汉松：图3；肾叶细辛；浙江楠：图1，4；旗唇兰：图1~2；土元胡：图2，4；半枫荷：图1；建宁金腰；长序榆：图2，4；天台鹅耳枥：图1，4；武功山阴山荠；脉叶翅棱芹：图1，4~5），张程共1图（青牛胆：图4），张庆费共18图（银杏：图1，3~4；白皮松；金钱松：图3；竹柏：图1~3；黄山紫荆；蝟实），张文根共44图（红壳寒竹；井冈短枝竹；寻乌寒竹；都昌箬竹；毛鞘箬竹；同春箬竹；天鹅绒竹；青龙竹；厚竹；奉化水竹；富阳乌哺鸡竹），张学杰共13图（山东栒子；山东山楂；河北梨；玫瑰），张振共1图（中华结缕草：图1），张志勇共7图（白豆杉；九龙山榧；榧树：图2~3；长叶榧树：图1），赵宏共9图（大叶藻；山东银莲花），赵云鹏共3图（天目当归），甄爱国共6图（罗田玉兰：图3~4；直立山珊瑚），郑海磊共10图（全唇兰；飞瀑草：图2~4；浙江猕猴桃：图1，3；江西马先蒿），钟鑫共67图（百山祖冷杉：图1，3~4；水松：图3~5，7；黑老虎：图3；宝华玉兰：图2；夏蜡梅；透明水玉簪；黄精叶钩吻：图2~3；城口卷瓣兰：图1~2，5；直唇卷瓣兰；独花兰：图1~2；冬凤兰；建兰；蕙兰：图1~2；多花兰：图2，5~6；春兰；寒兰；墨兰：图3~4；扇脉杓兰：图1~3；血红肉果兰：图1~2；中华盆距兰；十字兰；台湾独蒜兰：图3；短茎萼脊兰：图4~5；象鼻兰；风兰：图2~3；台湾水青冈：图2），周建军共5图（金耳环），周伟共2图（栎叶柯：图1~2），周喜乐共73图（笔直石松：图1，4；长柄石杉：图2；闽浙马尾杉；中华水韭：

图2；卷柏；福建观音座莲：图1，3~4；金毛狗蕨；粗齿黑桫椤；笔筒树：图1，3~5；岩穴蕨：图1，4；仙霞铁线蕨：图2，4；东亚羽节蕨；巢蕨；川黔肠蕨；闽浙圣蕨；膀胱蕨：图1，3~4；崇澍蕨；长叶蹄盖蕨：图3~4；中日双盖蕨；黄山鳞毛蕨：图1，3~4；无盖耳蕨：图3~5；槲蕨；雨蕨），周欣欣共5图（长柄双花木：图2；飞瀑草：图1，5；脉叶翅棱芹：图2~3），周重建共1图（青牛胆：图3），朱仁斌共6图（槁藤：图1；银珠：图1，4；帽蕊草），朱鑫鑫共129图（大别山五针松：图2~7；百日青：图2；福建柏：图2~3；红豆杉：图3~6；萍蓬草；黑老虎：图1~2，4；福建马兜铃；夜香木兰：图2~4；宝华玉兰：图4；普陀樟：图5；天目木姜子：图3~5；金线重楼；金线兰；小白及；白及：图2；独花兰：图3~6；多花兰：图1，3~4，7；兔耳兰：图2；墨兰：图1~2；紫点杓兰；扇脉杓兰：图4~6；大花杓兰；黄石斛；细茎石斛；剑叶石斛；短距槽舌兰；时珍兰：图1，3，5；风兰：图4；二叶兜被兰；台湾独蒜兰：图2；萼脊兰；小叶白点兰；南方香荚兰；青牛胆：图1；八角莲：图2~4；槁藤：图2；格木：图1~2，3；白桂木：图1，3~4；伞花木；金柑：图1，4；黄檗；川黄檗；金荞麦：图1，3~6），朱宗威共3图（浙江金线兰）。

中文名称索引

拉丁学名索引